全国高等职业教育“十三五”规划教材
全国高等院校规划教材·精品与示范系列
辽宁省职业教育改革发展示范建设项目成果

数控加工实训指导书

主　编　莫国伟　姜云宽　赵岐刚
主　审　何　晶

電子工業出版社
Publishing House of Electronics Industry
北京·BEIJING

内 容 简 介

本书以培养学生的数控加工技能为核心，以国家职业标准中级数控车工和铣工考核要求为基本依据，以任务为导向，以行业常用零件为载体，以FANUC数控系统为基本教学环境，详细介绍了数控车削和铣削零件的加工技能与方法。本书采用的项目任务主要来源于企业的典型案例，包括基本训练、数控车工训练、数控铣工训练、数控配合件加工训练、数控加工训练图集等。

本书为高等职业本专科院校相应课程的教材，也可作为开放大学、成人教育、自学考试、中职学校和培训班的教材，以及企业工程技术人员的参考书。

本书配有免费的电子教学课件等，详见前言。

图书在版编目（CIP）数据

数控加工实训指导书/莫国伟，姜云宽，赵岐刚主编. —北京：电子工业出版社，2018.2
全国高等院校规划教材·精品与示范系列
ISBN 978-7-121-32182-5

Ⅰ. ①数… Ⅱ. ①莫… ②姜… ③赵… Ⅲ. ①数控机床－加工－高等学校－教材 Ⅳ. ①TG659

中国版本图书馆CIP数据核字（2017）第161185号

策划编辑：陈健德（E-mail：chenjd@phei.com.cn）
责任编辑：康　霞
印　　刷：北京虎彩文化传播有限公司
装　　订：北京虎彩文化传播有限公司
出版发行：电子工业出版社
　　　　　北京市海淀区万寿路173信箱　邮编 100036
开　　本：787×1 092　1/16　印张：11.25　字数：288千字
版　　次：2018年2月第1版
印　　次：2020年12月第7次印刷
定　　价：43.00元

凡所购买电子工业出版社图书有缺损问题，请向购买书店调换。若书店售缺，请与本社发行部联系，联系及邮购电话：（010）88254888，88258888。

质量投诉请发邮件至zlts@phei.com.cn，盗版侵权举报请发邮件至dbqq@phei.com.cn。

本书咨询联系方式：chenjd@phei.com.cn。

随着国家制造业的快速发展，社会需要大批数控机床的编程与操作人员，为了适应这一需要，高等职业院校有多个专业开设数控加工技能培养培训课程，同时按照劳动和社会保障部有关国家职业标准要求开展教学，通过典型项目任务训练数控加工技能与方法。

本书以培养学生的数控加工技能为核心，以任务为导向，以行业常用零件为载体，重点介绍 FANUC 数控系统的程序编制方法和数控机床的操作。通过学习本书，使读者能掌握加工程序编制和学会数控机床操作方法，为尽早上岗就业和职业技能提升打下良好基础。

本书内容丰富，图文并茂，通俗易懂，注重实践教学环节，同时兼顾理论知识，旨在培养既能编制程序又能操作数控机床，同时掌握一定理论知识的实用型人才。本书结合机械行业数控车削和铣削操作的实际情况，优化和选取了企业典型案例作为本课程实训项目，主要内容包括基本训练、数控车工训练、数控铣工训练、数控配合训练和数控加工训练图集等。

本书为高等职业本专科院校相应课程的教材，也可作为开放大学、成人教育、自学考试、中职学校和培训班的教材，以及企业工程技术人员的参考书。

本书由辽宁机电职业技术学院莫国伟、姜云宽、赵岐刚担任主编。其中项目 2 和项目 4 由莫国伟编写，项目 1 和项目 3 由姜云宽编写，项目 5 由赵岐刚编写。本书由辽宁机电职业技术学院何晶教授主审，特此致谢。

由于编写经验不足，书中难免不妥之处，恳请使用本教材的读者提出批评和改进意见，以便修订。

为了方便教师教学，本书还配有免费的电子教学课件等，请有此需要的教师登录华信教育资源网（http://www.hxedu.com.cn）免费注册后进行下载，有问题时请在网站留言或与电子工业出版社联系（E-mail：hxedu@phei.com.cn）。

目　录

项目1 基本训练

实训目的

1. 掌握数控机床安全操作规程和安全文明生产注意事项。
2. 掌握数控机床的清理和保养。
3. 对学生加强安全教育，学会保护自己和设备。

实训任务

任务 1.1 安全教育和实训动员
任务 1.2 数控机床常见刀具

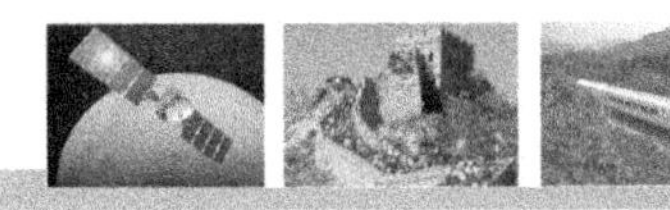

任务 1.1　安全教育和实训动员

实训目的

1. 掌握数控机床安全操作规程和安全文明生产注意事项。
2. 掌握数控机床的清理和保养。
3. 对学生加强安全教育，学会保护自己和设备。

实训器材

GSK-980TA、FANUC 0i-TC

实训内容

1.1.1　文明生产和安全操作技术

1. 文明生产

数控机床自动化程度较高，为了充分挖掘机床的优越性是现代企业管理的一项十分重要的内容，而数控加工是一种先进的加工方法，它与通用机床加工相比，管好、用好、修好数控机床显得尤为重要，操作者除了要掌握数控机床的性能精心操作以外，还必须养成文明生产的良好工作习惯和严谨的工作作风，具有较好的职业素质、责任心和良好的合作精神。

操作时应做到以下几点：

（1）严格遵守数控机床的安全操作规范，熟悉数控机床的操作顺序。

（2）保持数控机床周围的环境整洁。

（3）操作人员应穿戴好工作服、工作鞋，不得穿戴有危险性的服饰品。

2. 安全操作技术

（1）数控机床启动前的注意事项：

① 数控机床启动前要熟悉其性能、结构、传动原理、操作顺序及紧急停车方法。

② 检查润滑油和齿轮箱内的油量情况。

③ 检查紧固螺钉，不得松动。

④ 清扫机床周围环境，机床和控制部分要经常保持清洁，不得取下罩盖而开动机床。

⑤ 校正刀具，并满足使用要求。

（2）调整程序时的注意事项：

① 使用正确的刀具，严格检查机床原点、刀具参数是否正常。

② 确认运转程序和加工顺序一致。

③ 不得承担超出机床加工能力的作业。

④ 在机床停机时进行刀具调整，确认刀具在换刀过程中不要和其他部位发生碰撞。

⑤ 确认工件的夹具有足够的强度。

⑥ 程序调整好后要再次检查，确认无误后方可开始加工。

（3）机床运转中的注意事项：

① 机床启动后在自动连续运转前，必须监视其运转状态。

② 确认冷却液输出通畅，流量充足。

③ 机床运转时，应关闭防护罩，不得调整刀具和测量工件尺寸，手不得靠近旋转的刀具和工件。

④ 停机时除去工件或刀具上的切屑。

（4）加工完毕时的注意事项：

① 清扫机床。

② 使用防锈油润滑机床。

③ 关闭系统，关闭电源。

1.1.2 数控车床操作规程

为了正确、合理地使用数控车床，详见表1-1所示的数控车床一般操作步骤，只有按步骤操作才能保证车床正常运转，必须制订比较完整的数控车床操作规程，通常应当做到：

表1-1 数控车床一般操作步骤

操作步骤	简要说明
① 书写或编程	加工前应首先编制工件的加工程序，如果工件的加工程序较长且比较复杂，则最好不在车床上编程，而采用编程机编程或手动编程，这样可以避免占用机时，对于短程序，也应写在程序单上
② 开机	一般是先开车床再开系统，有的设计二者是互锁的，车床不通电就不能在CRT上显示信息
③ 回参考点	对于增量控制系统（使用增量式位置检测元件）的车床，必须首先执行这一步，以建立车床各坐标的移动基准
④ 调加工程序	根据程序的存储介质（纸带或磁带、磁盘），可以用纸带阅读机或盒式磁带机、编程机输入，若是简单程序，可直接采用键盘在CNC装置面板上输入，若程序非常简单，且只加工1件，则程序没有保存的必要，可采用MDI方式，逐段输入，逐段加工。另外，程序中用到的工件原点、刀具参数、偏置量、各种补偿量在加工前也必须输入
⑤ 程序的编辑	输入的程序若需要修改，则要进行编辑操作。此时，将方式选择开关置于EDIT位置（编辑），利用编辑键进行增加、删除、更改等操作。关于编辑方法可见相应的说明书
⑥ 车床锁住，运行程序	此步骤用于对程序进行检查，若有错误，则需重新进行编辑
⑦ 上工件、找正、对刀	采用手动增量移动、连续移动或采用手拨盘移动车床。将起刀点对到程序的起始处，并对好刀具的基准
⑧ 启动坐标进给，进行连续加工	一般采用存储器中程序加工。这种方式比采用纸带上程序加工故障率低。加工中的进给速度可采用进给倍率开关调节。加工中可以按进给保持按钮FEEDHOLD暂停进给运动，观察加工情况或进行手工测量。再按CYCLESTART按钮，即可恢复加工。为确保程序正确无误，加工前应再复查一遍。在车削加工时，对于平面曲线工件，可采用铅笔代替刀具在纸上画工件轮廓，这样比较直观。若系统具有刀具轨迹模拟功能则可用其检查程序的正确性

续表

操作步骤	简要说明
⑨ 操作显示	利用CRT的各个画面显示工作台或刀具的位置、程序和车床状态，以使操作工人监视加工情况
⑩ 程序输出	加工结束后，若程序有保存的必要，则可以留在CNC的内存中，若程序太长，也可以把内存中的程序输出给外部设备（如穿孔机），在穿孔纸带（或磁带、磁盘等）上加以保存
⑪ 关机	一般应先关车床，再关系统

（1）车床通电后，检查各开关、按钮和键是否正常、灵活，车床有无异常现象。

（2）检查电压、气压、油压是否正常，有手动润滑的部位先要进行手动润滑。

（3）各坐标轴手动回零（车床参考点）。若某轴在回零前已在零位，则必须先将该轴移动到离零点为有效距离后，再进行手动回零。

（4）在进行零件加工时，工作台上不能有工具或任何异物。

（5）车床空转达15 min以上，使车床达到热平衡状态。

（6）程序输入后应认真核对，保证无误，其中包括对代码、指令、地址、数值、正负号、小数点及语法的核对。

（7）按工艺规程安装找正夹具。

（8）正确测量和计算工件坐标系，并对所得结果进行验证和验算。

（9）将工件坐标系输入到偏置页面，并对坐标、坐标值、正负号、小数点进行认真核对。

（10）在安装工件以前，空运行一次程序，看程序能否顺利执行，刀具长度选取和夹具安装是否合理，有无超程现象。

（11）刀具补偿值（刀长、半径）输入偏置页面后，要对刀补号、补偿值、正负号、小数点进行认真核对。

（12）装夹工件，注意卡盘是否妨碍刀具运动，检查零件毛坯和尺寸超常现象。

（13）检查各刀头的安装方向是否合乎程序要求。

（14）查看各杆前、后部位的形状和尺寸是否合乎加工工艺要求，是否碰撞工件与夹具。

（15）镗刀头尾部露出刀杆直径部分，必须小于刀尖露出刀杆直径部分。

（16）检查每把刀柄在主轴孔中是否都能拉紧。

（17）无论是首次加工的零件，还是周期性重复加工的零件，首件都必须对照图样工艺、程序和刀具调整卡进行逐段程序的试切。

（18）单段试切时，快速倍率开关必须打到最低挡。

（19）每把刀首次使用时，必须先验证它的实际长度与所给刀补值是否相符。

（20）在程序运行中，要重点观察数控系统上的几种显示：

① 坐标显示。可了解目前刀具运动点在机床坐标及工件坐标系中的位置。了解程序段落的位移量，还剩余多少位移量等。

② 工作寄存器和缓冲寄存器显示。可看出正在执行程序段的各状态指令和下一个程序段的内容。

③ 主程序和子程序显示。可了解正在执行程序段的具体内容。

（21）试切进刀时，在刀具运行至工件表面 30～50 mm 处时，必须在进给保持下验证 Z 轴剩余坐标值和 X、Y 轴坐标值与图样是否一致。

（22）对一些有试刀要求的刀具，采用“渐近”的方法，如镗孔，可先试镗一小段长度，检测合格后，再镗到整个长度。使用刀具半径补偿功能的刀具数据可由小到大，边试切边修改。

（23）试切和加工中，刃磨和更换刀具后，一定要重新对刀并修改好刀补值和刀补号。

（24）程序检索时应注意光标所指位置是否合理、准确，并观察刀具与机床运动方向的坐标是否正确。

（25）程序修改后，对修改部分一定要仔细计算和认真核对。

（26）手摇进给和手动连续进给操作时，必须检查各种开关所选择的位置是否正确，弄清正、负方向，认准按键，然后再进行操作。

（27）整批零件加工完成后，应核对刀具号、刀补值，使程序、偏置页面、调整卡及工艺中的刀具号、刀补值完全一致。

（28）从刀台上卸下刀具，按调整卡或程序清理编号入库。

（29）卸下夹具，某些夹具应记录安装位置及方位，并做出记录、存档。

（30）清扫机床。

（31）将各坐标轴停在参考点位置。

1.1.3 机床日常维护

数控机床使用寿命的长短和故障率的高低，不仅取决于机床的精度和性能，很大程度上也取决于它的正确使用和维护。正确的使用能防止设备非正常磨损，避免突发故障，精心的维护可使设备保持良好的技术状态，延缓劣化进程，及时发现和消除隐患于未然，从而保障安全运行，保证企业的经济效益，实现企业的经营目标。因此，机床的正确使用与精心维护是贯彻设备管理以防为主的重要环节。

1. 维护保养必备的基本知识

数控机床集机、电、液于一体，具有技术密集和知识密集的特点。因此，数控机床的维护人员不仅要有机械加工工艺及液压、气动方面的知识，也要具备电子计算机、自动控制、驱动及测量技术等知识，这样才能全面了解、掌握数控机床，并做好机床的维护保养工作。维护人员在维修前应详细阅读数控机床有关说明书，对数控机床有一个详细了解，包括机床的结构特点、数控的工作原理及框图，以及它们的电缆连接。详见表 1-2。

表 1-2 数控机床日常保养要求

序号	检查周期	检 查 部 位	检 查 要 求
1	每天	导轨润滑油箱	检查油标、油量，及时添加润滑油，润滑泵能定时启动打油及停止
2	每天	X、Z 轴向导轨面	清除切屑及脏物，检查润滑油是否充分，导轨面有无划伤损坏
3	每天	压缩空气气源力	检查气动控制系统压力，应在正常范围
4	每天	气源自动分水器	及时清理分水器中滤出的水分，保证自动工作正常

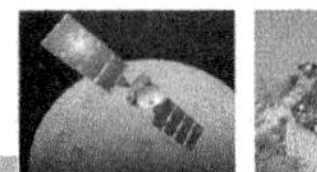

续表

序号	检查周期	检 查 部 位	检 查 要 求
5	每天	气液转换器和增压器油面	发现油面不够时及时补足油
6	每天	主轴润滑恒温油箱	工作正常，油量充足并调节温度范围
7	每天	机床液压系统	油箱、液压泵无异常噪声，压力指示正常，管路及各接头无泄漏，工作油面高度正常
8	每天	液压平衡系统	平衡压力指示正常，快速移动时平衡阀工作正常
9	每天	CNC 的输入/输出单元	光电阅读机清洁，机械结构润滑良好
10	每天	各电气柜散热通风装置	各电气柜冷却风扇工作正常，风道过滤网无堵塞
11	每天	各防护装置	导轨、机床防护罩等应无松动、漏水
12	每半年	滚珠丝杠	清洗丝杠上旧的润滑脂，涂上新油脂
13	每半年	液压油路	清洗溢流阀、减压阀、滤油器，清洗油箱底，更换或过滤液压油
14	每半年	主轴润滑恒温油箱	清洗过滤器，更换润滑脂
15	每年	检查并更换直流伺服电动机碳刷	检查换向器表面，吹净碳粉，去除毛刺，更换长度过短的电刷，并应跑合后才能使用
16	每年	润滑液压泵，滤油器清洗	清理润滑油箱底，更换滤油器
17	不定期	检查各轴导轨上镶条、压滚轮松紧状态	按机床说明书调整
18	不定期	冷却水箱	检查液面高度，冷却液太脏时需要更换并清理水箱底部，经常清洗过滤器
19	不定期	排屑器	经常清理切屑，检查有无卡住等
20	不定期	清理滤油池	及时清除滤油池中的废油，以免外溢
21	不定期	调整主轴驱动带松紧	按机床说明书调整

2. 设备的日常维护

对数控机床进行日常维护的目的是延长元器件的使用寿命，延长机械部件的变换周期，防止发生意外的恶性事故，使机床始终保持良好状态，并保持长时间的稳定工作。不同型号数控机床的日常保养内容和要求不完全一样，机床说明书中已有明确规定，但总的来说主要包括以下几个方面。

（1）每天做好各导轨面的清洁润滑，有自动润滑系统的机床要定期检查、清洗自动润滑系统，检查油量，及时添加润滑油，检查油泵是否定时启动打油及停止。

（2）每天检查主轴的自动润滑系统工作是否正常，定期更换主轴箱润滑油。

（3）注意检查电器柜中冷却风扇是否工作正常，风道过滤网有无堵塞，清洗黏附的尘土。

（4）注意检查冷却系统、液面高度，及时添加油或水，油、水脏时要更换清洗。

（5）注意检查主轴驱动皮带，调整松紧程度。

（6）注意检查导轨镶条松紧程度，调节间隙。

（7）注意检查机床液压系统油箱、油泵有无异常噪声，工作幅面高度是否合适，压力

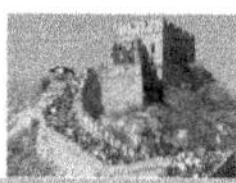

表指示是否正常，管路及各接头有无泄漏。

（8）注意检查导轨、机床防护罩是否齐全、有效。

（9）注意检查各运动部件的机械精度，减小形状和位置偏差。

（10）每天下班前做好机床卫生，清扫铁屑，擦净导轨部位的冷却液，防止导轨生锈。

3. 数控系统的日常维护

数控系统使用一定时间之后，某些元器件或机械部件总要损坏。延长元器件的使用寿命和零部件的磨损周期，防止各种故障，特别是恶性事故的发生，从而延长整台数控系统的使用寿命，这是数控系统进行日常维护的目的。具体的日常维护保养要求在数控系统使用、维修说明书中一般都有明确规定。总的来说，要注意以下几个方面。

（1）制定数控系统日常维护的规章制度。

根据各种部件的特点，确定各自的保养条例，如明文规定，哪些地方需要天天清理，哪些部件要定时加油或定期更换等。

（2）应尽量少开数控柜和强电柜的门。

机加工车间空气中一般都含有油雾、飘浮的灰尘，甚至金属粉末。这些物质一旦落在数控装置内的印制电路板或电子元器件上，很容易引起元器件间绝缘电阻下降，并导致元器件及印制电路板的损坏。因此，除非进行必要的调整和维修，否则不允许随时开启柜门，更不允许加工时敞开柜门。

（3）定时清理数控装置的散热通风系统。

应每天检查数控装置上各个冷却风扇的工作是否正常。视工作环境的状况，每半年或每季度检查一次风道过滤管路是否有堵塞。如果过滤网上灰尘积聚过多，需及时清理，否则将会引起数控装置内温度过高（一般不允许超过 55～60 ℃），从而致使数控系统不能可靠工作，甚至发生过热报警现象。

（4）定期检查和更换直流电动机电刷。

虽然在现代数控机床上有用交流伺服电动机和交流主轴电动机取代直流伺服电动机和直流主轴电动机的倾向，但广大用户所用的大多还是直流电动机。而电动机电刷的过度磨损将会影响电动机的性能，甚至造成电动机损坏。为此，应对电动机电刷进行定期检查和更换。检查周期随机床的使用频繁度而异，一般为每半年或一年检查一次。

（5）经常监视数控装置用的电网电压。

数控装置通常允许电网电压在额定值的 10%～15%范围内波动。如果超出此范围就会造成系统不能正常工作，甚至会引起数控系统内的电子部件损坏。为此，需要经常监视数控装置用的电网电压。

（6）存储器用电池的定期更换。

存储器如采用 CMOS RAM 器件，为了在数控系统不通电期间也能保持存储内容不消失，采用可充电电池维持电路。在正常电源供电时，由+5V 电源经一个二极管向 CMOS RAM 供电，同时对可充电电池进行充电，当电源停电时，则改由电池供电维持 CMOS RAM 的信息。在一般情况下，即使电池尚未失效，也应每年更换一次，以确保系统能正常工作。电池的更换应在 CNC 装置通电状态下进行。

（7）数控系统长期不用时的维护。

为提高系统的利用率和降低系统的故障率，数控机床长期闲置不用是不可取的。若数控系统处在长期闲置的情况下，需注意以下两点：

① 要经常给系统通电，特别是在环境温度较高的多雨季节更是如此。在机床锁住不动的情况下，让系统空运行。利用电器元件本身的发热来驱散数控装置内的潮气，保证电子部件性能的稳定可靠。实践表明，在空气湿度较大的地区，经常通电是降低故障率的一个有效措施。

② 如果数控机床的进给轴和主轴采用直流电动机来驱动，则应将电刷从直流电动机中取出，以免由于化学腐蚀作用而使换向器表面腐蚀，从而造成换向性能变坏，进而使整台电动机损坏。

（8）备用印制电路板的维护。

印制电路板长期不用容易出故障，因此对于已购置的备用印制电路板应定期装到数控装置上通电，运行一段时间，以防损坏。

练一练

进入数控实训车间，在文明生产与安全操作规程方面你做到了哪些？

任务 1.2　数控机床常见刀具

实训目的

1. 了解数控加工对刀具的要求。
2. 熟悉刀具基本几何参数及选用。
3. 熟悉刀具材料及选用。
4. 认识可转位刀具。

实训器材

车刀、铣刀

实训内容

1. 数控加工对刀具的要求

（1）刀具材料应具有高的可靠性。

（2）刀具材料应具有高的耐热性、抗热冲击性和高温力学性能。

（3）数控刀具应具有高的精度。

（4）数控刀具应能实现快速更换。

（5）数控刀具应系列化、标准化和通用化。

（6）数控刀具大量采用机夹可转位刀具。

（7）数控刀具大量采用多功能复合刀具及专用刀具。

（8）数控刀具应能可靠断屑或卷屑。

（9）数控刀具材料应能适应难加工材料和新型材料加工的需要。

2. 刀具基本几何参数

（1）常见的数控车刀如图1-1、图1-2、图1-3和图1-4所示。

图1-1　外圆车刀

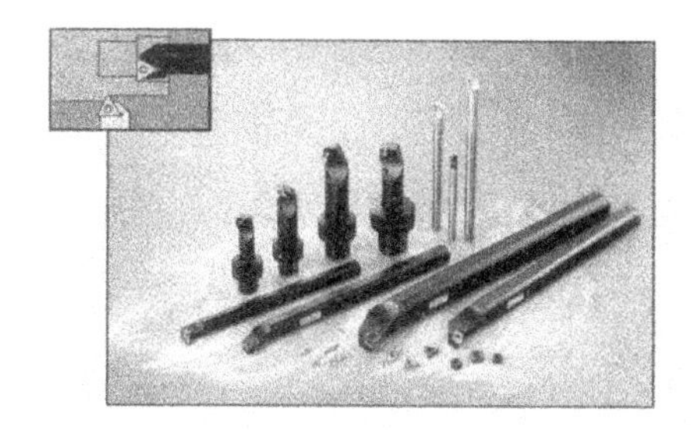

图1-2　内孔车刀

图1-3　螺纹车刀

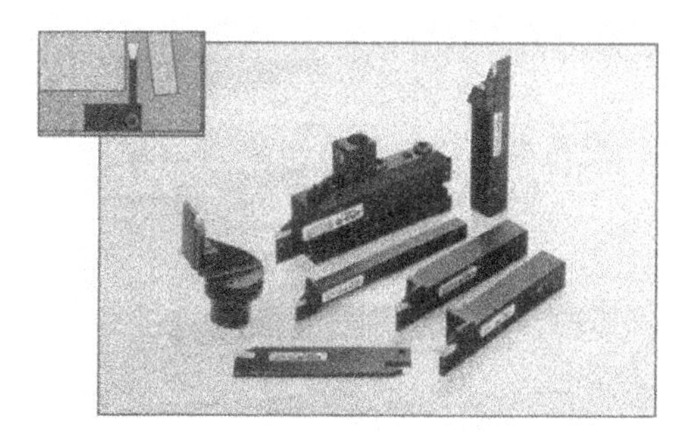

图1-4　切断（槽）车刀

（2）外圆车刀的表面与几何参数如图1-5所示。

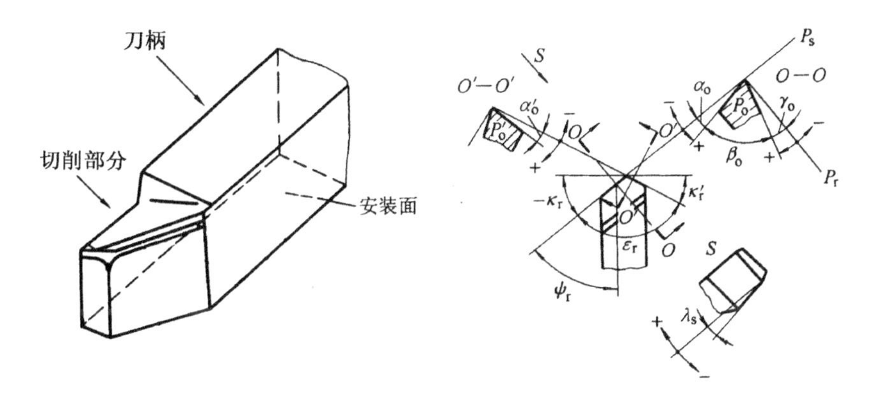

图1-5　外圆车刀的表面与几何参数

（3）外圆车刀的组成如图1-6所示。

（4）正交平面参考系如图1-7所示。

对于法平面参考系，则由pr、ps、pn三平面组成，其中，法平面pn为过切削刃选定点

并垂直于切削刃的平面。

对于假定工作平面参考系，则由 pr、pf、pp 三平面组成，假定工作平面 pf 为过切削刃选定点平行于假定进给运动方向并垂直于基面的平面，背平面 pp 为过切削刃选定点和假定工作平面与基面都垂直的平面。

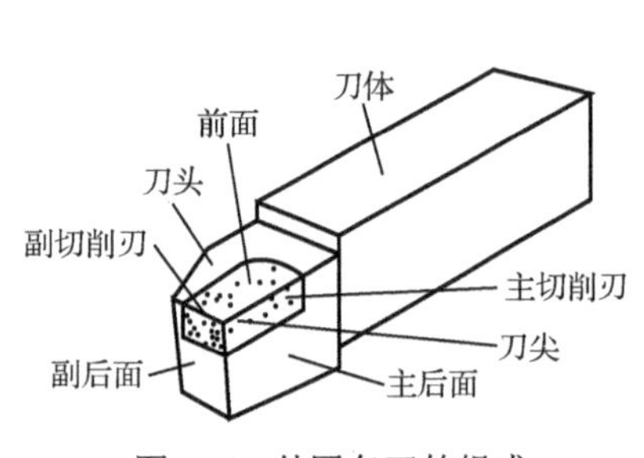

图 1-6　外圆车刀的组成

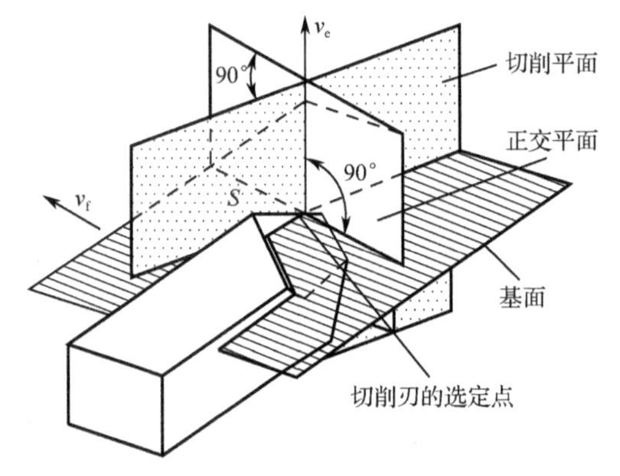

图 1-7　正交平面参考系

（5）车刀各标注角度。

前角γ_o——在主切削刃选定点的正交平面 po 内前刀面与基面之间的夹角。减小切削变形和刀、屑间摩擦，能影响切削力、刀具寿命、切削刃强度，使刃口锋利，从而有利于切下切屑。

后角α_o——在正交平面 po 内主后刀面与切削平面之间的夹角。减小刀具后刀面和已加工表面间摩擦，能调整刀具刃口的锐利度和强度。

主偏角κ_r——主切削刃在基面上的投影与进给方向的夹角。能适应系统刚度和零件外形的需要；改变刀具散热情况，涉及刀具寿命。

刃倾角λ_s——在切削平面 ps 内主切削刃与基面 pr 的夹角。能改变切屑流出的方向，影响刀具强度和刃口的锋利性。

车刀各角度标注如图 1-8 所示。

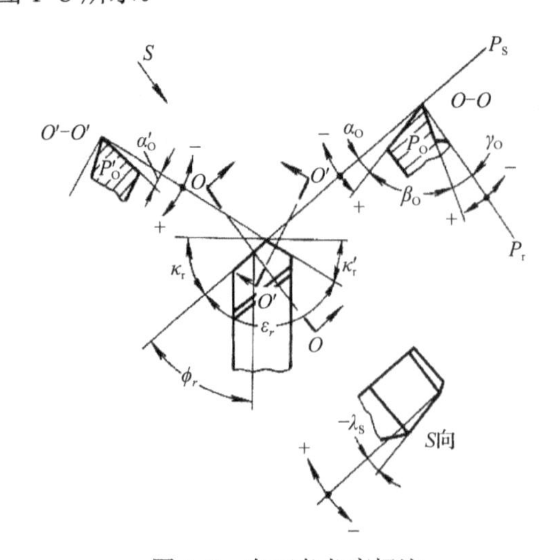

图 1-8　车刀各角度标注

3. 刀具的选用

1）前角的选择原则

前角选择原则如表 1-3 所示。

表 1-3　刀具前角的选择原则

工件材料	强度、硬度	工件材料的强度和硬度越大，产生的切削力越大，切削热越多。为使刀具有足够的强度和散热体积，防止崩刃和磨损，应采用小前角；反之，工件材料的强度和硬度小，应采用大前角
	塑性	切削塑性材料时，为减小切削变形，降低切削温度，应选用大的前角
	脆性	切削脆性材料时，由于形成崩碎切屑，切削变形小，所以增大前角的作用不明显，而这时切削力集中作用在切削刃附近且伴有一定程度的冲击振动。因此，为保证刀具具有足够的强度，防止崩刃，应选用较小的前角
刀具材料	强度、韧性	刀具材料的抗弯强度和冲击韧性较低时，应选用较小的前角，高速钢刀具比硬质合金刀具的合理前角大 50°～100°，陶瓷刀具的合理前角应选得比硬质合金刀具更小些
加工性质	粗加工	粗加工时，特别是断续切削，不仅切削力大，切削热多，且承受冲击载荷，为保证刀具有足够的强度和散热体积，应选用较小的前角
	精加工	精加工时，对切削刃强度要求较低，为使切削刃锋利，减小切削变形和获得较高的表面质量，前角应取得较大些
系统刚性、机床功率		工艺系统刚性差和机床功率较小时，宜选用较大的前角，以减小切削力和振动
成形刀具		成形刀具应采用较小的前角或零前角，以减小刀具刃磨后截面形状产生的误差
机床自动化		数控机床、自动机床和自动线用刀具，为保证这类刀具工作的稳定性，使其不易发生崩刃和破损，一般选用较小的前角

2）后角的选择原则

后角主要应根据切削层公称厚度选取。粗加工时以确保刀具强度为主，后角可取小值（α_0=40°～60°）；精加时以保证加工表面质量为主，一般取α_0=80°～120°。

当工艺系统刚性差，易产生振动时，为增强刀具对振动的阻尼作用，应选用较小的后角；对于尺寸精度要求高的精加工刀具，为减小重磨后刀具尺寸的变化，保证有较高的尺寸精度，后角应选用小值。

硬质合金车刀合理主偏角和副偏角的选择如表 1-4 所示。

表 1-4　硬质合金车刀主偏角和副偏角的选择

加工情况		参考值（度）	
		主偏角κ_r	副偏角κ_r'
粗车	工艺系统刚性好	45、60、75	5～10
	工艺系统刚性差	65、75、90	10～15
车细长轴、薄壁零件		90、93	6～10
精车	工艺系统刚性好	45	0～5
	工艺系统刚性差	60、75	0～5
车削冷硬铸铁、淬火钢		10～30	4～10
从工件中间切入		45～60	30～45
切断刀、切槽刀		60～90	1～2

3）刃倾角的选择

刃倾角的功用与选择如表 1-5 所示。

表 1-5　刀具刃倾角的选择

λ_s值	00～+50	+50～+100	00～-50	-50～-100	-100～-150	-100～-450
应用范围	精车钢和细长轴	精车有色金属	粗车钢和灰铸铁	粗车余量不均匀钢	断续车削钢和灰铸铁	带冲击切削淬硬钢

刃倾角对刀尖的影响：

（1）刃倾角λ_s的变化能影响刀尖的强度和抗冲击性能。

（2）当λ_s取负值时，刀尖在切削刃最低点，切削刃切入工件时，切入点在切削刃或前刀面，保护刀尖免受冲击，增强刀尖强度。

（3）大前角刀具通常选用负的刃倾角，既可以增强刀尖强度，又避免刀尖切入时产生冲击。

4. 刀具材料应具备的基本性能

（1）硬度和耐磨性。

（2）强度和韧性。

（3）耐热性。

（4）工艺性能和经济性。

5. 刀具材料的种类

（1）金刚石刀具材料。

（2）立方氮化硼刀具材料。

（3）陶瓷刀具材料。

（4）涂层刀具材料。

（5）硬质合金刀具材料。

（6）高速钢刀具材料。

6. 数控刀具材料的选用原则

（1）切削刀具材料与加工对象的力学性能匹配。

（2）切削刀具材料与加工对象的物理性能匹配。

（3）切削刀具材料与加工对象的化学性能匹配。

（4）数控刀具材料的合理选择。

练一练：

（1）数控车床常见刀具的种类有哪些？

（2）数控铣床常见刀具的种类有哪些？

项目2 数控车工训练

实训目的

1．熟练掌握试切对刀法。
2．熟练掌握快速移动G00、直线插补G01等基本指令的用法。
3．掌握循环编程指令G71、G70的编程格式与方法。
4．能够应用循环指令对轴类零件轮廓进行粗、精加工。
5．能正确计算圆锥尺寸。
6．合理选择加工圆锥的刀具，能采用合理的方法保证圆锥的精度。
7．掌握零件调头车削的基本方法。
8．熟练掌握圆弧插补指令（G02、G03）的功能、编程格式及编程方法。
9．掌握加工轴类零件槽的编程及加工方法。
10．掌握内孔的车削工艺、内孔的一般编程方法、内孔的对刀操作，学会使用内径百分表。

实训任务

任务2.1 车床试切法对刀
任务2.2 简单阶梯轴加工
任务2.3 双头阶梯轴加工
任务2.4 锥度螺纹轴加工
任务2.5 锥度圆弧轴加工
任务2.6 锥度圆头螺纹轴加工
任务2.7 多圆弧台阶轴加工
任务2.8 圆弧槽轴加工
任务2.9 内孔槽轴加工
任务2.10 内锥孔轴加工
任务2.11 综合零件加工

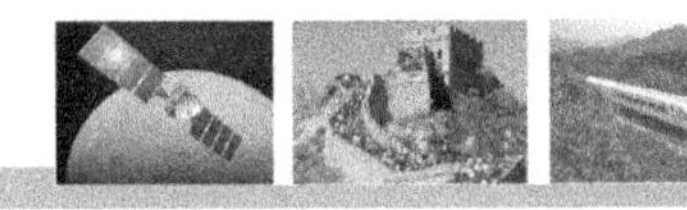

任务 2.1　车床试切法对刀

实训目的

1．熟练掌握试切对刀法。

2．学会正确输入刀补。

实训器材

数控车床（FANUC 0i-TC）、90° 外圆粗车刀、精车刀、游标卡尺（0～150 mm）、外径千分尺（0～25 mm）、外径千分尺（25～50 mm）

实训内容

2.1.1　数控车床对刀方法

1．对刀仪自动对刀

使用对刀仪对刀可免去测量时产生的误差，大大提高对刀精度。由于使用对刀仪可以自动计算各把刀刀长与刀宽的差值，并将其存入系统中，在加工另外零件的时候就只需要对标准刀，从而大大节约了时间。需要注意的是，使用对刀仪对刀一般都设有标准刀具，在对刀的时候先对标准刀。

2．试切法手动对刀

试切法对刀是实际中应用最多的一种对刀方法。

2.1.2　数控车床试切法对刀的原理

对刀的方法有很多种，按对刀的精度可分为粗略对刀和精确对刀；按是否采用对刀仪可分为手动对刀和自动对刀；按是否采用基准刀，又可分为绝对对刀和相对对刀等，但无论采用哪种对刀方式，都离不开试切对刀，试切对刀是最根本的对刀方法。

以图 2-1 为例，试切对刀步骤如下。

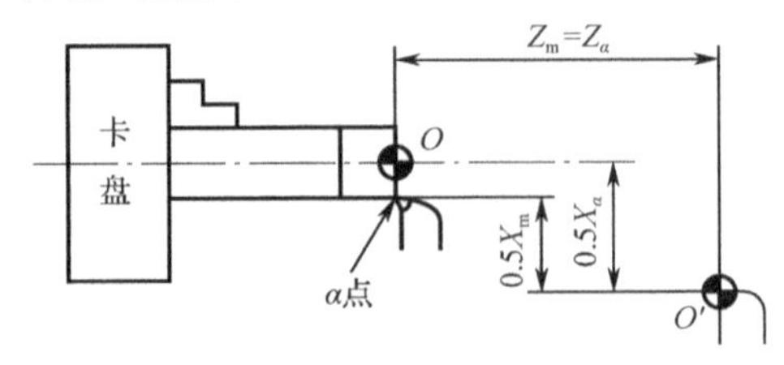

图 2-1　试切对刀

（1）在手动操作方式下，用所选刀具在加工余量范围内试切工件外圆，然后向 Z 正方

向退刀后，用卡尺或千分尺测量试切过的工件直径，并记为 Xa。然后输入刀补中测量画面相对应的刀具号中（注意：应输入 X：1000×Xa）。

（2）将刀具沿+*Z* 方向退回到工件端面余量处一点（假定为α点）切削端面，同上，在刀补中测量画面相对应的刀具号中输入 Z0，此时程序原点 *O* 设在工件右端面。

2.1.3　数控车床试切法对刀的详细操作步骤

1. 主轴正转

运行 M03S800 指令，如图 2-2 所示。

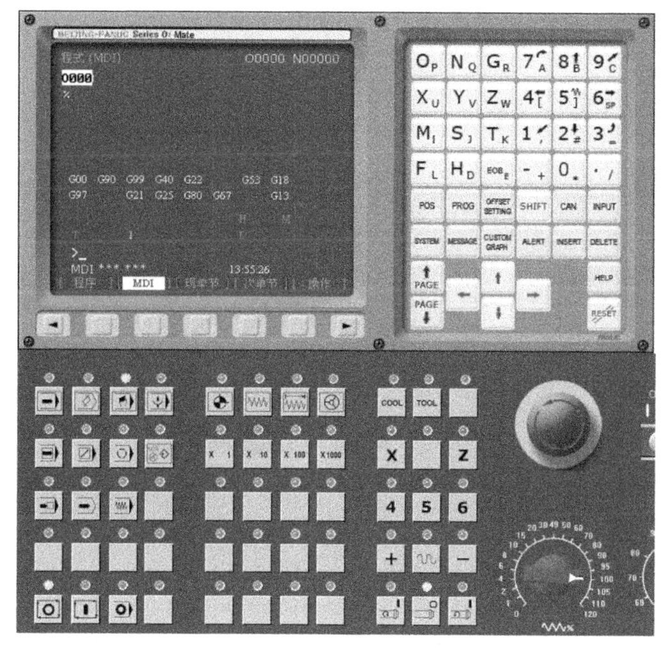

图 2-2　MDI 界面

具体步骤如下：

（1）单击操作面板上的 MDI 方式。

（2）单击显示屏上的 PROG 按钮。

（3）单击显示屏上 MDI 下方的按钮。

（4）输入 M03S800。

（5）单击显示屏上的 INSERT 按钮。

（6）单击操作面板上的循环按钮。

2. 对 X 坐标

具体步骤：

车外圆，当刀具移到如图 2-3（a）所示位置时，X 方向不动，沿 Z 负向进给，车出外圆后，如图 2-3（b）所示，沿 Z 正向退出，然后主轴停止，测量外圆直径，再单击机床“OFFSETTING”中“补偿”的“形状”，输入 X 所测的直径值，单击测量，刀具 T01 X 方向对刀完毕。如图 2-3 所示。

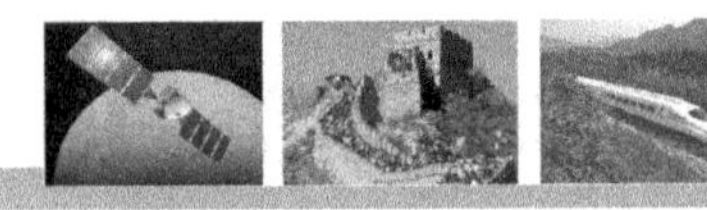

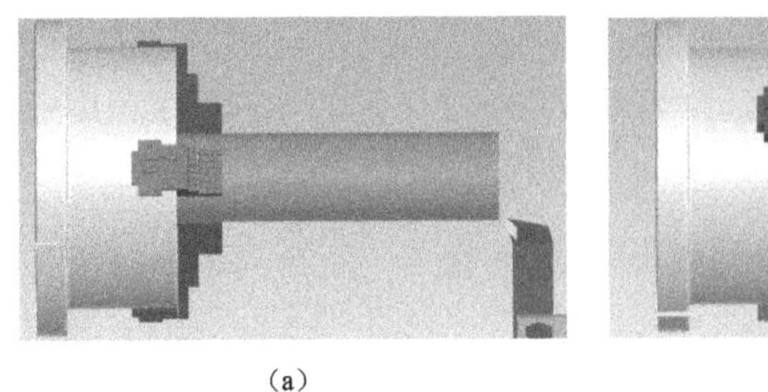

(a)

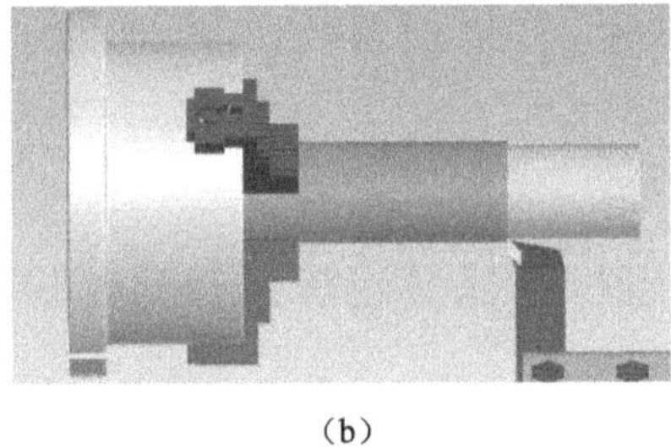

(b)

图 2-3　试切外圆

3. 对 Z 坐标

具体步骤：

车端面，当刀具移到如图 2-4（a）所示位置时，Z 方向不动，沿 X 负向进给，车出端面后，如图 2-4（b）所示，沿 X 正向退出，然后单击机床“OFFSETTING”中“补偿”的“形状”，把光标移到 Z 坐标上，输入 Z0，单击测量，刀具 T01 Z 方向对刀完毕。如图 2-4 所示。

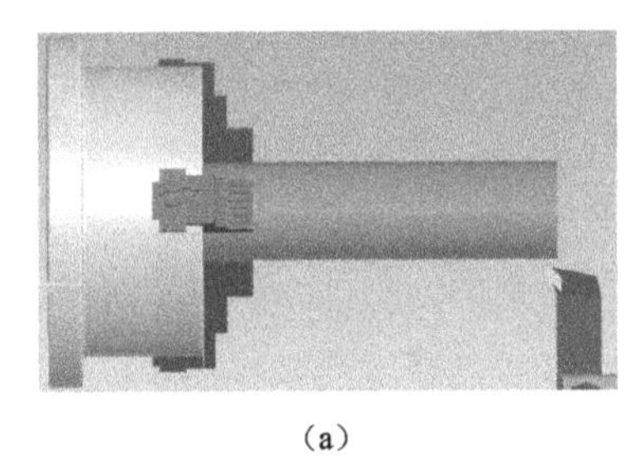

(a)

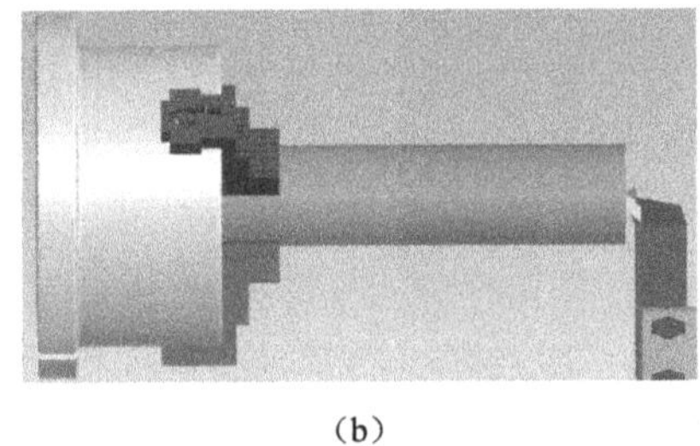

(b)

图 2-4　试切端面

任务 2.2　简单阶梯轴加工

实训目的

1. 能在 3 爪卡盘上正确装夹工件。
2. 正确装夹外圆刀及切断刀。

实训器材

GSK-980TA 数控车床、FANUC 0i—TC 数控车床。

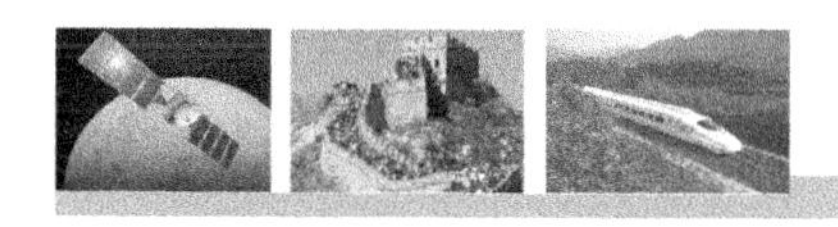

实训内容

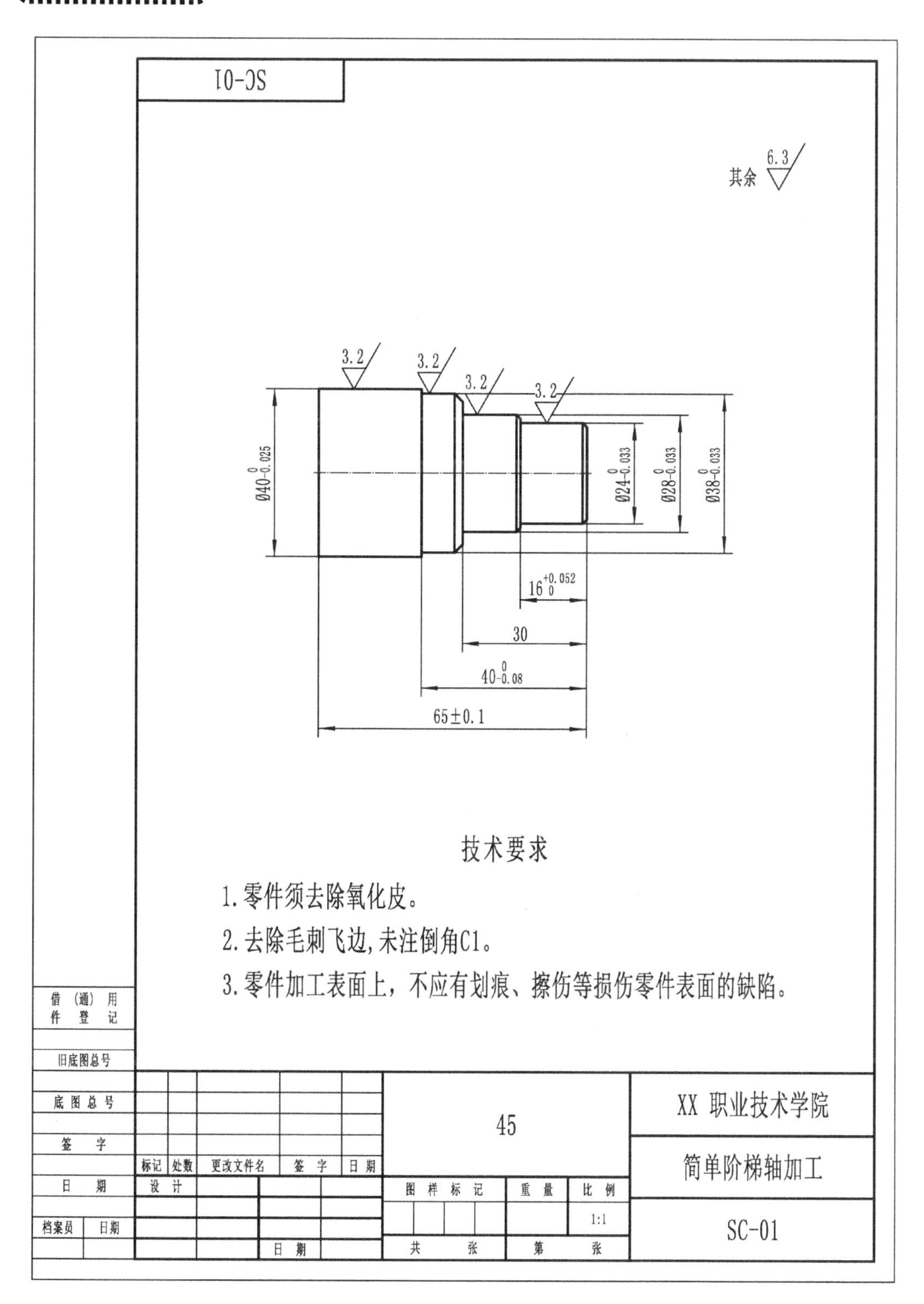
SC-01
其余 6.3
3.2
3.2
3.2
3.2
Ø40-0.025
Ø24-0.033
Ø28-0.033
Ø38-0.033
16+0.052
30
40-0.08
65±0.1
技术要求
1. 零件须去除氧化皮。
2. 去除毛刺飞边，未注倒角C1。
3. 零件加工表面上，不应有划痕、擦伤等损伤零件表面的缺陷。
借（通）用件登记
旧底图总号
底图总号
签字
日期
档案员 日期
标记 处数 更改文件名 签字 日期
设计
日期
45
图样标记 重量 比例
1:1
共 张 第 张
XX 职业技术学院
简单阶梯轴加工
SC-01

数控加工工艺卡片

		数控加工工序卡片		产品型号			零件图号		
				产品名称			零件名称		
材料牌号		毛坯种类		毛坯外形尺寸			备注		
工序号	工序名称	设备名称	设备型号	程序编号	夹具代号	夹具名称	冷却液	车间	
工步号	工步内容	刀具号	刀具	量具及检具	主轴转速（r/min）	切削速度（m/min）	进给速度（mm/min）	背吃刀量（mm）	备注
编制		审核		批准			共　页	第　页	

数控加工程序清单

XX 职业技术学院		数控加工程序清单	组别	学号	姓名
情境名称		使用设备		成绩	
零件图号		数控系统			
程序名			子程序名		
			工步及刀具	说明	

工件质量及职业素养（现场操作规范）评分标准

<table>
<tr><th>序号</th><th colspan="2">评定项目</th><th>配分</th><th>评分标准</th><th>扣分</th><th>得分</th></tr>
<tr><td>1</td><td colspan="2">直径</td><td>20～30 分</td><td>每超差 0.01 扣 1 分</td><td></td><td></td></tr>
<tr><td>2</td><td colspan="2">长度</td><td>20～30 分</td><td>每超差 0.01 扣 1 分</td><td></td><td></td></tr>
<tr><td>3</td><td colspan="2">螺纹</td><td>6～20 分</td><td>每超差 0.02 扣 1 分</td><td></td><td></td></tr>
<tr><td>4</td><td colspan="2">圆弧</td><td>6～25 分</td><td>超差不得分</td><td></td><td></td></tr>
<tr><td>5</td><td colspan="2">几何公差</td><td>0～6 分</td><td>每超差 0.01 扣 1 分</td><td></td><td></td></tr>
<tr><td rowspan="3">6</td><td rowspan="3">外观</td><td>粗糙度 Ra</td><td>6～12 分</td><td>每处 Ra 值增大 1 级扣 1 分</td><td></td><td></td></tr>
<tr><td>倒角、倒锐</td><td>2～8 分</td><td>每超差 1 处扣 1 分</td><td></td><td></td></tr>
<tr><td>有无损伤</td><td>0～5 分</td><td>有损伤不得分</td><td></td><td></td></tr>
<tr><td rowspan="9">7</td><td colspan="2" rowspan="9">工/量具与设备使用</td><td rowspan="9">20 分</td><td>工具、量具混放扣 2 分</td><td></td><td rowspan="9"></td></tr>
<tr><td>量具掉地上每次扣 2 分</td><td></td></tr>
<tr><td>量具测量方法不对扣 1 分</td><td></td></tr>
<tr><td>钻孔操作戴手套扣 5 分</td><td></td></tr>
<tr><td>台式钻床转速选用不当扣 5 分</td><td></td></tr>
<tr><td>锯切姿势不正确扣 2 分</td><td></td></tr>
<tr><td>锯切速度不合理扣 2 分</td><td></td></tr>
<tr><td>锉削姿势不正确扣 2 分</td><td></td></tr>
<tr><td>锉削速度不合理扣 2 分</td><td></td></tr>
<tr><td rowspan="5">8</td><td colspan="2" rowspan="5">安全文明生产</td><td rowspan="5">10 分</td><td>未穿工作服扣 10 分</td><td></td><td rowspan="5"></td></tr>
<tr><td>工作服穿戴不整齐规范扣 5 分</td><td></td></tr>
<tr><td>工具、量具摆放不整齐扣 2 分</td><td></td></tr>
<tr><td>操作工位旁不整洁扣 2 分</td><td></td></tr>
<tr><td>操作时发生安全小事故扣 2 分</td><td></td></tr>
<tr><td rowspan="4">9</td><td colspan="2" rowspan="4">否决项</td><td rowspan="4">本项目出现任意一项，按零分处理</td><td>不服从实训安排</td><td></td><td rowspan="4"></td></tr>
<tr><td>严重违反安全与文明生产规程</td><td></td></tr>
<tr><td>违反设备操作规程</td><td></td></tr>
<tr><td>发生重大事故</td><td></td></tr>
<tr><td colspan="4">合计</td><td></td><td></td><td></td></tr>
<tr><td colspan="4">测试人员签名</td><td></td><td></td><td></td></tr>
<tr><td colspan="4">测评人员签名</td><td></td><td></td><td></td></tr>
<tr><td colspan="4">教师签名</td><td></td><td></td><td></td></tr>
</table>

练一练

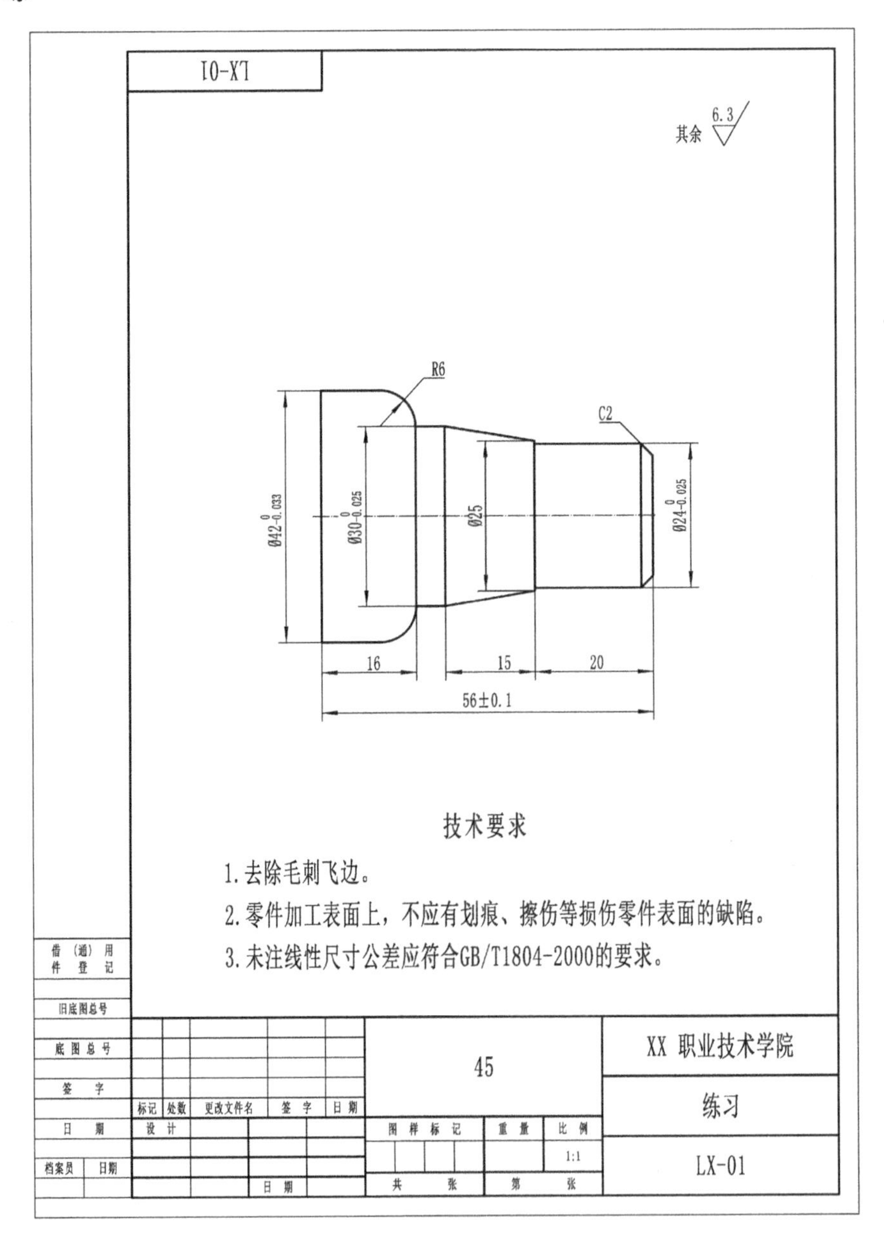

任务 2.3 双头阶梯轴加工

实训目的

1. 熟悉双头加工零件的加工工艺。
2. 熟悉双头加工的加工顺序。
3. 基本掌握双头加工的装夹方式。

实训器材

GSK—980TA 数控车床、FANUC 0i—TC 数控车床

实训内容

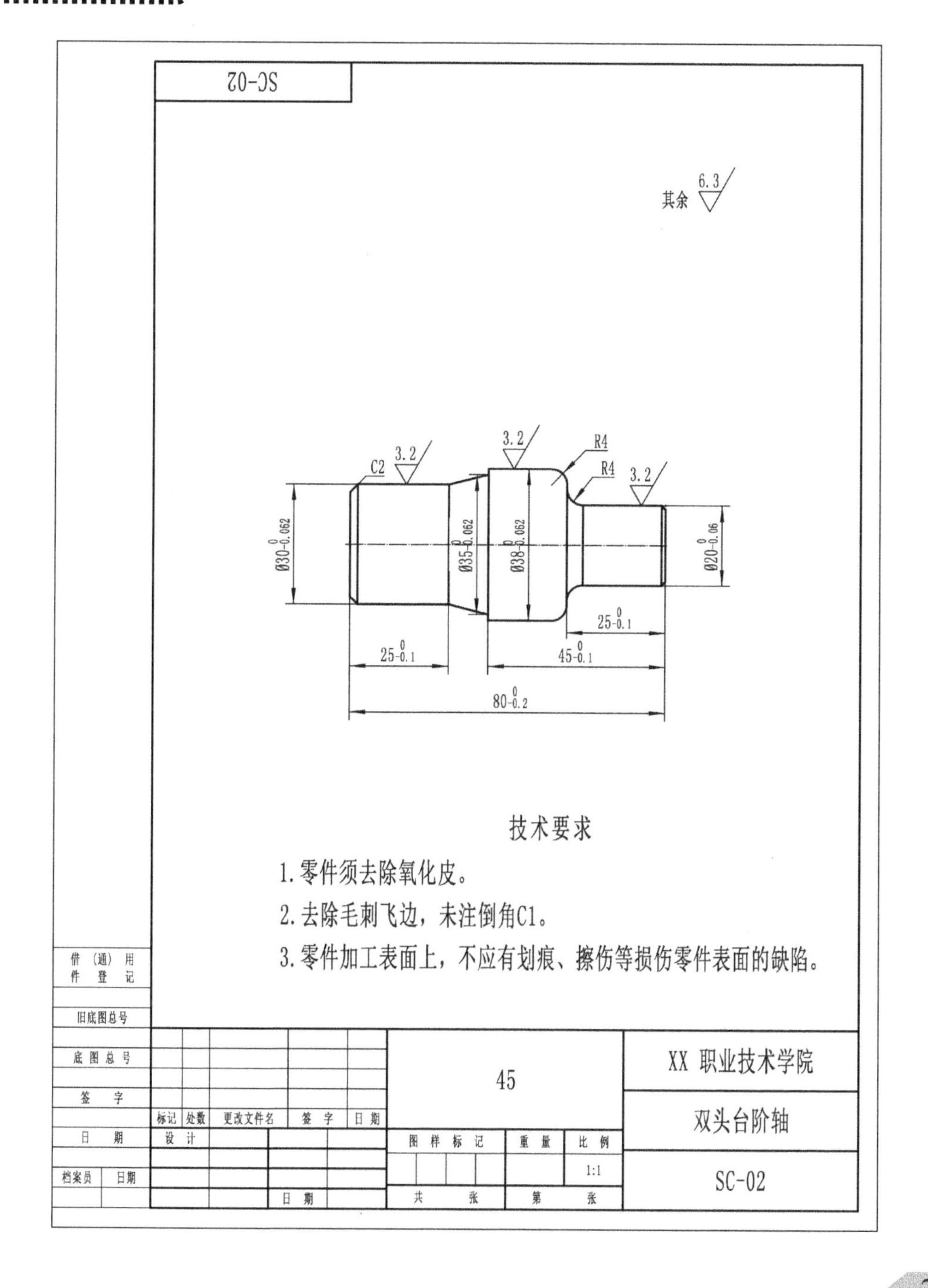

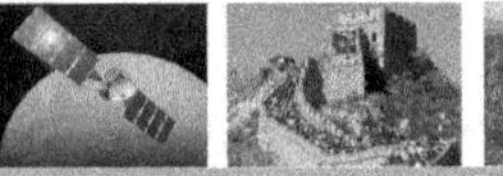

数控加工工艺卡片

	数控加工工序卡片			产品型号		零件图号			
				产品名称		零件名称			
材料牌号		毛坯种类		毛坯外形尺寸		备注			
工序号	工序名称	设备名称	设备型号	程序编号	夹具代号	夹具名称	冷却液	车间	
工步号	工步内容	刀具号	刀具	量具及检具	主轴转速（r/min）	切削速度（m/min）	进给速度（mm/min）	背吃刀量（mm）	备注
编制		审核		批准		共　页	第　页		

数控加工程序清单

××职业技术学院	数控加工程序清单		组别	学号	姓名
情境名称		使用设备		成绩	
零件图号		数控系统			
程序名			子程序名		
			工步及刀具	说明	

工件质量及职业素养（现场操作规范）评分标准

<table>
<tr><th>序号</th><th colspan="2">评定项目</th><th>配分</th><th>评分标准</th><th>扣分</th><th>得分</th></tr>
<tr><td>1</td><td colspan="2">直径</td><td>20～30 分</td><td>每超差 0.01 扣 1 分</td><td></td><td></td></tr>
<tr><td>2</td><td colspan="2">长度</td><td>20～30 分</td><td>每超差 0.01 扣 1 分</td><td></td><td></td></tr>
<tr><td>3</td><td colspan="2">螺纹</td><td>6～20 分</td><td>每超差 0.02 扣 1 分</td><td></td><td></td></tr>
<tr><td>4</td><td colspan="2">圆弧</td><td>6～25 分</td><td>超差不得分</td><td></td><td></td></tr>
<tr><td>5</td><td colspan="2">几何公差</td><td>0～6 分</td><td>每超差 0.01 扣 1 分</td><td></td><td></td></tr>
<tr><td rowspan="3">6</td><td rowspan="3">外观</td><td>粗糙度 Ra</td><td>6～12 分</td><td>每处 Ra 值增大 1 级扣 1 分</td><td></td><td></td></tr>
<tr><td>倒角、倒锐</td><td>2～8 分</td><td>每超差 1 处扣 1 分</td><td></td><td></td></tr>
<tr><td>有无损伤</td><td>0～5 分</td><td>有损伤不得分</td><td></td><td></td></tr>
<tr><td rowspan="9">7</td><td colspan="2" rowspan="9">工/量具与设备使用</td><td rowspan="9">20 分</td><td>工具、量具混放扣 2 分</td><td></td><td rowspan="9"></td></tr>
<tr><td>量具掉地上每次扣 2 分</td><td></td></tr>
<tr><td>量具测量方法不对扣 1 分</td><td></td></tr>
<tr><td>钻孔操作戴手套扣 5 分</td><td></td></tr>
<tr><td>台式钻床转速选用不当扣 5 分</td><td></td></tr>
<tr><td>锯切姿势不正确扣 2 分</td><td></td></tr>
<tr><td>锯切速度不合理扣 2 分</td><td></td></tr>
<tr><td>锉削姿势不正确扣 2 分</td><td></td></tr>
<tr><td>锉削速度不合理扣 2 分</td><td></td></tr>
<tr><td rowspan="5">8</td><td colspan="2" rowspan="5">安全文明生产</td><td rowspan="5">10 分</td><td>未穿工作服扣 10 分</td><td></td><td rowspan="5"></td></tr>
<tr><td>工作服穿戴不整齐规范扣 5 分</td><td></td></tr>
<tr><td>工具、量具摆放不整齐扣 2 分</td><td></td></tr>
<tr><td>操作工位旁不整洁扣 2 分</td><td></td></tr>
<tr><td>操作时发生安全小事故扣 2 分</td><td></td></tr>
<tr><td rowspan="4">9</td><td colspan="2" rowspan="4">否决项</td><td rowspan="4">本项目出现任意一项，按零分处理</td><td>不服从实训安排</td><td></td><td rowspan="4"></td></tr>
<tr><td>严重违反安全与文明生产规程</td><td></td></tr>
<tr><td>违反设备操作规程</td><td></td></tr>
<tr><td>发生重大事故</td><td></td></tr>
<tr><td colspan="4">合计</td><td></td><td></td><td></td></tr>
<tr><td colspan="4">测试人员签名</td><td></td><td></td><td></td></tr>
<tr><td colspan="4">测评人员签名</td><td></td><td></td><td></td></tr>
<tr><td colspan="4">教师签名</td><td></td><td></td><td></td></tr>
</table>

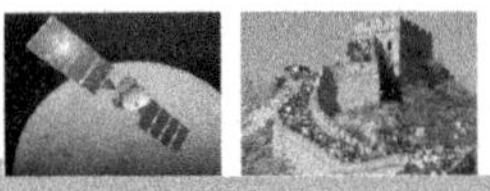

练一练

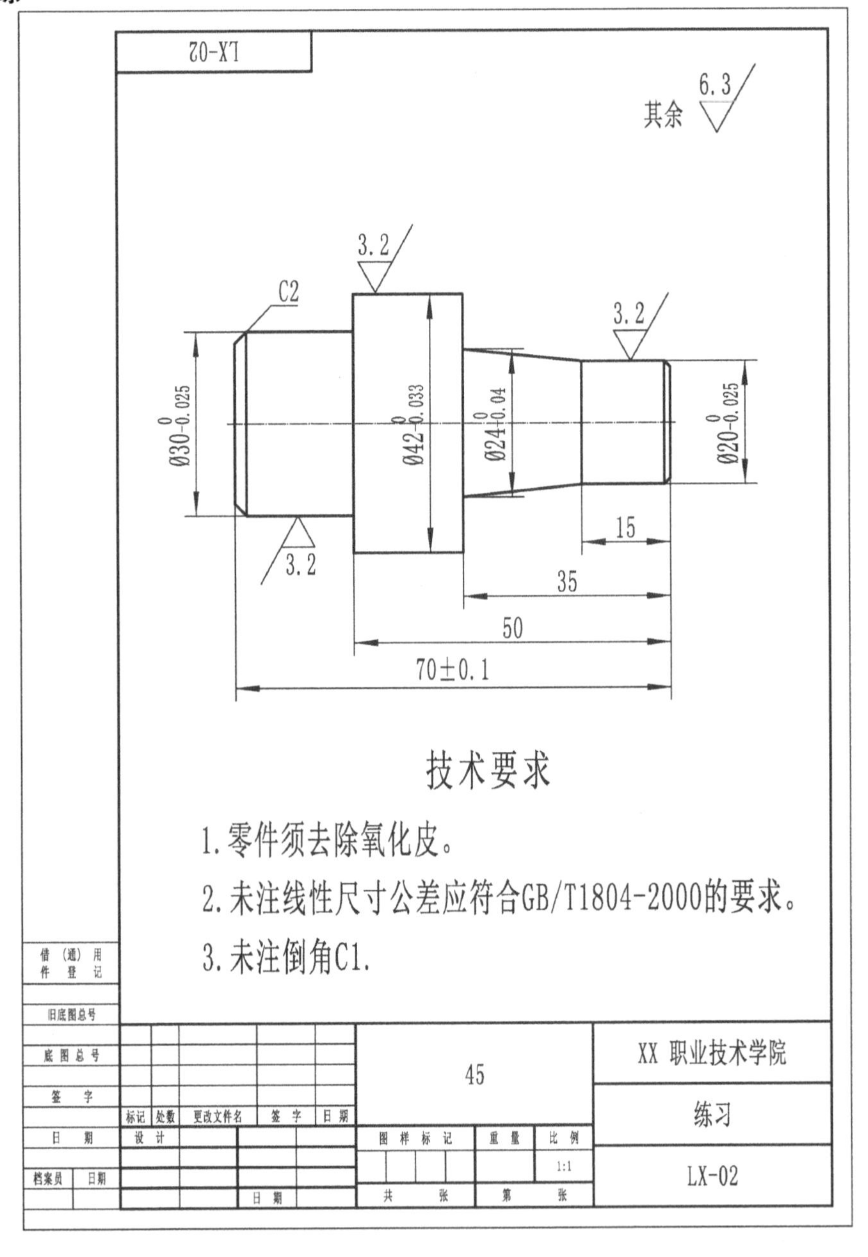

任务 2.4　锥度螺纹轴加工

实训目的

1. 熟练掌握螺纹和各个台阶的尺寸精度。
2. 熟练掌握装夹工艺。
3. 熟练掌握锥度螺纹轴的车削。

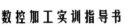

实训器材

GSK—980TA 数控车床、FANUC 0i—TC 数控车床

实训内容

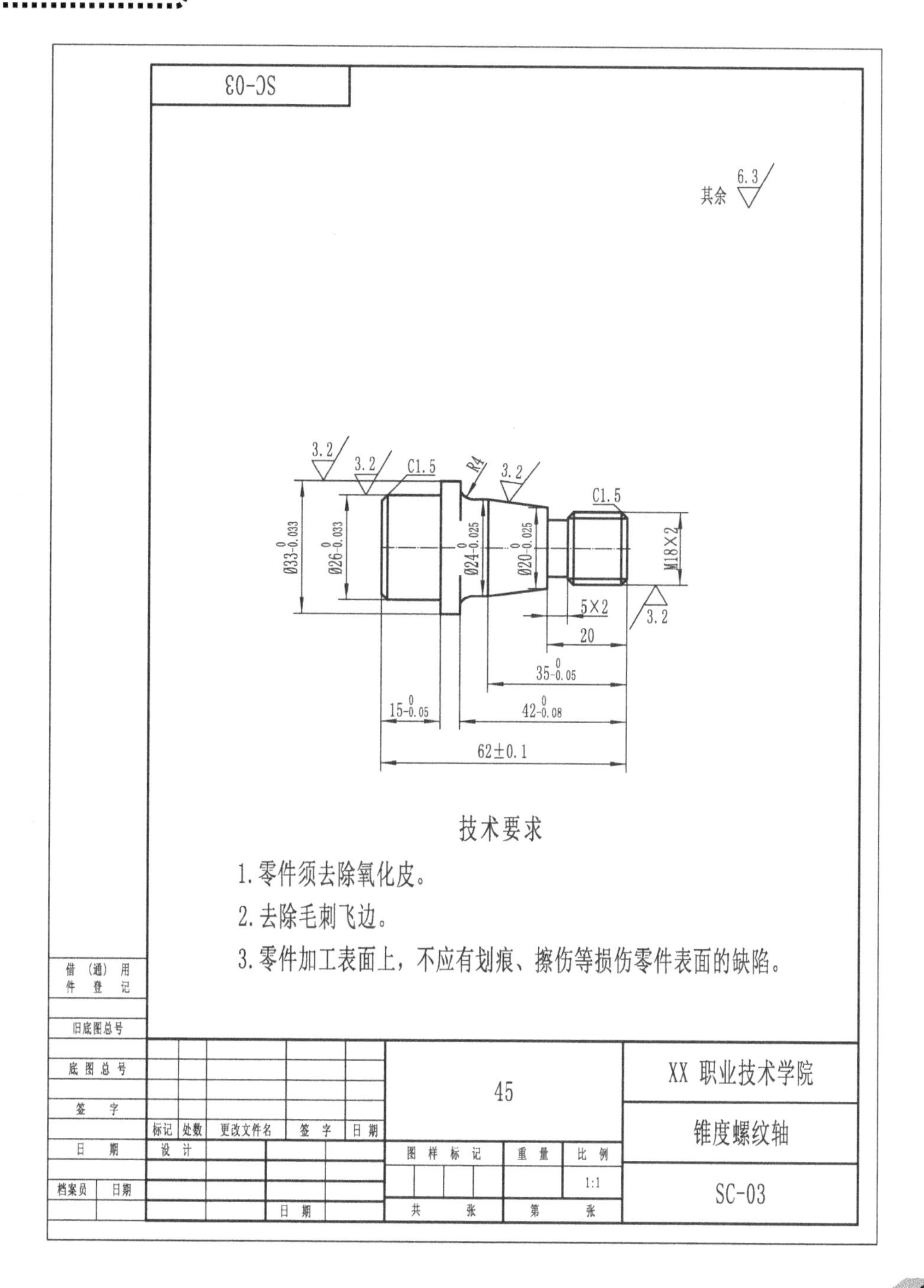

数控加工工艺卡片

	数控加工工序卡片	产品型号		零件图号	
		产品名称		零件名称	

材料牌号		毛坯种类		毛坯外形尺寸		备注	

工序号	工序名称	设备名称	设备型号	程序编号	夹具代号	夹具名称	冷却液	车间

工步号	工步内容	刀具号	刀具	量具及检具	主轴转速（r/min）	切削速度（m/min）	进给速度（mm/min）	背吃刀量（mm）	备注

编制		审核		批准		共　页	第　页

数控加工程序清单

××职业技术学院	数控加工程序清单	组别	学号	姓名

情境名称		使用设备		成绩	
零件图号		数控系统			

程序名		子程序名	
		工步及刀具	说明

工件质量及职业素养（现场操作规范）评分标准

<table>
<tr><th>序号</th><th colspan="2">评定项目</th><th>配分</th><th>评分标准</th><th>扣分</th><th>得分</th></tr>
<tr><td>1</td><td colspan="2">直径</td><td>20～30分</td><td>每超差0.01扣1分</td><td></td><td></td></tr>
<tr><td>2</td><td colspan="2">长度</td><td>20～30分</td><td>每超差0.01扣1分</td><td></td><td></td></tr>
<tr><td>3</td><td colspan="2">螺纹</td><td>6～20分</td><td>每超差0.02扣1分</td><td></td><td></td></tr>
<tr><td>4</td><td colspan="2">圆弧</td><td>6～25分</td><td>超差不得分</td><td></td><td></td></tr>
<tr><td>5</td><td colspan="2">几何公差</td><td>0～6分</td><td>每超差0.01扣1分</td><td></td><td></td></tr>
<tr><td rowspan="3">6</td><td rowspan="3">外观</td><td>粗糙度 Ra</td><td>6～12分</td><td>每处 Ra 值增大1级扣1分</td><td></td><td></td></tr>
<tr><td>倒角、倒锐</td><td>2～8分</td><td>每超差1处扣1分</td><td></td><td></td></tr>
<tr><td>有无损伤</td><td>0～5分</td><td>有损伤不得分</td><td></td><td></td></tr>
<tr><td rowspan="9">7</td><td rowspan="9" colspan="2">工/量具与设备使用</td><td rowspan="9">20分</td><td>工具、量具混放扣2分</td><td></td><td rowspan="9"></td></tr>
<tr><td>量具掉地上每次扣2分</td><td></td></tr>
<tr><td>量具测量方法不对扣1分</td><td></td></tr>
<tr><td>钻孔操作戴手套扣5分</td><td></td></tr>
<tr><td>台式钻床转速选用不当扣5分</td><td></td></tr>
<tr><td>锯切姿势不正确扣2分</td><td></td></tr>
<tr><td>锯切速度不合理扣2分</td><td></td></tr>
<tr><td>锉削姿势不正确扣2分</td><td></td></tr>
<tr><td>锉削速度不合理扣2分</td><td></td></tr>
<tr><td rowspan="5">8</td><td rowspan="5" colspan="2">安全文明生产</td><td rowspan="5">10分</td><td>未穿工作服扣10分</td><td></td><td rowspan="5"></td></tr>
<tr><td>工作服穿戴不整齐规范扣5分</td><td></td></tr>
<tr><td>工具、量具摆放不整齐扣2分</td><td></td></tr>
<tr><td>操作工位旁不整洁扣2分</td><td></td></tr>
<tr><td>操作时发生安全小事故扣2分</td><td></td></tr>
<tr><td rowspan="4">9</td><td rowspan="4" colspan="2">否决项</td><td rowspan="4">本项目出现任意一项，按零分处理</td><td>不服从实训安排</td><td></td><td rowspan="4"></td></tr>
<tr><td>严重违反安全与文明生产规程</td><td></td></tr>
<tr><td>违反设备操作规程</td><td></td></tr>
<tr><td>发生重大事故</td><td></td></tr>
<tr><td colspan="4">合计</td><td></td><td></td><td></td></tr>
<tr><td colspan="4">测试人员签名</td><td></td><td></td><td></td></tr>
<tr><td colspan="4">测评人员签名</td><td></td><td></td><td></td></tr>
<tr><td colspan="4">教师签名</td><td></td><td></td><td></td></tr>
</table>

练一练

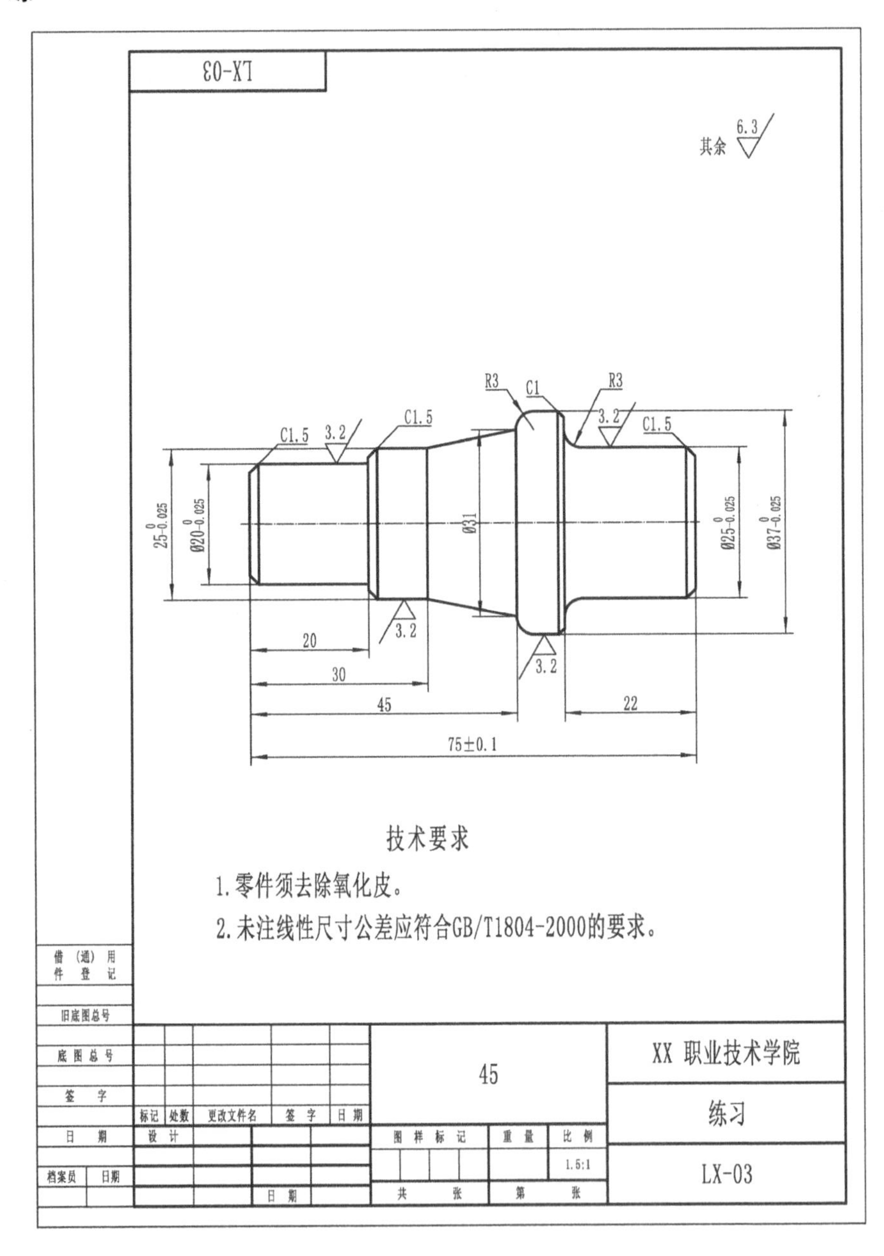

任务 2.5　锥度圆弧轴加工

实训目的

1. 熟练掌握锥度、切槽、螺纹的加工方法。
2. 熟练掌握零件整体精度的保证。
3. 熟练掌握零件工艺的安排。

实训器材

GSK—980TA 数控车床、FANUC 0i—TC 数控车床

实训内容

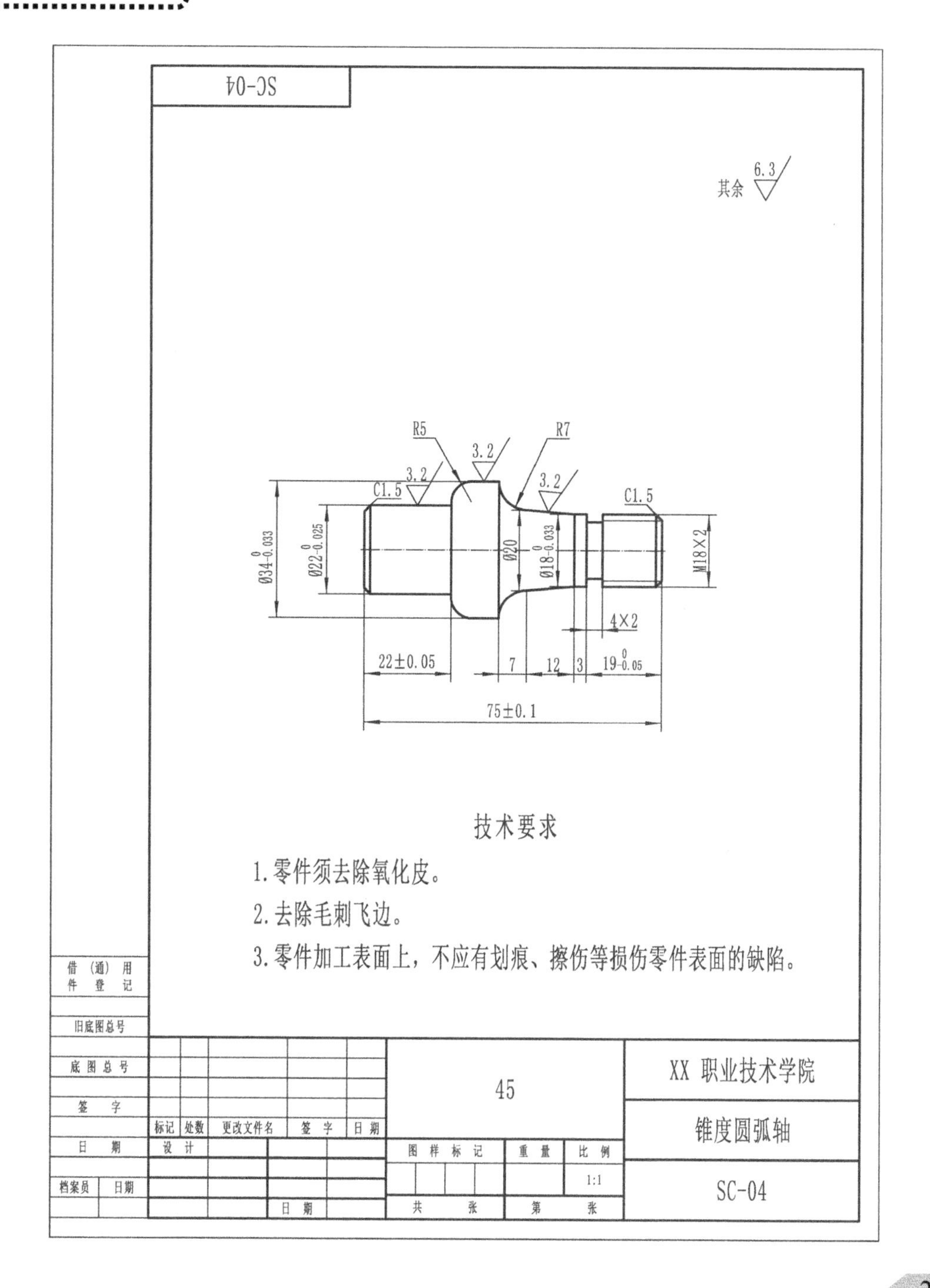

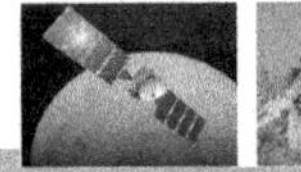

数控加工工艺卡片

	数控加工工序卡片	产品型号		零件图号	
		产品名称		零件名称	

材料牌号		毛坯种类		毛坯外形尺寸		备注	

工序号	工序名称	设备名称	设备型号	程序编号	夹具代号	夹具名称	冷却液	车间

工步号	工步内容	刀具号	刀具	量具及检具	主轴转速（r/min）	切削速度（m/min）	进给速度（mm/min）	背吃刀量（mm）	备注

编制		审核		批准		共 页	第 页

数控加工程序清单

××职业技术学院	数控加工程序清单	组别	学号	姓名

情境名称		使用设备		成绩	
零件图号		数控系统			

程序名		子程序名	
		工步及刀具	说明

工件质量及职业素养（现场操作规范）评分标准

序号	评定项目		配分	评分标准	扣分	得分
1	直径		20～30分	每超差0.01扣1分		
2	长度		20～30分	每超差0.01扣1分		
3	螺纹		6～20分	每超差0.02扣1分		
4	圆弧		6～25分	超差不得分		
5	几何公差		0～6分	每超差0.01扣1分		
6	外观	粗糙度 *Ra*	6～12分	每处 *Ra* 值增大1级扣1分		
		倒角、倒锐	2～8分	每超差1处扣1分		
		有无损伤	0～5分	有损伤不得分		
7	工/量具与设备使用		20分	工具、量具混放扣2分		
				量具掉地上每次扣2分		
				量具测量方法不对扣1分		
				钻孔操作戴手套扣5分		
				台式钻床转速选用不当扣5分		
				锯切姿势不正确扣2分		
				锯切速度不合理扣2分		
				锉削姿势不正确扣2分		
				锉削速度不合理扣2分		
8	安全文明生产		10分	未穿工作服扣10分		
				工作服穿戴不整齐规范扣5分		
				工具、量具摆放不整齐扣2分		
				操作工位旁不整洁扣2分		
				操作时发生安全小事故扣2分		
9	否决项		本项目出现任意一项，按零分处理	不服从实训安排		
				严重违反安全与文明生产规程		
				违反设备操作规程		
				发生重大事故		
合计						
测试人员签名						
测评人员签名						
教师签名						

练一练

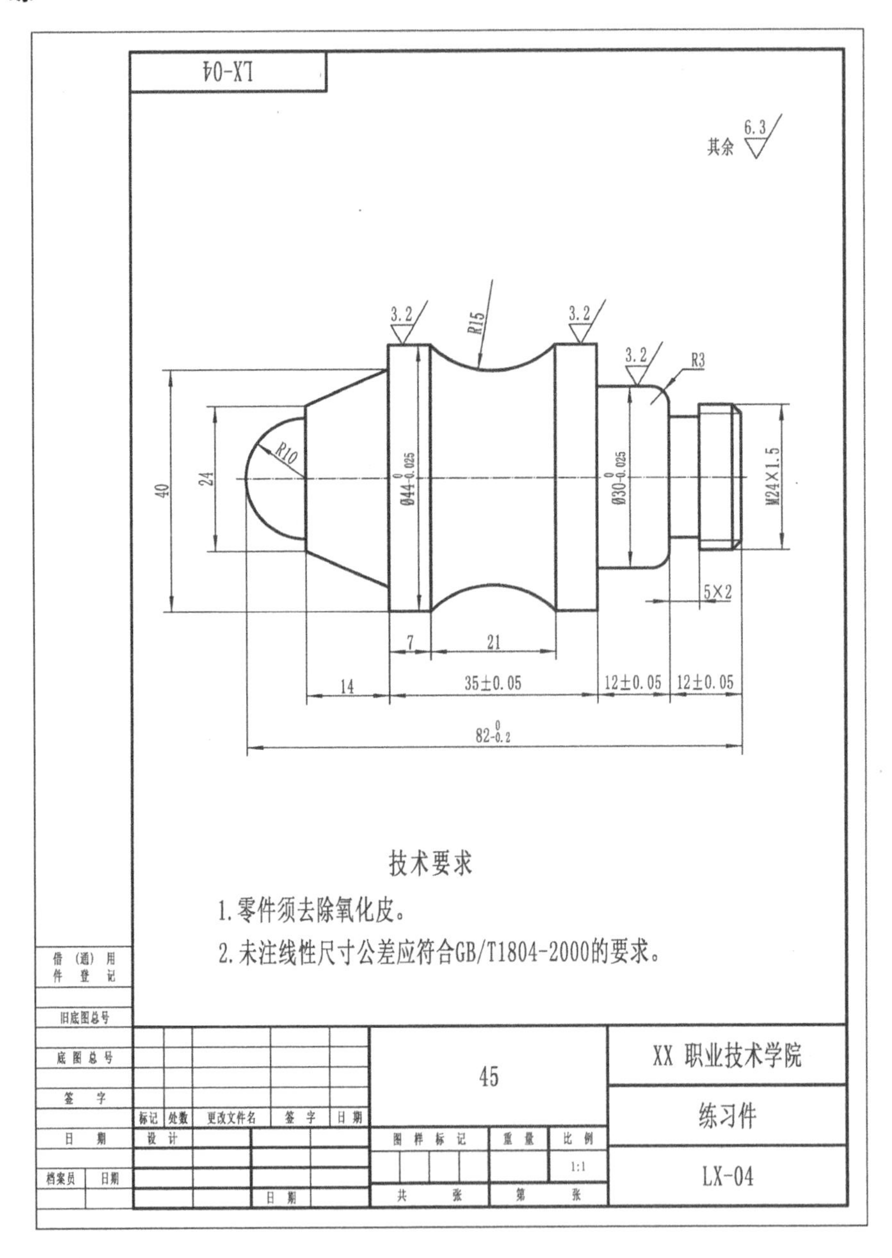

任务 2.6 锥度圆头螺纹轴加工

实训目的

1. 熟练掌握凹圆弧、切槽、螺纹的加工方法。
2. 掌握 G76 指令车削螺纹。
3. 熟练掌握圆头的车削。

实训器材

GSK—980TA 数控车床、FANUC 0i—TC 数控车床

实训内容

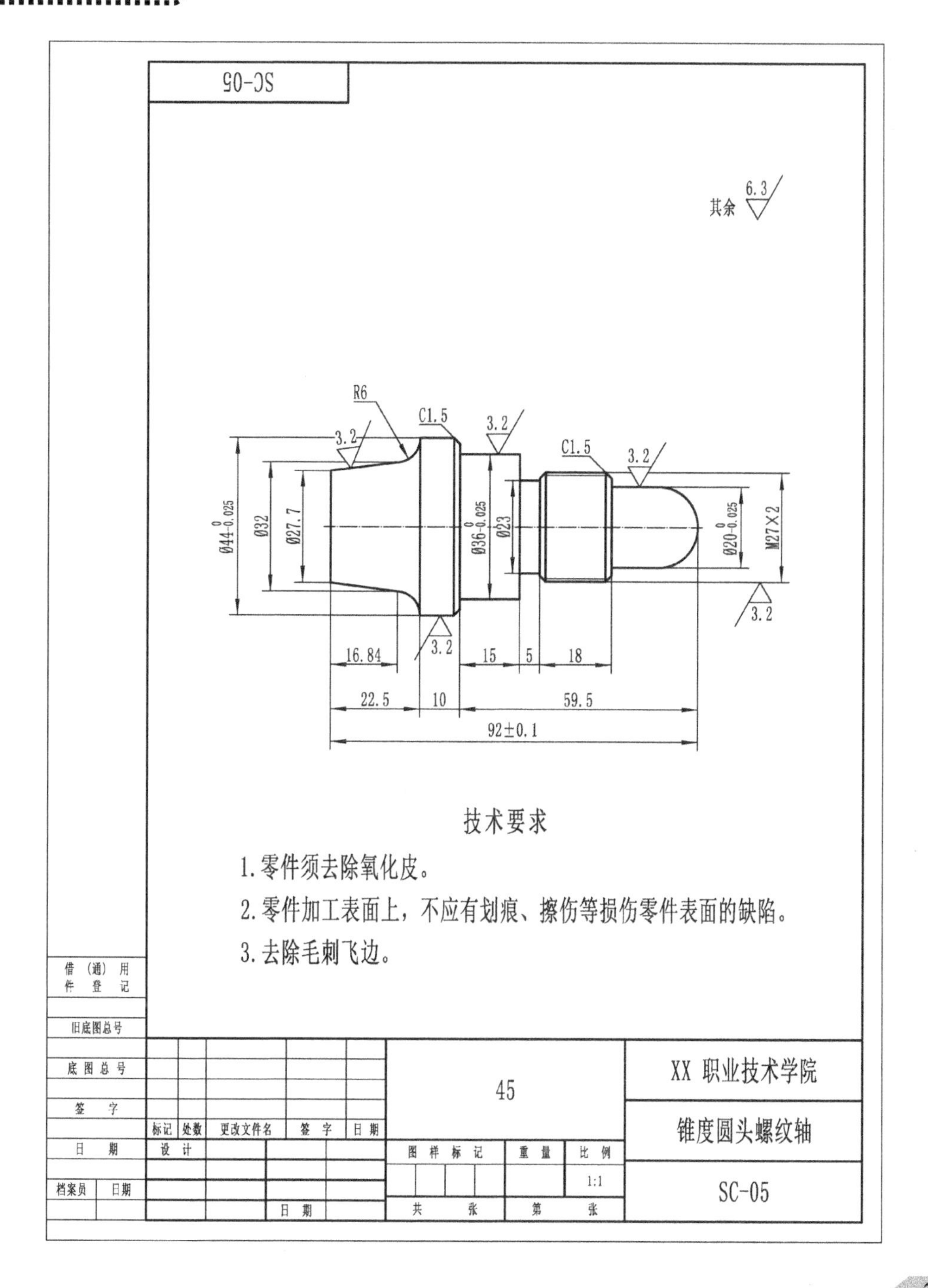

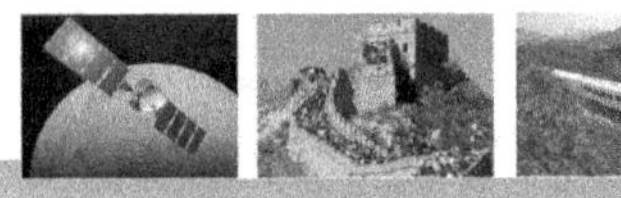

数控加工工艺卡片

	数控加工工序卡片		产品型号			零件图号			
			产品名称			零件名称			
材料牌号		毛坯种类		毛坯外形尺寸		备注			
工序号	工序名称	设备名称	设备型号	程序编号	夹具代号	夹具名称	冷却液	车间	
工步号	工步内容	刀具号	刀具	量具及检具	主轴转速（r/min）	切削速度（m/min）	进给速度（mm/min）	背吃刀量（mm）	备注
编制		审核		批准		共　页	第　页		

数控加工程序清单

××职业技术学院		数控加工程序清单		组别	学号	姓名
情境名称		使用设备			成绩	
零件图号		数控系统				
程序名			子程序名			
			工步及刀具		说明	

工件质量及职业素养（现场操作规范）评分标准

序号	评定项目		配分	评分标准	扣分	得分
1	直径		20～30分	每超差0.01扣1分		
2	长度		20～30分	每超差0.01扣1分		
3	螺纹		6～20分	每超差0.02扣1分		
4	圆弧		6～25分	超差不得分		
5	几何公差		0～6分	每超差0.01扣1分		
6	外观	粗糙度 *Ra*	6～12分	每处 *Ra* 值增大1级扣1分		
		倒角、倒锐	2～8分	每超差1处扣1分		
		有无损伤	0～5分	有损伤不得分		
7	工/量具与设备使用		20分	工具、量具混放扣2分		
				量具掉地上每次扣2分		
				量具测量方法不对扣1分		
				钻孔操作戴手套扣5分		
				台式钻床转速选用不当扣5分		
				锯切姿势不正确扣2分		
				锯切速度不合理扣2分		
				锉削姿势不正确扣2分		
				锉削速度不合理扣2分		
8	安全文明生产		10分	未穿工作服扣10分		
				工作服穿戴不整齐规范扣5分		
				工具、量具摆放不整齐扣2分		
				操作工位旁不整洁扣2分		
				操作时发生安全小事故扣2分		
9	否决项		本项目出现任意一项，按零分处理	不服从实训安排		
				严重违反安全与文明生产规程		
				违反设备操作规程		
				发生重大事故		
合计						
测试人员签名						
测评人员签名						
教师签名						

练一练

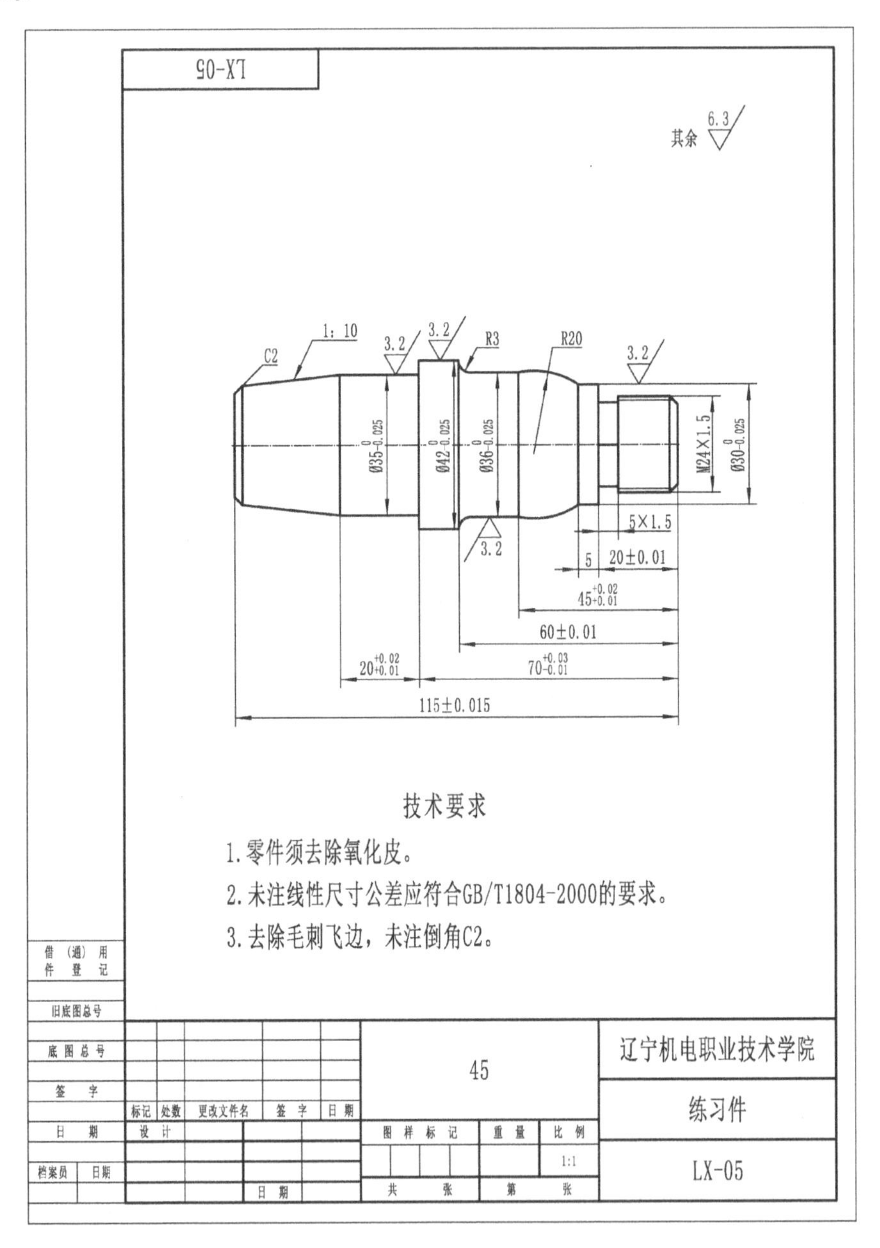

任务 2.7 多圆弧台阶轴加工

实训目的

1. 熟悉多圆弧台阶轴的程序编写。
2. 掌握圆弧节点的计算。
3. 熟悉多圆弧台阶轴的工艺安排。

实训器材

GSK—980TA 数控车床、FANUC 0i—TC 数控车床

实训内容

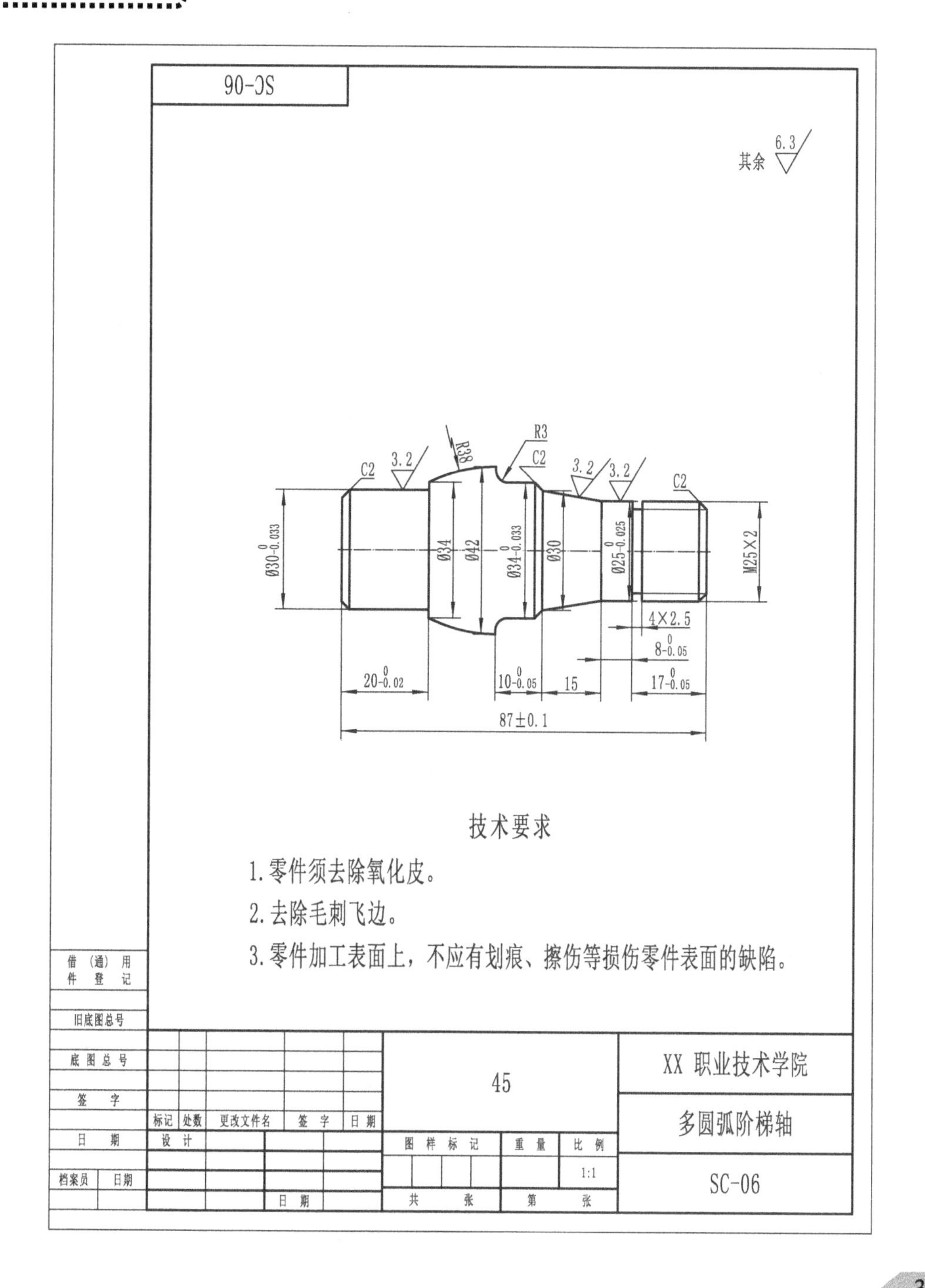

数控加工工艺卡片

	数控加工工序卡片		产品型号			零件图号			
			产品名称			零件名称			
材料牌号		毛坯种类		毛坯外形尺寸		备注			
工序号	工序名称	设备名称	设备型号	程序编号	夹具代号	夹具名称	冷却液	车间	
工步号	工步内容	刀具号	刀具	量具及检具	主轴转速（r/min）	切削速度（m/min）	进给速度（mm/min）	背吃刀量（mm）	备注
编制		审核		批准		共　页	第　页		

数控加工程序清单

××职业技术学院	数控加工程序清单	组别	学号	姓名
情境名称		使用设备		成绩
零件图号		数控系统		
程序名		子程序名		
		工步及刀具	说明	

工件质量及职业素养（现场操作规范）评分标准

<table>
<tr><th>序号</th><th colspan="2">评定项目</th><th>配分</th><th>评分标准</th><th>扣分</th><th>得分</th></tr>
<tr><td>1</td><td colspan="2">直径</td><td>20～30 分</td><td>每超差 0.01 扣 1 分</td><td></td><td></td></tr>
<tr><td>2</td><td colspan="2">长度</td><td>20～30 分</td><td>每超差 0.01 扣 1 分</td><td></td><td></td></tr>
<tr><td>3</td><td colspan="2">螺纹</td><td>6～20 分</td><td>每超差 0.02 扣 1 分</td><td></td><td></td></tr>
<tr><td>4</td><td colspan="2">圆弧</td><td>6～25 分</td><td>超差不得分</td><td></td><td></td></tr>
<tr><td>5</td><td colspan="2">几何公差</td><td>0～6 分</td><td>每超差 0.01 扣 1 分</td><td></td><td></td></tr>
<tr><td rowspan="3">6</td><td rowspan="3">外观</td><td>粗糙度 Ra</td><td>6～12 分</td><td>每处 Ra 值增大 1 级扣 1 分</td><td></td><td></td></tr>
<tr><td>倒角、倒锐</td><td>2～8 分</td><td>每超差 1 处扣 1 分</td><td></td><td></td></tr>
<tr><td>有无损伤</td><td>0～5 分</td><td>有损伤不得分</td><td></td><td></td></tr>
<tr><td rowspan="9">7</td><td colspan="2" rowspan="9">工/量具与设备使用</td><td rowspan="9">20 分</td><td>工具、量具混放扣 2 分</td><td></td><td rowspan="9"></td></tr>
<tr><td>量具掉地上每次扣 2 分</td><td></td></tr>
<tr><td>量具测量方法不对扣 1 分</td><td></td></tr>
<tr><td>钻孔操作戴手套扣 5 分</td><td></td></tr>
<tr><td>台式钻床转速选用不当扣 5 分</td><td></td></tr>
<tr><td>锯切姿势不正确扣 2 分</td><td></td></tr>
<tr><td>锯切速度不合理扣 2 分</td><td></td></tr>
<tr><td>锉削姿势不正确扣 2 分</td><td></td></tr>
<tr><td>锉削速度不合理扣 2 分</td><td></td></tr>
<tr><td rowspan="5">8</td><td colspan="2" rowspan="5">安全文明生产</td><td rowspan="5">10 分</td><td>未穿工作服扣 10 分</td><td></td><td rowspan="5"></td></tr>
<tr><td>工作服穿戴不整齐规范扣 5 分</td><td></td></tr>
<tr><td>工具、量具摆放不整齐扣 2 分</td><td></td></tr>
<tr><td>操作工位旁不整洁扣 2 分</td><td></td></tr>
<tr><td>操作时发生安全小事故扣 2 分</td><td></td></tr>
<tr><td rowspan="4">9</td><td colspan="2" rowspan="4">否决项</td><td rowspan="4">本项目出现任意一项，按零分处理</td><td>不服从实训安排</td><td></td><td rowspan="4"></td></tr>
<tr><td>严重违反安全与文明生产规程</td><td></td></tr>
<tr><td>违反设备操作规程</td><td></td></tr>
<tr><td>发生重大事故</td><td></td></tr>
<tr><td colspan="4">合计</td><td></td><td></td><td></td></tr>
<tr><td colspan="4">测试人员签名</td><td></td><td></td><td></td></tr>
<tr><td colspan="4">测评人员签名</td><td></td><td></td><td></td></tr>
<tr><td colspan="4">教师签名</td><td></td><td></td><td></td></tr>
</table>

练一练

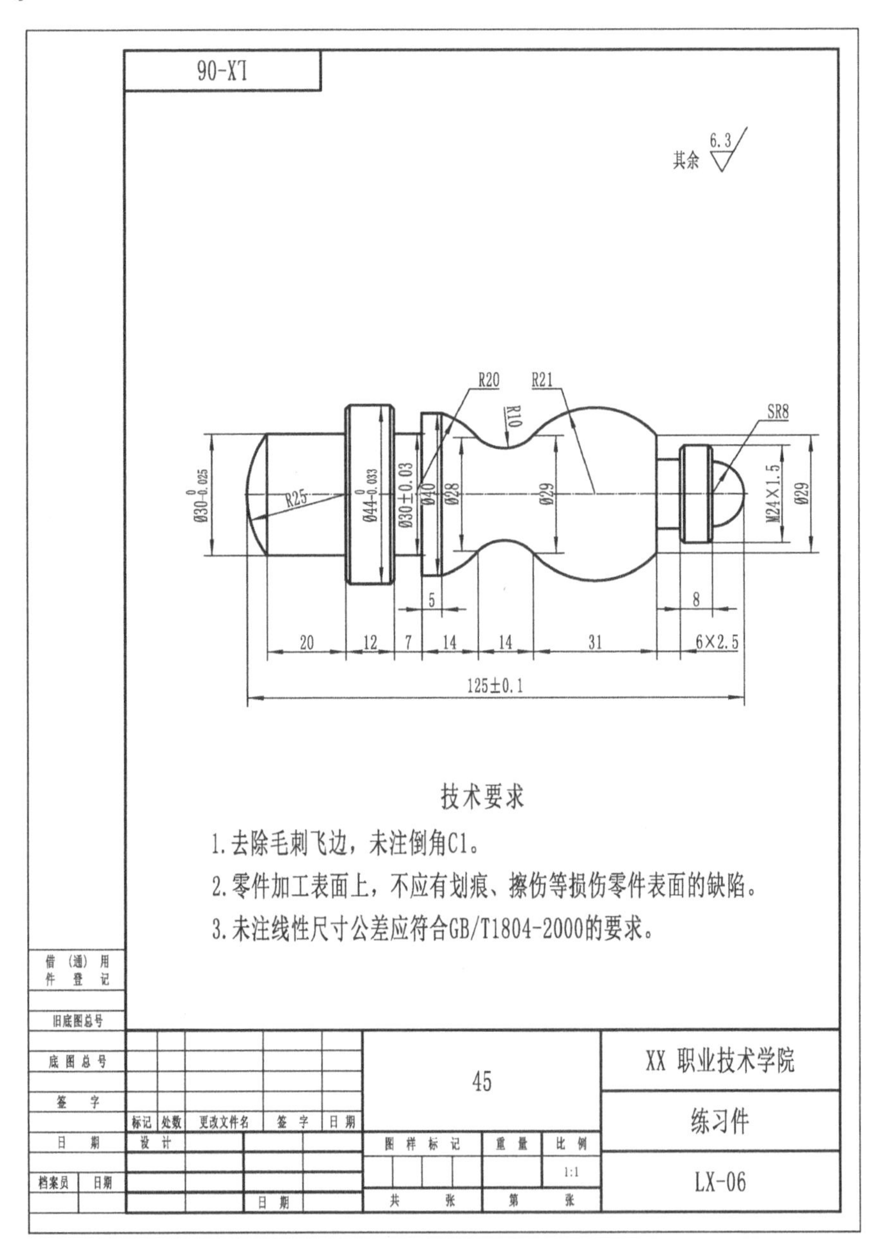

任务 2.8　圆弧槽轴加工

实训目的

1. 掌握切槽刀倒圆角。
2. 熟练掌握 G76 指令车削螺纹。
3. 熟练掌握凹圆弧、切槽、螺纹的加工方法。

实训器材

GSK—980TA 数控车床、FANUC 0i—TC 数控车床

实训内容

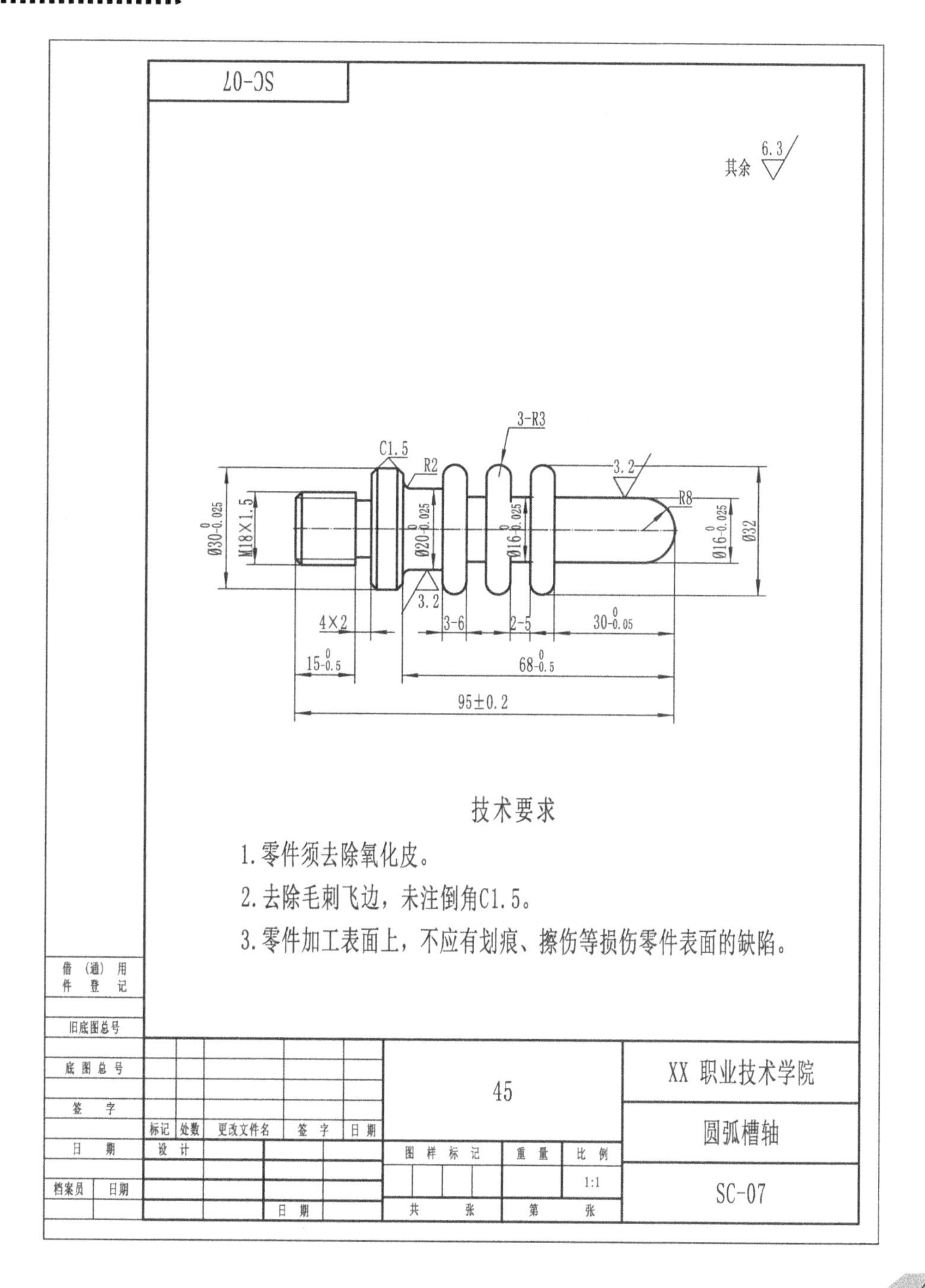

数控加工工艺卡片

		数控加工工序卡片		产品型号			零件图号		
				产品名称			零件名称		
材料牌号			毛坯种类		毛坯外形尺寸			备注	
工序号	工序名称		设备名称	设备型号	程序编号	夹具代号	夹具名称	冷却液	车间
工步号	工步内容	刀具号	刀具	量具及检具	主轴转速（r/min）	切削速度（m/min）	进给速度（mm/min）	背吃刀量（mm）	备注
编制		审核		批准			共　页		第　页

数控加工程序清单

××职业技术学院		数控加工程序清单	组别	学号	姓名
情境名称		使用设备		成绩	
零件图号		数控系统			
程序名			子程序名		
			工步及刀具	说明	

工件质量及职业素养（现场操作规范）评分标准

序号	评定项目		配分	评分标准	扣分	得分
1	直径		20～30分	每超差0.01扣1分		
2	长度		20～30分	每超差0.01扣1分		
3	螺纹		6～20分	每超差0.02扣1分		
4	圆弧		6～25分	超差不得分		
5	几何公差		0～6分	每超差0.01扣1分		
6	外观	粗糙度 *Ra*	6～12分	每处 *Ra* 值增大1级扣1分		
		倒角、倒锐	2～8分	每超差1处扣1分		
		有无损伤	0～5分	有损伤不得分		
7	工/量具与设备使用		20分	工具、量具混放扣2分		
				量具掉地上每次扣2分		
				量具测量方法不对扣1分		
				钻孔操作戴手套扣5分		
				台式钻床转速选用不当扣5分		
				锯切姿势不正确扣2分		
				锯切速度不合理扣2分		
				锉削姿势不正确扣2分		
				锉削速度不合理扣2分		
8	安全文明生产		10分	未穿工作服扣10分		
				工作服穿戴不整齐规范扣5分		
				工具、量具摆放不整齐扣2分		
				操作工位旁不整洁扣2分		
				操作时发生安全小事故扣2分		
9	否决项		本项目出现任意一项，按零分处理	不服从实训安排		
				严重违反安全与文明生产规程		
				违反设备操作规程		
				发生重大事故		
合 计						
测试人员签名						
测评人员签名						
教师签名						

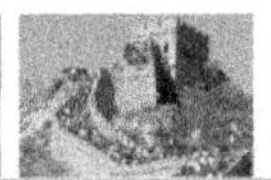

练一练

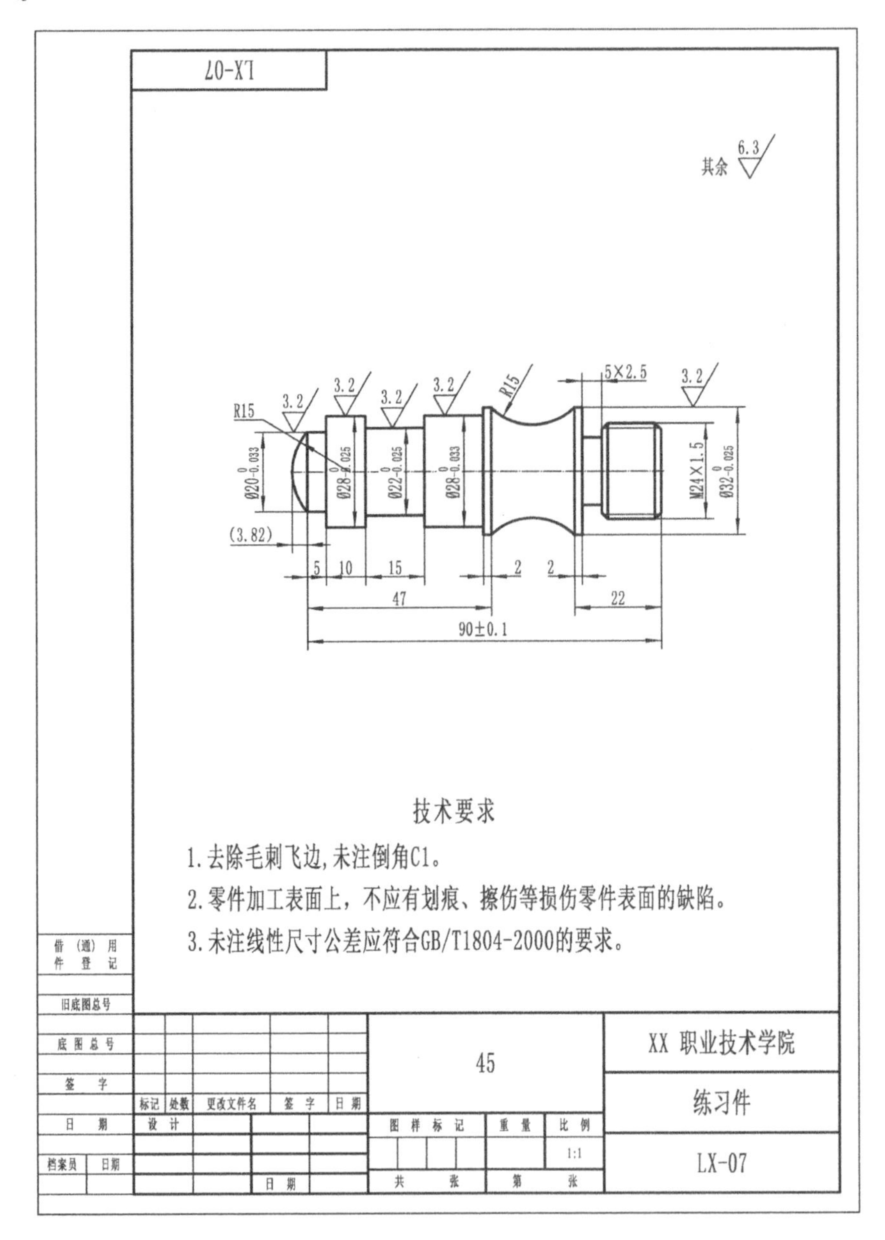

任务 2.9　内孔槽轴加工

实训目的

1. 了解 G71 车削内孔槽的方式。
2. 了解内孔槽的加工。
3. 了解内螺纹的加工。

实训器材

GSK—980TA 数控车床、FANUC 0i—TC 数控车床

实训内容

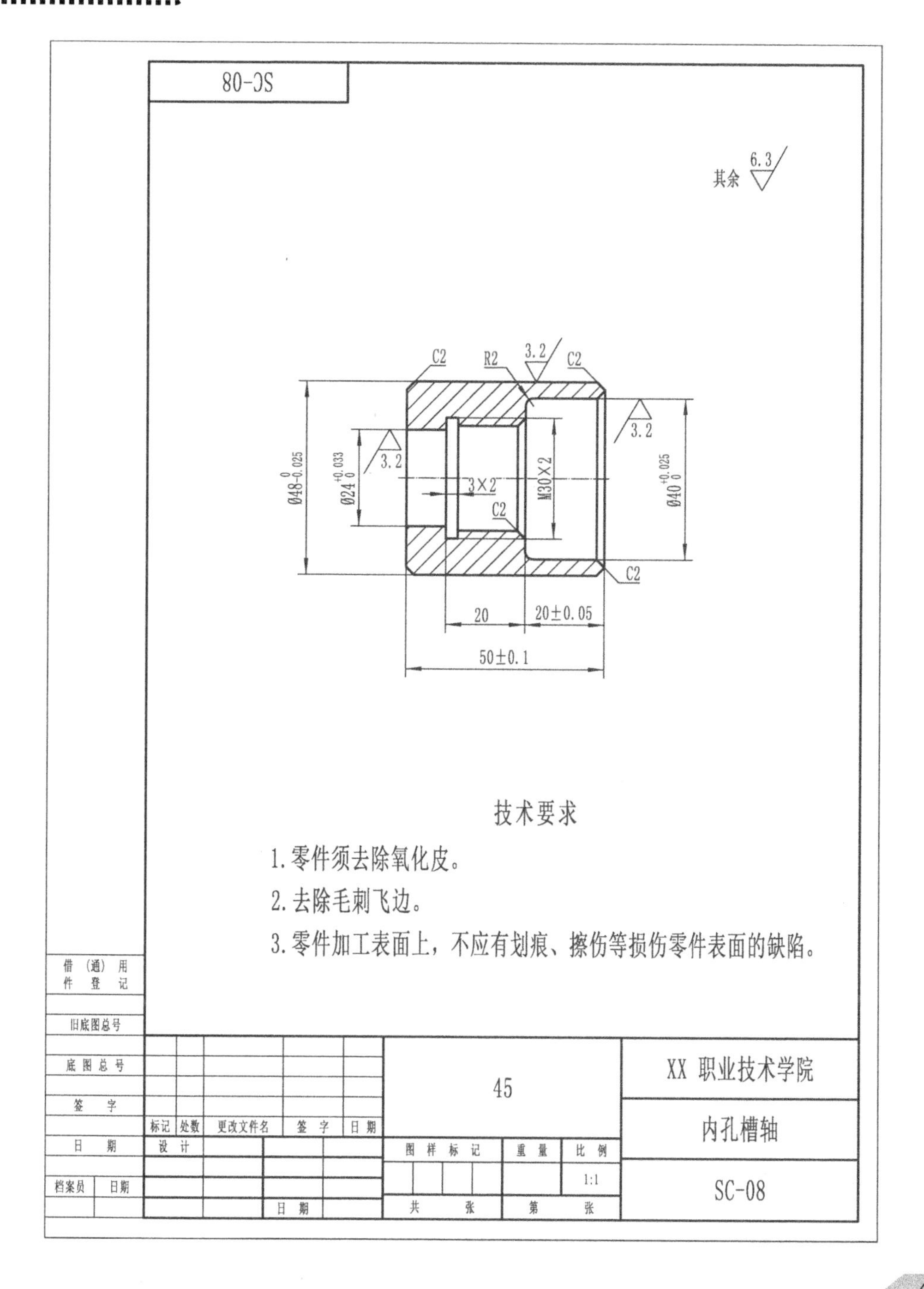

数控加工工艺卡片

	数控加工工序卡片	产品型号		零件图号	
		产品名称		零件名称	

材料牌号		毛坯种类		毛坯外形尺寸		备注	

工序号	工序名称	设备名称	设备型号	程序编号	夹具代号	夹具名称	冷却液	车间

工步号	工步内容	刀具号	刀具	量具及检具	主轴转速（r/min）	切削速度（m/min）	进给速度（mm/min）	背吃刀量（mm）	备注
编制		审核		批准			共　页	第　页	

数控加工程序清单

××职业技术学院	数控加工程序清单	组别	学号	姓名

情境名称		使用设备		成绩	
零件图号		数控系统			

程序名		子程序名	
		工步及刀具	说明

工件质量及职业素养（现场操作规范）评分标准

序号	评定项目		配分	评分标准	扣分	得分
1	直径		20～30 分	每超差 0.01 扣 1 分		
2	长度		20～30 分	每超差 0.01 扣 1 分		
3	螺纹		6～20 分	每超差 0.02 扣 1 分		
4	圆弧		6～25 分	超差不得分		
5	几何公差		0～6 分	每超差 0.01 扣 1 分		
6	外观	粗糙度 *Ra*	6～12 分	每处 *Ra* 值增大 1 级扣 1 分		
		倒角、倒锐	2～8 分	每超差 1 处扣 1 分		
		有无损伤	0～5 分	有损伤不得分		
7	工/量具与设备使用		20 分	工具、量具混放扣 2 分		
				量具掉地上每次扣 2 分		
				量具测量方法不对扣 1 分		
				钻孔操作戴手套扣 5 分		
				台式钻床转速选用不当扣 5 分		
				锯切姿势不正确扣 2 分		
				锯切速度不合理扣 2 分		
				锉削姿势不正确扣 2 分		
				锉削速度不合理扣 2 分		
8	安全文明生产		10 分	未穿工作服扣 10 分		
				工作服穿戴不整齐规范扣 5 分		
				工具、量具摆放不整齐扣 2 分		
				操作工位旁不整洁扣 2 分		
				操作时发生安全小事故扣 2 分		
9	否决项		本项目出现任意一项，按零分处理	不服从实训安排		
				严重违反安全与文明生产规程		
				违反设备操作规程		
				发生重大事故		
合 计						
测试人员签名						
测评人员签名						
教师签名						

练一练

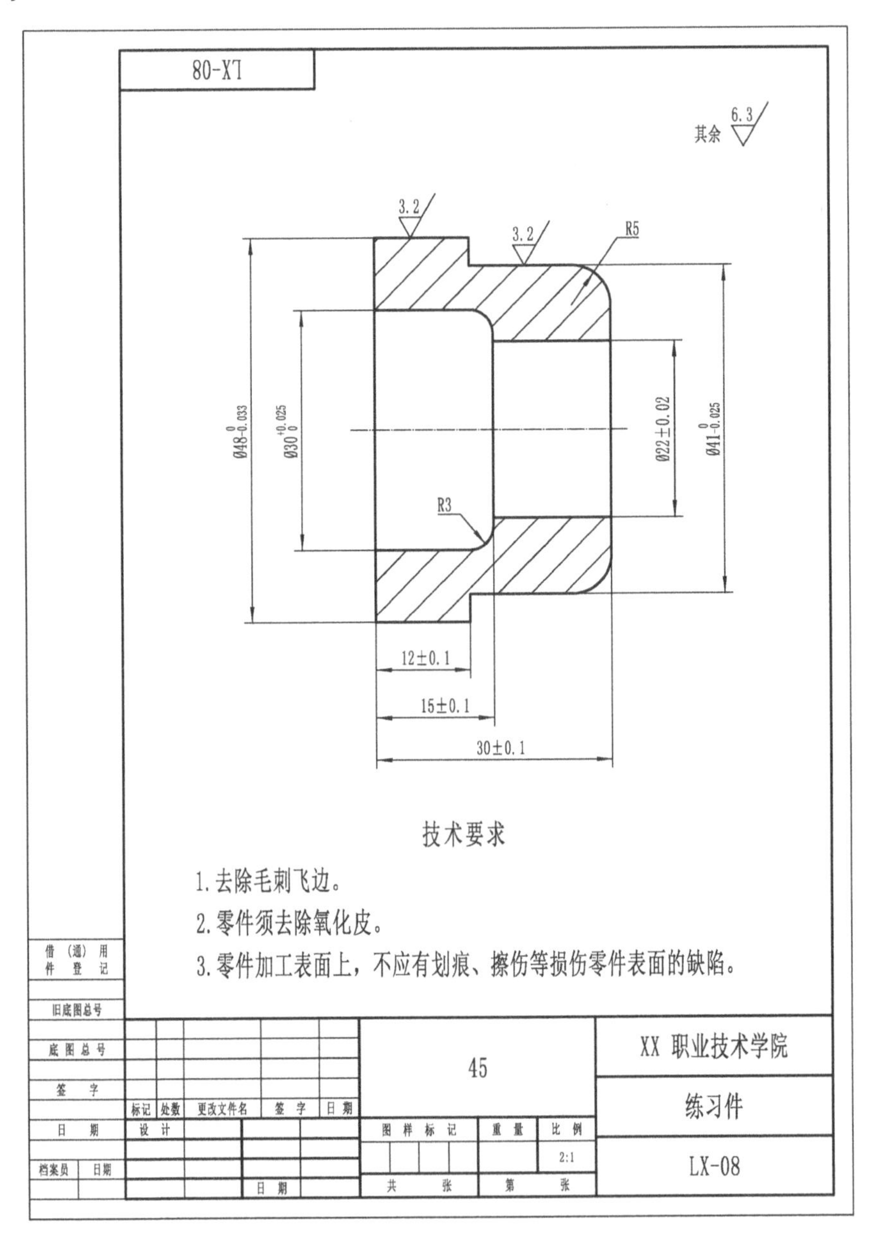

任务 2.10　内锥孔轴加工

实训目的

1. 掌握 G71 车削内锥孔的方式。
2. 了解内锥孔的车削。
3. 掌握工艺的安排。

实训器材

GSK—980TA 数控车床、FANUC 0i—TC 数控车床

实训内容

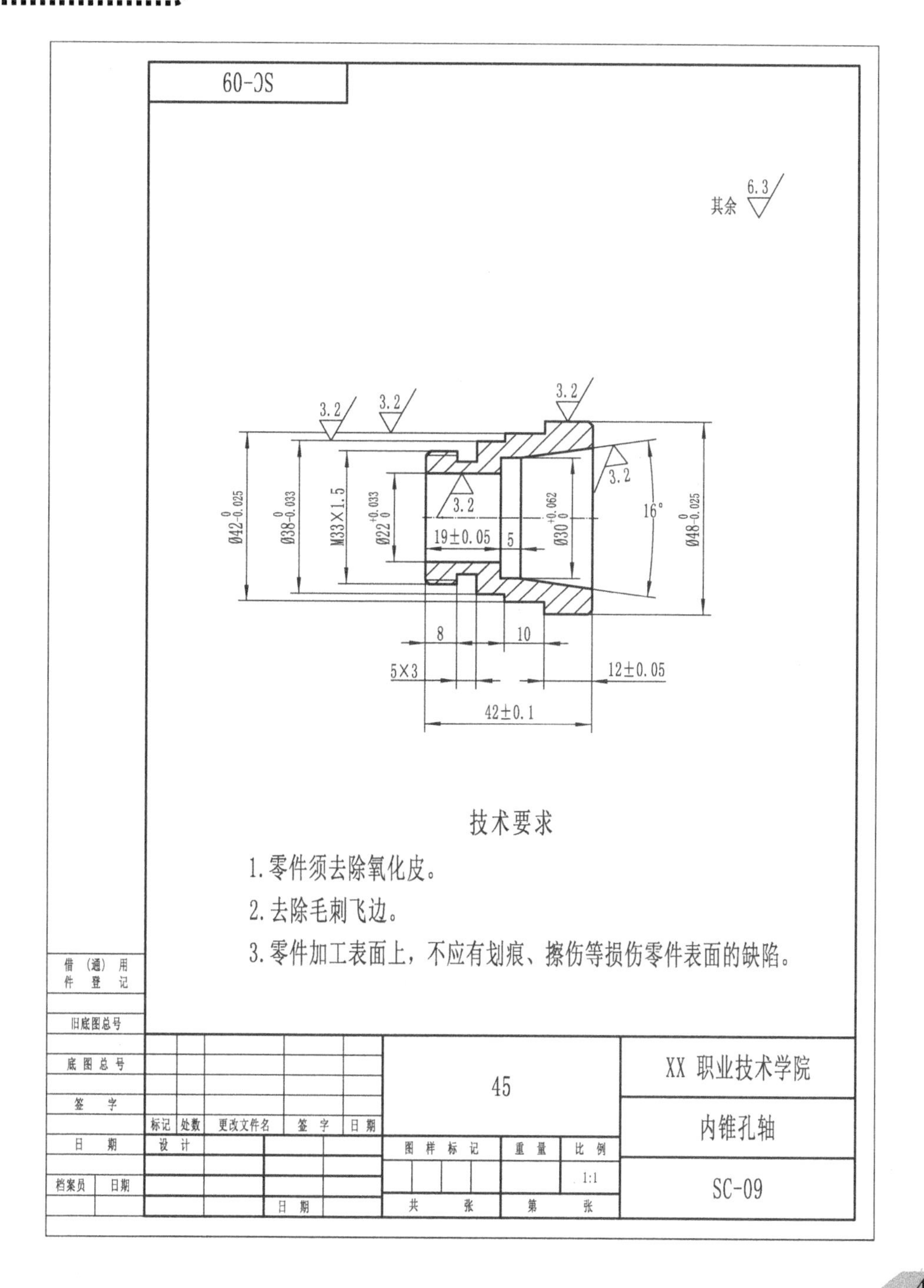

数控加工工艺卡片

	数控加工工序卡片		产品型号			零件图号			
			产品名称			零件名称			
材料牌号		毛坯种类		毛坯外形尺寸		备注			
工序号	工序名称	设备名称	设备型号	程序编号	夹具代号	夹具名称	冷却液	车间	
工步号	工步内容	刀具号	刀具	量具及检具	主轴转速（r/min）	切削速度（m/min）	进给速度（mm/min）	背吃刀量（mm）	备注
编制		审核		批准		共　页	第　页		

数控加工程序清单

××职业技术学院		数控加工程序清单	组别	学号	姓名
情境名称		使用设备		成绩	
零件图号		数控系统			
程序名		子程序名			
		工步及刀具		说明	

工件质量及职业素养（现场操作规范）评分标准

序号	评定项目		配分	评分标准	扣分	得分
1	直径		20～30分	每超差0.01扣1分		
2	长度		20～30分	每超差0.01扣1分		
3	螺纹		6～20分	每超差0.02扣1分		
4	圆弧		6～25分	超差不得分		
5	几何公差		0～6分	每超差0.01扣1分		
6	外观	粗糙度 *Ra*	6～12分	每处 *Ra* 值增大1级扣1分		
		倒角、倒锐	2～8分	每超差1处扣1分		
		有无损伤	0～5分	有损伤不得分		
7	工/量具与设备使用		20分	工具、量具混放扣2分		
				量具掉地上每次扣2分		
				量具测量方法不对扣1分		
				钻孔操作戴手套扣5分		
				台式钻床转速选用不当扣5分		
				锯切姿势不正确扣2分		
				锯切速度不合理扣2分		
				锉削姿势不正确扣2分		
				锉削速度不合理扣2分		
8	安全文明生产		10分	未穿工作服扣10分		
				工作服穿戴不整齐规范扣5分		
				工具、量具摆放不整齐扣2分		
				操作工位旁不整洁扣2分		
				操作时发生安全小事故扣2分		
9	否决项		本项目出现任意一项，按零分处理	不服从实训安排		
				严重违反安全与文明生产规程		
				违反设备操作规程		
				发生重大事故		
合计						
测试人员签名						
测评人员签名						
教师签名						

练一练

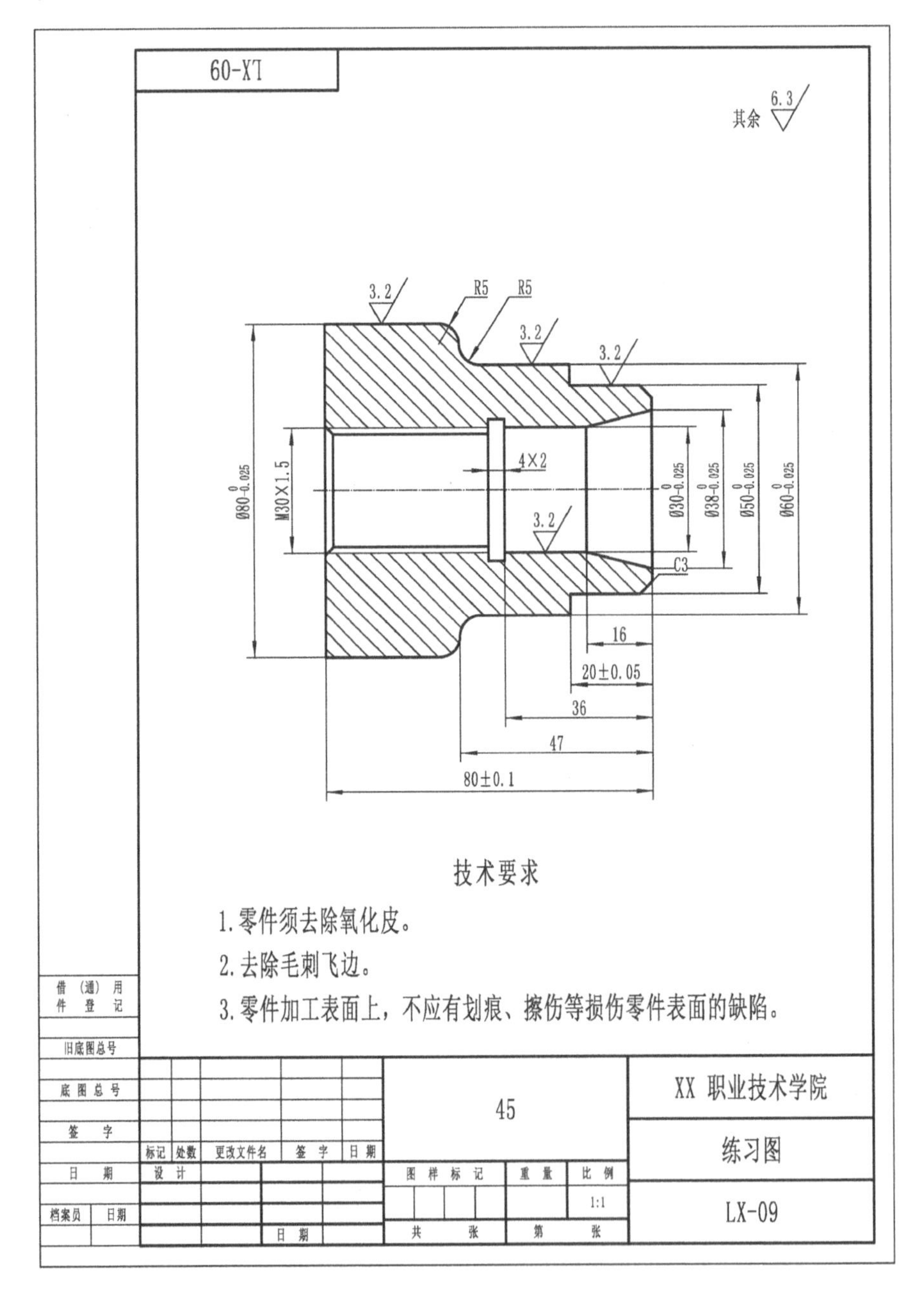

任务 2.11　综合零件加工

实训目的

1．掌握 G 指令车削综合运用。

2．掌握复杂零件工艺的安排。

实训器材

GSK—980TA 数控车床、FANUC 0i—TC 数控车床

实训内容

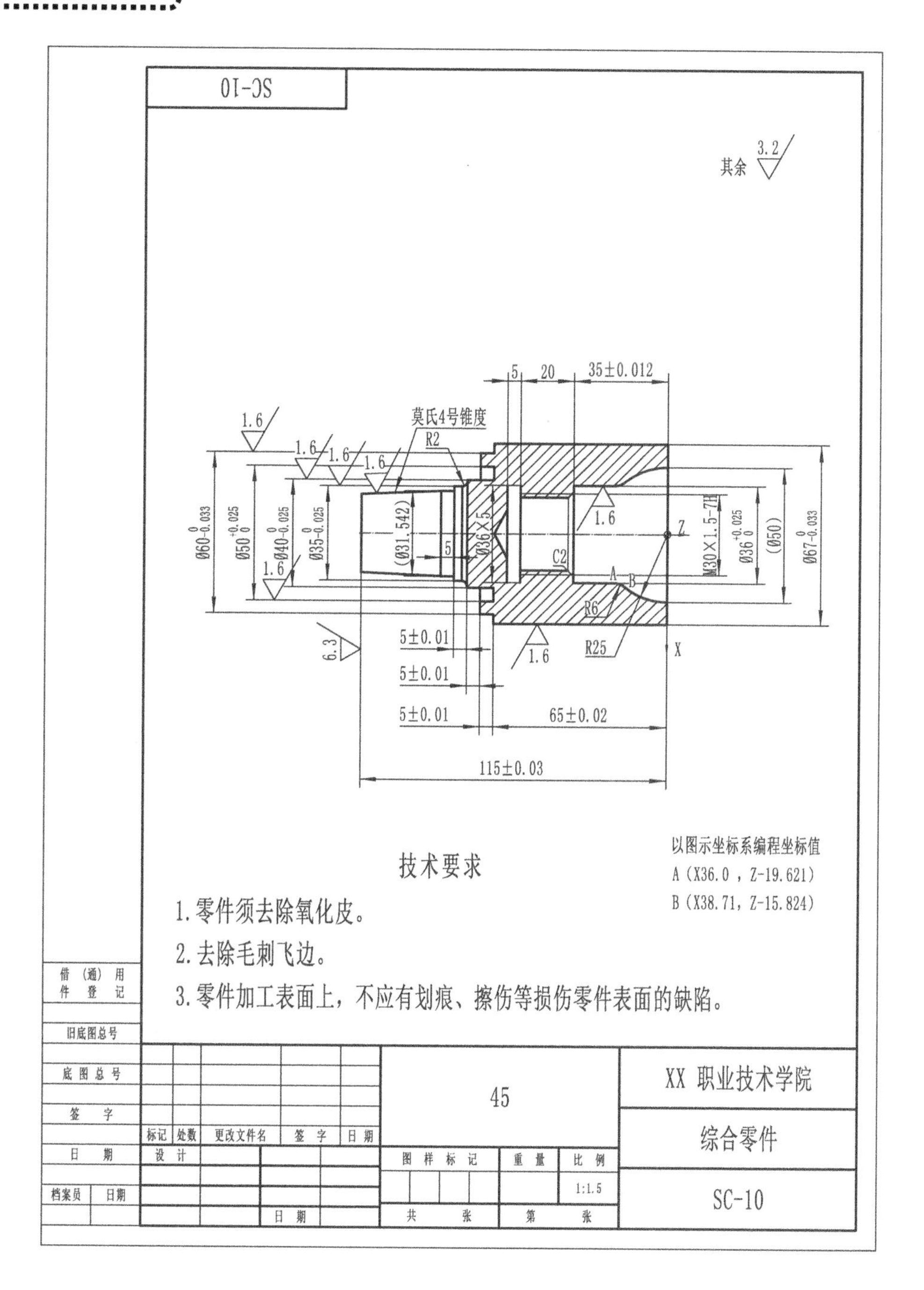

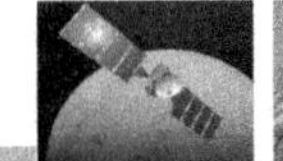

数控加工工艺卡片

	数控加工工序卡片	产品型号		零件图号				
		产品名称		零件名称				
材料牌号		毛坯种类		毛坯外形尺寸		备注		
工序号	工序名称	设备名称	设备型号	程序编号	夹具代号	夹具名称	冷却液	车间

工步号	工步内容	刀具号	刀具	量具及检具	主轴转速（r/min）	切削速度（m/min）	进给速度（mm/min）	背吃刀量（mm）	备注
编制		审核		批准		共　页		第　页	

数控加工程序清单

××职业技术学院		数控加工程序清单	组别	学号	姓名
情境名称		使用设备		成绩	
零件图号		数控系统			
程序名			子程序名		
			工步及刀具	说明	

工件质量及职业素养（现场操作规范）评分标准

序号	评定项目		配分	评分标准	扣分	得分
1	直径		20～30 分	每超差 0.01 扣 1 分		
2	长度		20～30 分	每超差 0.01 扣 1 分		
3	螺纹		6～20 分	每超差 0.02 扣 1 分		
4	圆弧		6～25 分	超差不得分		
5	几何公差		0～6 分	每超差 0.01 扣 1 分		
6	外观	粗糙度 *Ra*	6～12 分	每处 *Ra* 值增大 1 级扣 1 分		
		倒角、倒锐	2～8 分	每超差 1 处扣 1 分		
		有无损伤	0～5 分	有损伤不得分		
7	工/量具与设备使用		20 分	工具、量具混放扣 2 分		
				量具掉地上每次扣 2 分		
				量具测量方法不对扣 1 分		
				钻孔操作戴手套扣 5 分		
				台式钻床转速选用不当扣 5 分		
				锯切姿势不正确扣 2 分		
				锯切速度不合理扣 2 分		
				锉削姿势不正确扣 2 分		
				锉削速度不合理扣 2 分		
8	安全文明生产		10 分	未穿工作服扣 10 分		
				工作服穿戴不整齐规范扣 5 分		
				工具、量具摆放不整齐扣 2 分		
				操作工位旁不整洁扣 2 分		
				操作时发生安全小事故扣 2 分		
9	否决项		本项目出现任意一项，按零分处理	不服从实训安排		
				严重违反安全与文明生产规程		
				违反设备操作规程		
				发生重大事故		
合　计						
测试人员签名						
测评人员签名						
教师签名						

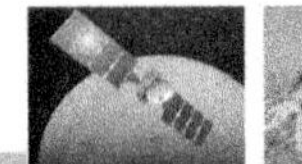

练一练

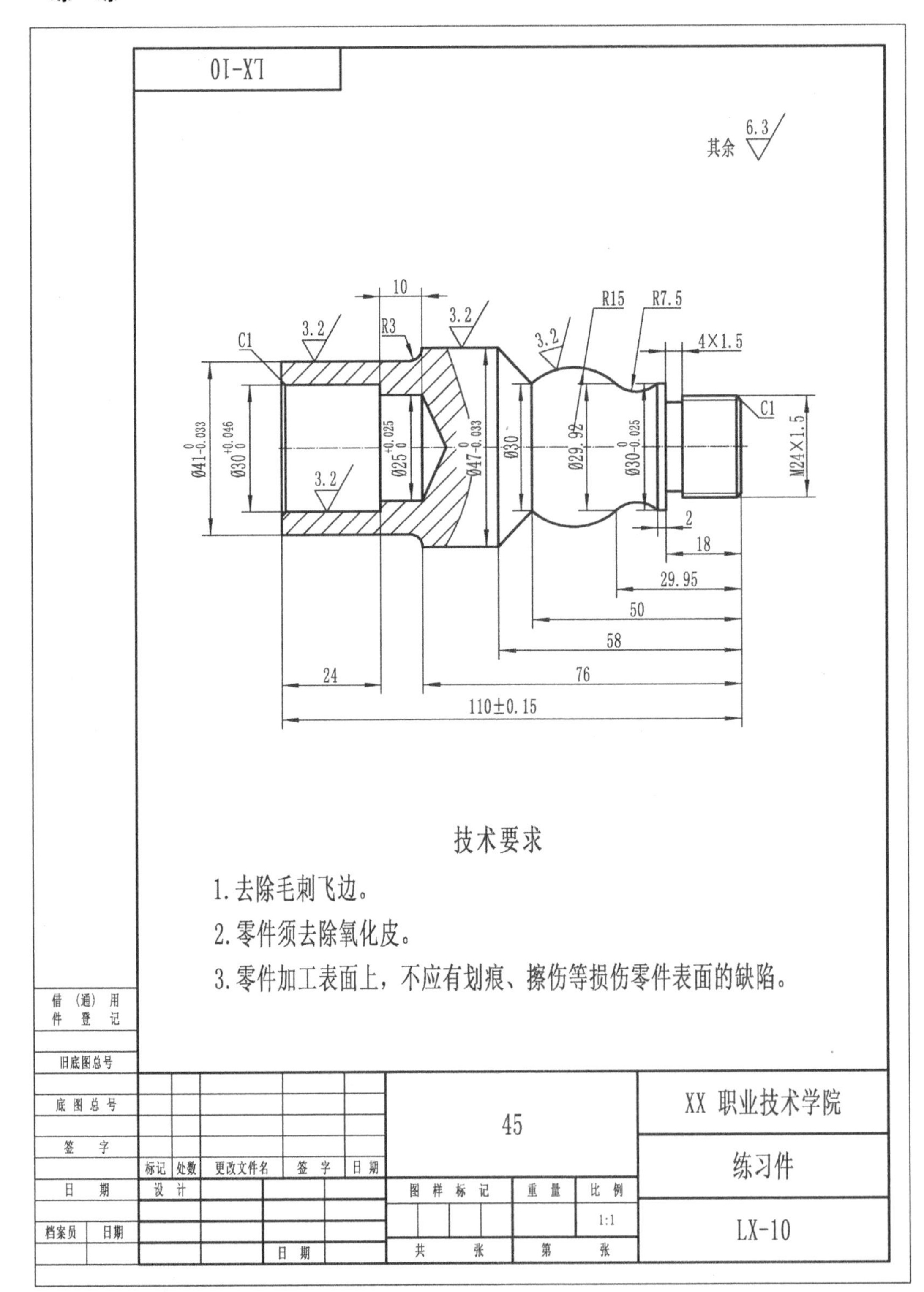
LX-10
其余 6.3
10
R3
3.2
C1
R15
R7.5
4×1.5
C1
Ø41-0.033
Ø30+0.046
Ø25+0.025
Ø47-0.033
Ø30
Ø29.92
Ø30-0.025
M24×1.5
2
18
29.95
50
58
24
76
110±0.15
技术要求
1.去除毛刺飞边。
2.零件须去除氧化皮。
3.零件加工表面上，不应有划痕、擦伤等损伤零件表面的缺陷。
借（通）用件登记
旧底图总号
底图总号
签字
日期
档案员
日期
标记
处数
更改文件名
签字
日期
设计
日期
45
图样标记
重量
比例
1:1
共 张
第 张
XX 职业技术学院
练习件
LX-10

项目3 数控铣工训练

实训目的

1．掌握试切对刀法。
2．掌握程序的格式及简单程序的编制。
3．了解铣削加工工艺的基本知识。
4．能够确定出平面的铣削加工工艺。
5．能够对加工零件进行测量。
6．掌握刀具半径补偿的含义及应用。
7．能够运用自动加工功能独立完成轮廓类零件的加工。
8．能够运用自动加工功能独立完成键槽型腔类零件的加工。
9．能够运用自动加工功能独立完成孔类零件的加工。

实训任务

任务 3.1 铣床试切法对刀
任务 3.2 刀具半径补偿
任务 3.3 外轮廓零件加工
任务 3.4 内槽零件加工
任务 3.5 孔系加工
任务 3.6 综合训练 1
任务 3.7 综合训练 2
任务 3.8 综合训练 3
任务 3.9 综合训练 4

任务 3.1 铣床试切法对刀

实训目的

1. 掌握数控铣床试切对刀的原理及对刀方法。
2. 能够熟练操作数控铣床。

实训器材

FANUC Series 0i-MC 数控铣床

实训内容

所谓对刀，其目的就是确定出工件坐标系原点在机床坐标系中的位置，即将对刀后的数据输入到 G54-G59 坐标系中，在程序中调用该坐标系。G54-G59 是该原点在机床坐标系的坐标值，它存储在机床内，无论停电、关机或换班后，它都能保持不变。同时，通过对刀可以确定出加工刀具和基准刀具的刀补，即通过对刀确定出加工刀具与基准刀具在 Z 轴方向上的长度差，以确定其长度补偿值。

根据工件表面是否已被加工，可将对刀分为试切法对刀和借助仪器或量具对刀两种方法。

3.1.1 试切法对刀

试切法对刀适用于尚需加工的毛坯表面或加工精度要求较低的场合。操作步骤如下。

（1）首先启动主轴。按下机床操作面板上的 MDI 按键和数控操作面板上的程序按键 PROG，输入“M03 S800”，然后按下循环启动按键，主轴开始正转。

（2）按下手动操作按键，然后通过操作按键 X Y Z + -，将刀具移动到工件附近，并在 X 轴方向上使刀具离开工件一段距离，Z 轴方向上使刀具移动到工件表面以下，然后换用手轮将刀具慢慢移向工件的左表面，当刀具稍稍切到工件时，停止 X 方向的移动。此时，按下数控操作面板上的位置功能键 POS，显示出机床的机械坐标值，并记录该数值。

将刀具离开工件左边一定距离，抬刀，移至工件的右侧，再下刀，在工件的右表面再进行一次试切，并记录下该处的机械坐标值。将两处的机械坐标值相加再除以 2，就得到该工件中心坐标的机械坐标值，将所得的值输入 G54 的 X 坐标中即可。

也可通过测量得到 X 的坐标值。当刀具在工件左边试切后，将相对坐标值中的 X 值归零，然后再在工件右边试切一次。此时，得到 X 轴的相对坐标值，将该值除以 2，就得到工件在 X 轴上的中点相对坐标值，此时，将刀具抬起，移向工件中点，当到达工件该相对坐标值时，停止移动。将光标移动到 G54 的 X 坐标上，输入 X0，按下“测量”软键，X 的机械坐标值就输入到 G54 的 X 中。

（3）用同样的方法分别试切工件的前、后表面，可得到工件的 Y 坐标值。

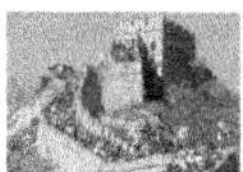
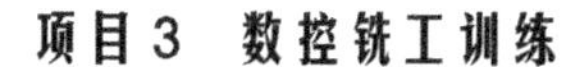

（4）X、Y 轴对好后，再对 Z 轴。将刀具移向工件上表面，在工件上表面试切一下，此时，Z 轴方向不动，读取 Z 向的机械坐标值并输入到 G54 的 Z 坐标中。或者输入 Z0，然后按软键“测量”即可。

以上坐标系建立在工件的中心。但在实际加工时，通常为了编程方便和检查尺寸等原因，坐标系建立在某个特定的位置更加合理。此时，一般过程同样用中心先对好位置，再移到指定的偏心位置，并把此处的机械坐标值输入到 G54 中，即可完成坐标系的建立。为避免出错，最好将中心位置的相对坐标系设置为零，然后再进行移动。

如果工件坐标系设置在工件的某个角上，则在 X、Y 方向对刀时，只需试切相应的一个表面即可。但此时应注意在输入相应的机械坐标值时，应加上或减去刀具的半径值。

3.1.2 借助仪器或量具对刀

在实际加工中，一些较精密零件的加工精度往往控制在几丝甚至几微米之内，试切对刀法不能满足精度要求；另外，有的工件表面已经进行了精加工，不能对工件表面进行切削，试切对刀不能满足其要求，因而常借助仪器和量具进行对刀。

1. 使用光电式寻边器对刀

光电式寻边器如图 3-1 所示，其工作原理为：将光电寻边器安装到刀柄上，然后装到主轴上，利用手轮控制，使光电寻边器以较慢的速度移向工件的测量表面，当顶端上的圆球接触到工件的某一对刀表面时，整个机床、寻边器和工件之间便形成一条闭合的电路，寻边器上的指示灯发光，并发出声音。其具体操作步骤、数值记录和录入与试切法对刀的原理相同，所不同的是这种对刀方法对工件没有破坏作用，并且利用了光电信号，提高了对刀精度。

2. 机械式偏心寻边器对刀

机械式偏心寻边器如图 3-2 所示。其结构分为上、下两段，中间有孔，内有弹簧，通过弹簧拉力将上、下两段紧密结合到一起。

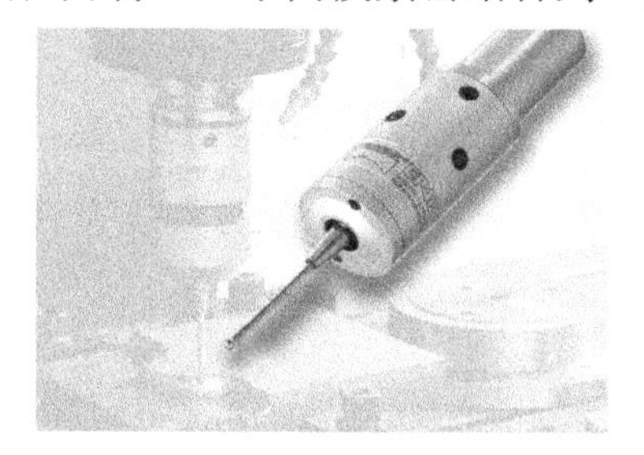
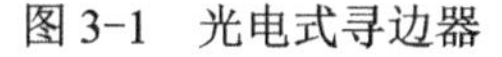
图 3-1 光电式寻边器

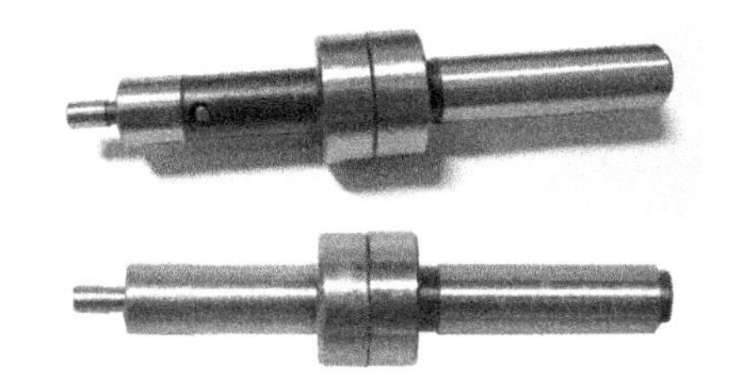
图 3-2 机械式偏心寻边器

工作原理为：将寻边器安装在刀柄上，并装到主轴上，让主轴以 200～400 r/min 的转速转动，此时在离心力作用下，寻边器上、下两部分是偏心的，当用寻边器的下部分去碰工件的某个表面时，在接触力的作用下，寻边器的上、下两部分将逐渐趋向于同心，同心时的坐标值即为对刀值。具体操作步骤、数值记录和录入与试切对刀法相同。

上述两种方法只适用于 X 向和 Y 向的对刀，Z 向可采用对刀块对刀。仪器的灵敏度在 0.005 mm 之内，因而对刀精度可以控制在 0.005 mm 之内。使用机械式偏心寻边器时，主轴转速不宜过高。转速过高，离心力变大，会使寻边器内的弹簧拉长而损坏。

3.1.3 使用对刀块或 Z 轴设定器进行 Z 向对刀

X 向和 Y 向可采用以上方法对刀，Z 向可采用对刀块对刀、Z 轴设定器对刀。对刀块通常是高度为 100 mm 的长方体，用热变形系数较小、耐磨、耐蚀的材料制成；Z 轴设定器又分为光电式和指针式两种，如图 3-4 和图 3-5 所示。

图 3-4 光电式 Z 轴设定器

图 3-5 指针式 Z 轴设定器

利用对刀块进行 Z 向对刀时，主轴不转，当刀具移到对刀块附近时，改用手轮控制，沿 Z 轴一点点向下移动。每次移动后，将对刀块移向刀具和工件之间，如果对刀块能够在刀具和工件之间轻松穿过，则间隙太大，如果不能穿过，则间隙过小，反复调试，直到对刀块在刀具和工件之间能够穿过，且感觉对刀块与刀具及工件有一定摩擦阻力时，表明间隙合适。然后读出此时 Z 轴的机械坐标值，减去 100 后，输入 Z 坐标中，Z 向对刀完成，Z 轴设定器对刀方法和对刀块一样，精度更高。

除以上方法外，还可利用塞尺对刀。对于圆柱形坯料，有的还可借助百分表对刀。

练一练

（1）对刀。

各小组成员轮流进行试切法对刀或利用光电（或机械）寻边器对刀。

（2）验证。

对刀完成后，在 MDI 模式下，输入程序段“G90 G54 G00 X0 Y0 Z50;”，将光标移动到开头，把进给倍率和快速倍率调到最低，按下自动运行键，观察刀具移到的位置，验证对刀数据是否正确。

任务 3.2 刀具半径补偿

实训目的

掌握刀具半径补偿判别、指令格式和应用方法。

熟练掌握刀具半径补偿功能编制铣削轮廓的程序。

实训器材

FANUC Series 0i-MC 数控铣床

实训任务

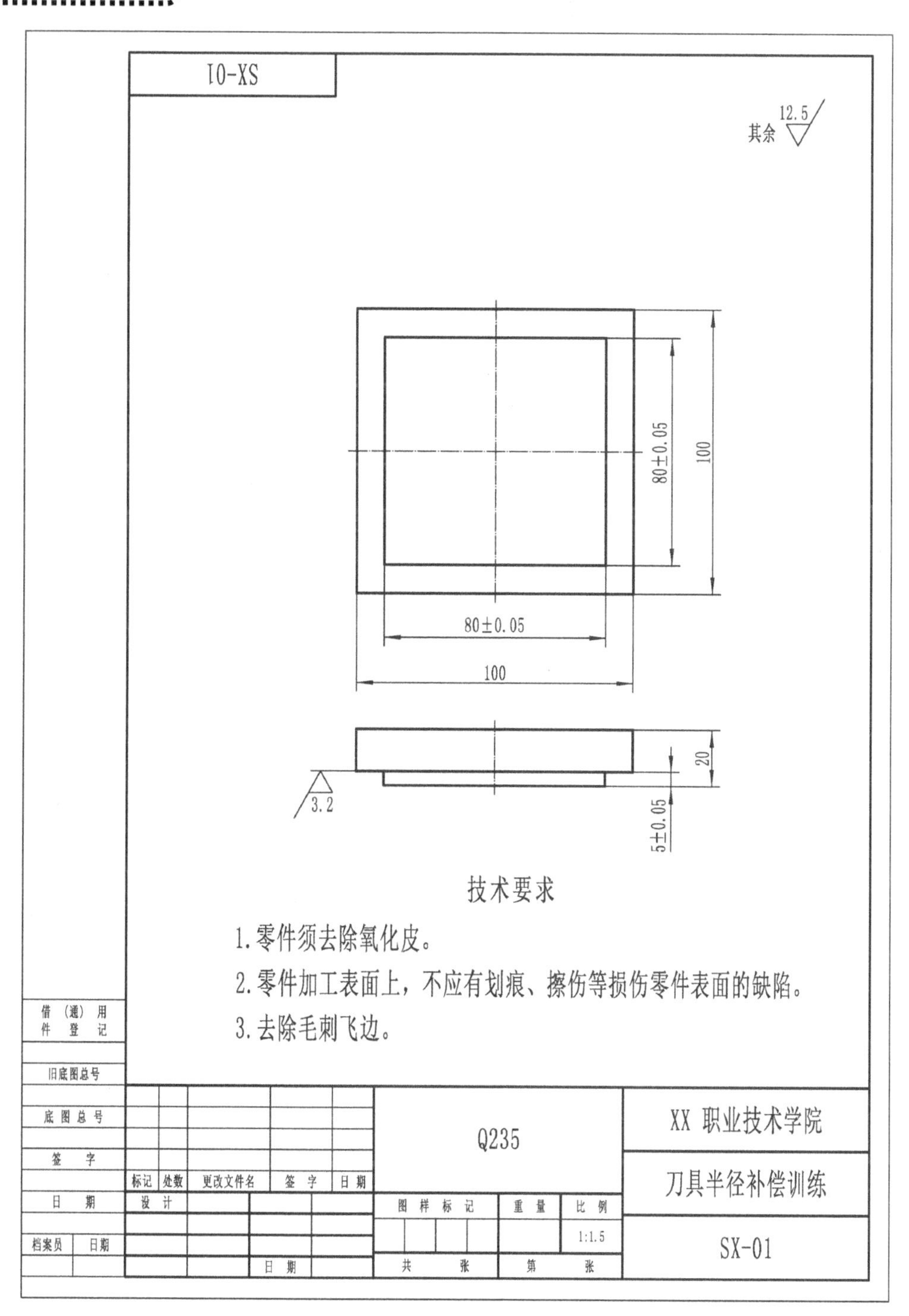

I0-XS
其余 12.5
80±0.05
100
80±0.05
100
20
3.2
5±0.05
技术要求
1.零件须去除氧化皮。
2.零件加工表面上，不应有划痕、擦伤等损伤零件表面的缺陷。
3.去除毛刺飞边。
借（通）用件登记
旧底图总号
底图总号
签字
日期
档案员
日期
标记
处数
更改文件名
签字
日期
设计
日期
Q235
图样标记
重量
比例
1:1.5
共 张
第 张
XX 职业技术学院
刀具半径补偿训练
SX-01

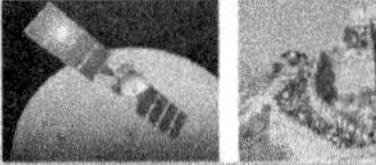

数控加工工艺卡片

	数控加工工序卡片	产品型号		零件图号	
		产品名称		零件名称	

材料牌号		毛坯种类		毛坯外形尺寸		备注	

工序号	工序名称	设备名称	设备型号	程序编号	夹具代号	夹具名称	冷却液	车间

工步号	工步内容	刀具号	刀具	量具及检具	主轴转速（r/min）	切削速度（m/min）	进给速度（mm/min）	背吃刀量（mm）	备注

编制		审核		批准		共 页	第 页

数控加工程序清单

××职业技术学院	数控加工程序清单	组别	学号	姓名

情境名称		使用设备		成绩	
零件图号		数控系统			

程序名		子程序名	
		工步及刀具	说明

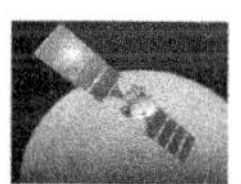

工件质量及职业素养（现场操作规范）评分标准

序号	评定项目		配分	评分标准	扣分	得分
1	长度		20～30 分	每超差 0.01 扣 1 分		
2	螺纹		6～20 分	每超差 0.02 扣 1 分		
3	圆弧		6～25 分	超差不得分		
4	几何公差		0～6 分	每超差 0.01 扣 1 分		
5	外观	粗糙度 *Ra*	6～12 分	每处 *Ra* 值增大 1 级扣 1 分		
		倒角、倒锐	2～8 分	每超差 1 处扣 1 分		
		有无损伤	0～5 分	有损伤不得分		
6	工/量具与设备使用		20 分	工具、量具混放扣 2 分		
				量具掉地上每次扣 2 分		
				量具测量方法不对扣 1 分		
				钻孔操作戴手套扣 5 分		
				台式钻床转速选用不当扣 5 分		
				锯切姿势不正确扣 2 分		
				锯切速度不合理扣 2 分		
				锉削姿势不正确扣 2 分		
				锉削速度不合理扣 2 分		
7	安全文明生产		10 分	未穿工作服扣 10 分		
				工作服穿戴不整齐规范扣 5 分		
				工具、量具摆放不整齐扣 2 分		
				操作工位旁不整洁扣 2 分		
				操作时发生安全小事故扣 2 分		
8	否决项		本项目出现任意一项，按零分处理	不服从实训安排		
				严重违反安全与文明生产规程		
				违反设备操作规程		
				发生重大事故		
合计						
测试人员签名						
测评人员签名						
教师签名						

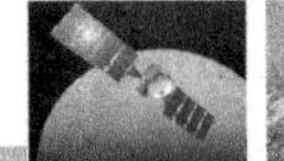

练一练

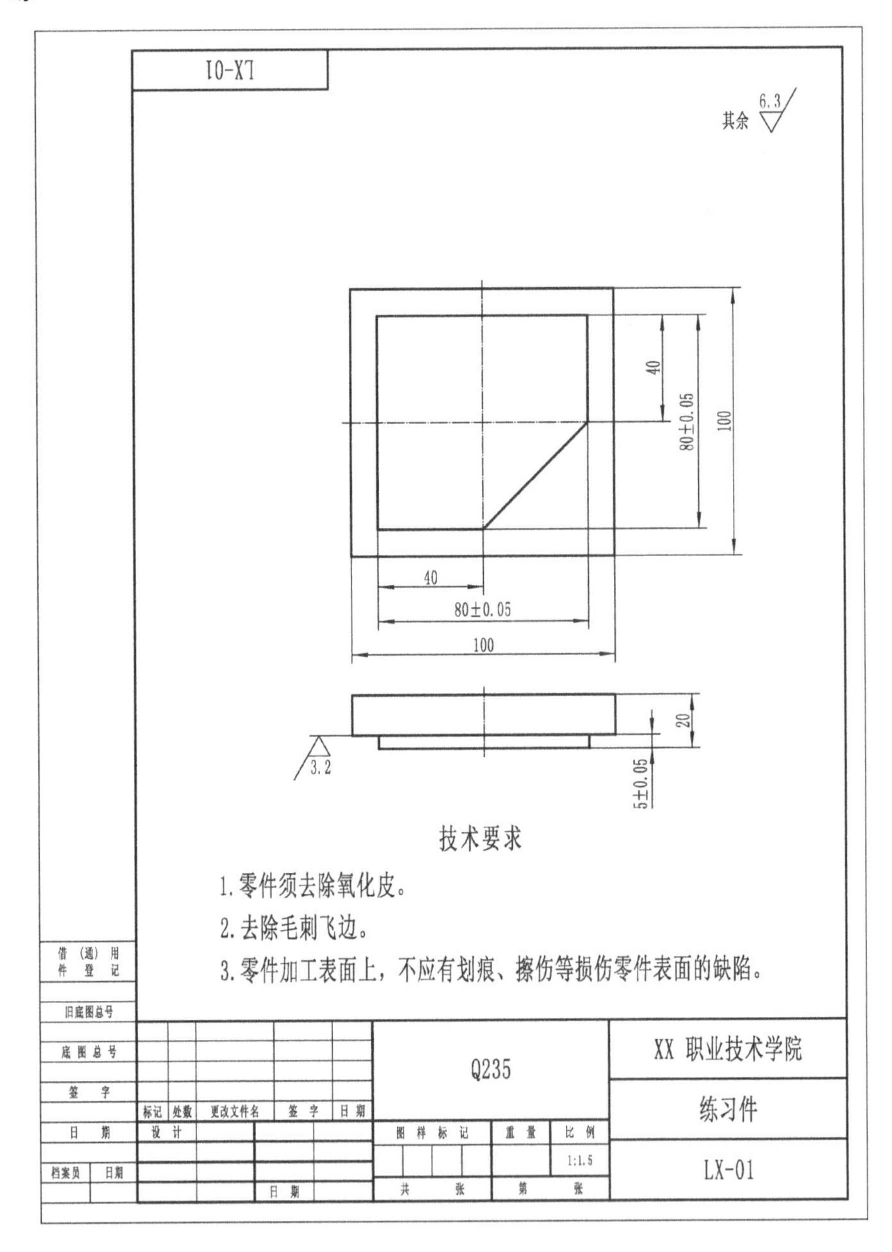

任务 3.3　外轮廓零件加工

实训目的

1．掌握 G02 G03 指令的含义及编程格式。
2．掌握刀具半径补偿的含义及应用。
3．了解立铣刀特点及选用。

实训器材

FANUC Series 0i-MC 数控铣床

实训任务

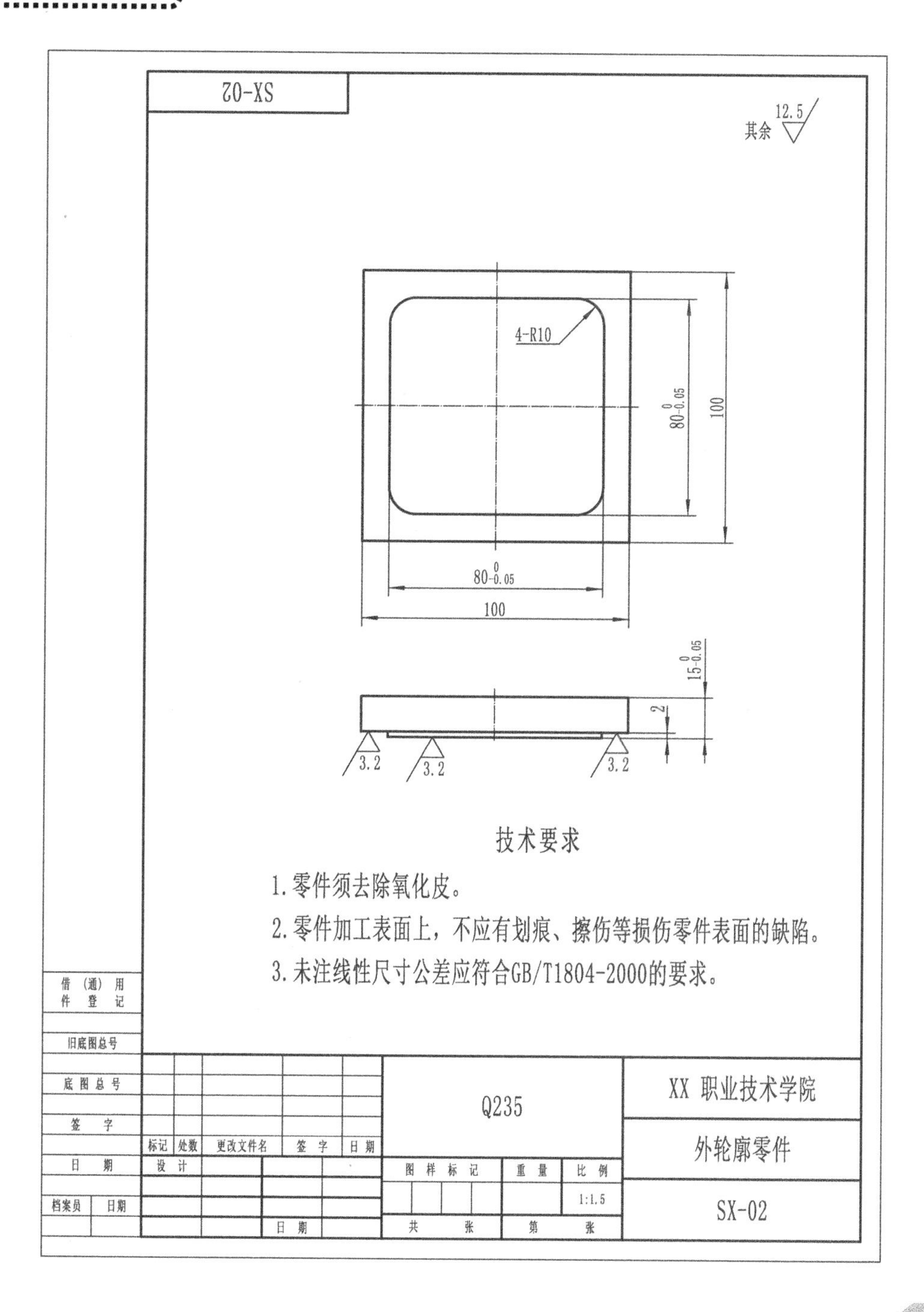

数控加工工艺卡片

	数控加工工序卡片	产品型号		零件图号					
		产品名称		零件名称					
材料牌号		毛坯种类		毛坯外形尺寸		备注			
工序号	工序名称	设备名称	设备型号	程序编号	夹具代号	夹具名称	冷却液	车间	
工步号	工步内容	刀具号	刀具	量具及检具	主轴转速（r/min）	切削速度（m/min）	进给速度（mm/min）	背吃刀量（mm）	备注
编制		审核		批准		共 页	第 页		

数控加工程序清单

××职业技术学院		数控加工程序清单	组别	学号	姓名
情境名称		使用设备		成绩	
零件图号		数控系统			
程序名		子程序名			
		工步及刀具		说明	

工件质量及职业素养（现场操作规范）评分标准

序号	评定项目		配分	评分标准	扣分	得分
1	长度		20～30 分	每超差 0.01 扣 1 分		
2	螺纹		6～20 分	每超差 0.02 扣 1 分		
3	圆弧		6～25 分	超差不得分		
4	几何公差		0～6 分	每超差 0.01 扣 1 分		
5	外观	粗糙度 *Ra*	6～12 分	每处 *Ra* 值增大 1 级扣 1 分		
		倒角、倒锐	2～8 分	每超差 1 处扣 1 分		
		有无损伤	0～5 分	有损伤不得分		
6	工/量具与设备使用		20 分	工具、量具混放扣 2 分		
				量具掉地上每次扣 2 分		
				量具测量方法不对扣 1 分		
				钻孔操作戴手套扣 5 分		
				台式钻床转速选用不当扣 5 分		
				锯切姿势不正确扣 2 分		
				锯切速度不合理扣 2 分		
				锉削姿势不正确扣 2 分		
				锉削速度不合理扣 2 分		
7	安全文明生产		10 分	未穿工作服扣 10 分		
				工作服穿戴不整齐规范扣 5 分		
				工具、量具摆放不整齐扣 2 分		
				操作工位旁不整洁扣 2 分		
				操作时发生安全小事故扣 2 分		
8	否决项		本项目出现任意一项，按零分处理	不服从实训安排		
				严重违反安全与文明生产规程		
				违反设备操作规程		
				发生重大事故		
合计						
测试人员签名						
测评人员签名						
教师签名						

练一练

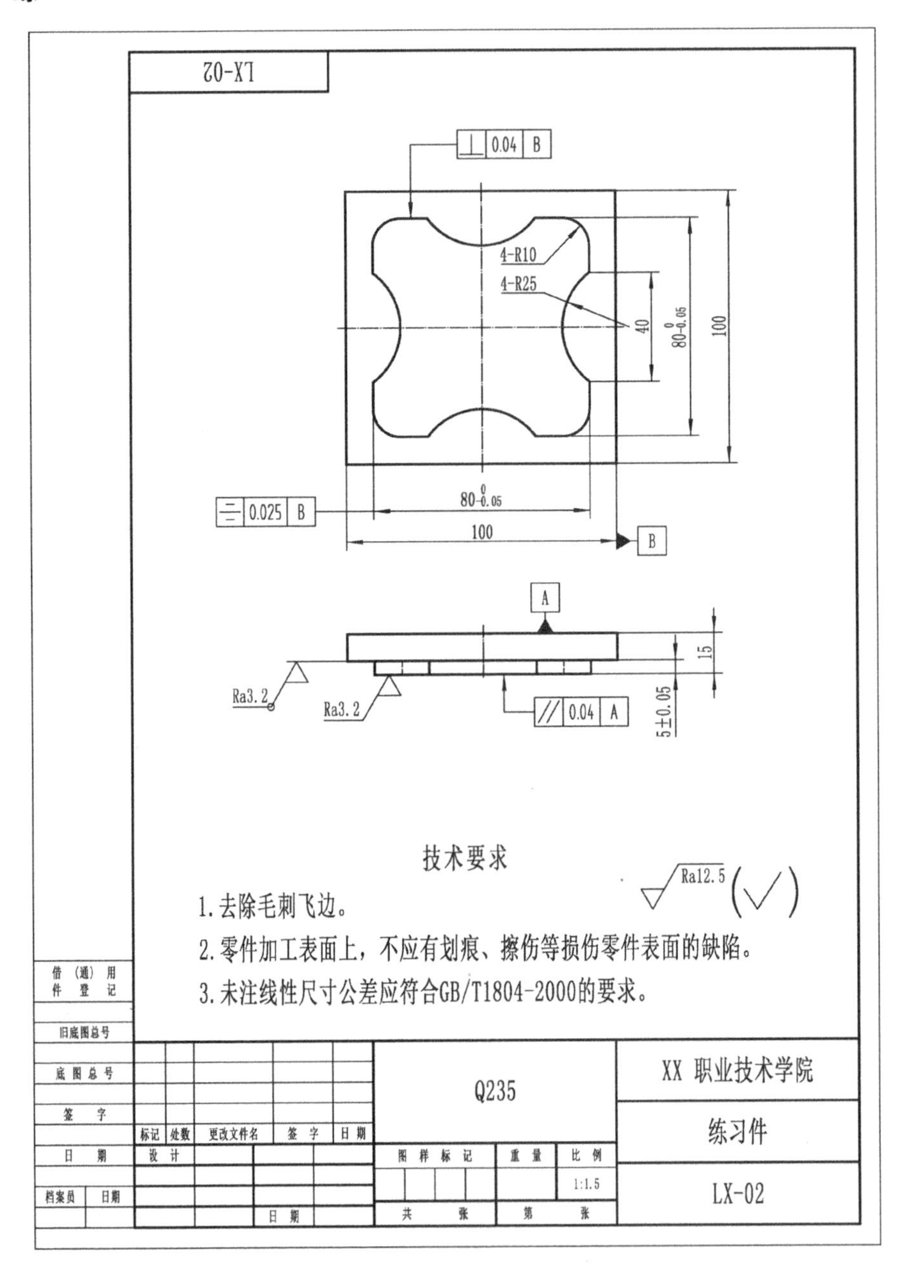

任务 3.4 内槽零件加工

实训目的

1．了解键槽铣刀的特点及选用。

2．掌握键槽型腔铣削的工艺知识。

实训器材

FANUC Series 0i-MC 数控铣床

实训任务

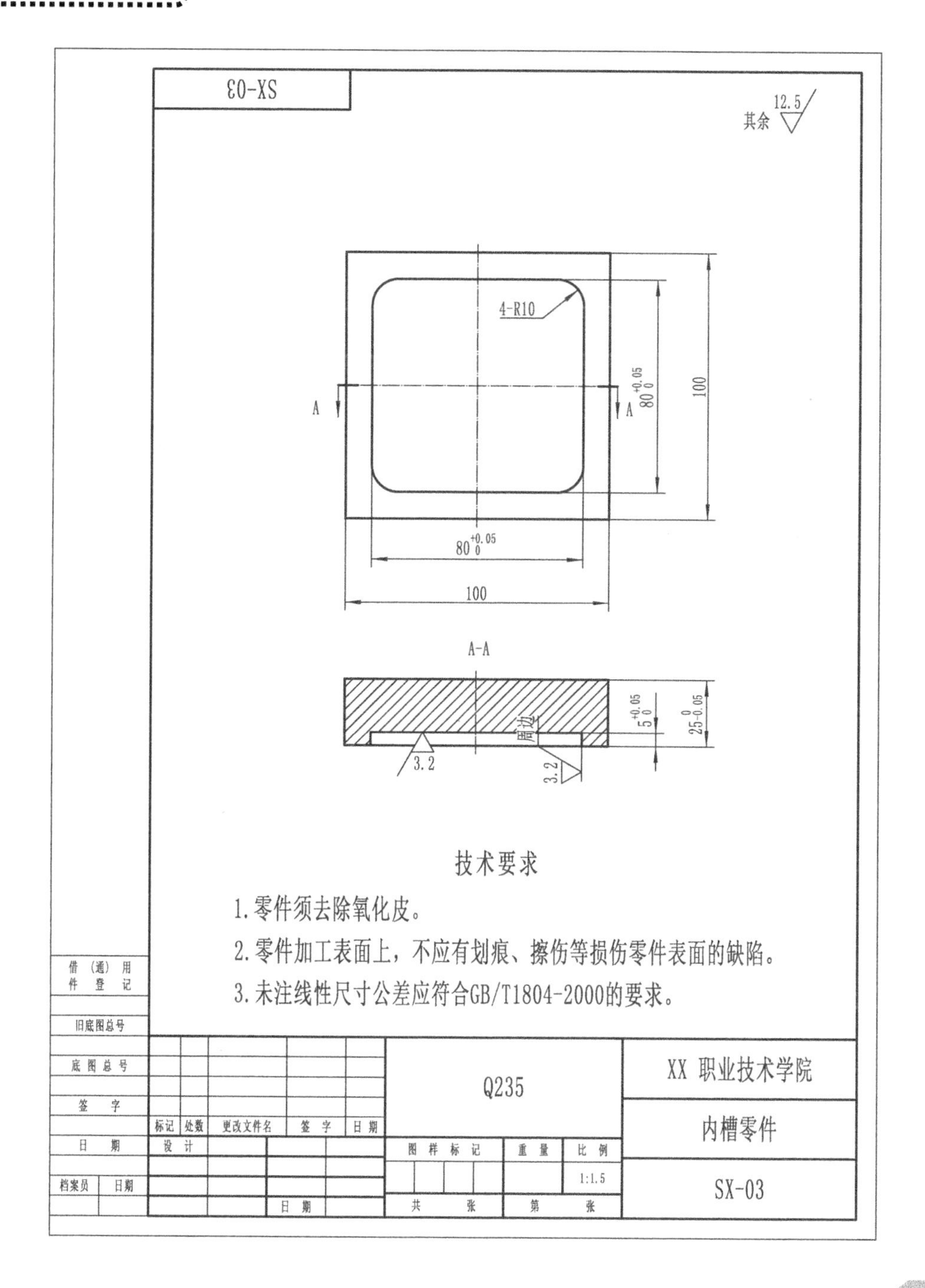

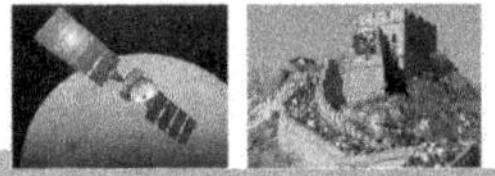

数控加工工艺卡片

	数控加工工序卡片		产品型号			零件图号			
			产品名称			零件名称			
材料牌号		毛坯种类		毛坯外形尺寸		备注			
工序号	工序名称	设备名称	设备型号	程序编号	夹具代号	夹具名称	冷却液	车间	
工步号	工步内容	刀具号	刀具	量具及检具	主轴转速（r/min）	切削速度（m/min）	进给速度（mm/min）	背吃刀量（mm）	备注
编制		审核		批准		共　页	第　页		

数控加工程序清单

××职业技术学院		数控加工程序清单	组别	学号	姓名
情境名称		使用设备		成绩	
零件图号		数控系统			
程序名		子程序名			
		工步及刀具		说明	

工件质量及职业素养（现场操作规范）评分标准

序号	评定项目		配分	评分标准	扣分	得分
1	长度		20～30 分	每超差 0.01 扣 1 分		
2	螺纹		6～20 分	每超差 0.02 扣 1 分		
3	圆弧		6～25 分	超差不得分		
4	几何公差		0～6 分	每超差 0.01 扣 1 分		
5	外观	粗糙度 *Ra*	6～12 分	每处 *Ra* 值增大 1 级扣 1 分		
		倒角、倒锐	2～8 分	每超差 1 处扣 1 分		
		有无损伤	0～5 分	有损伤不得分		
6	工/量具与设备使用		20 分	工具、量具混放扣 2 分		
				量具掉地上每次扣 2 分		
				量具测量方法不对扣 1 分		
				钻孔操作戴手套扣 5 分		
				台式钻床转速选用不当扣 5 分		
				锯切姿势不正确扣 2 分		
				锯切速度不合理扣 2 分		
				锉削姿势不正确扣 2 分		
				锉削速度不合理扣 2 分		
7	安全文明生产		10 分	未穿工作服扣 10 分		
				工作服穿戴不整齐规范扣 5 分		
				工具、量具摆放不整齐扣 2 分		
				操作工位旁不整洁扣 2 分		
				操作时发生安全小事故扣 2 分		
8	否决项		本项目出现任意一项，按零分处理	不服从实训安排		
				严重违反安全与文明生产规程		
				违反设备操作规程		
				发生重大事故		
合计						
测试人员签名						
测评人员签名						
教师签名						

练一练

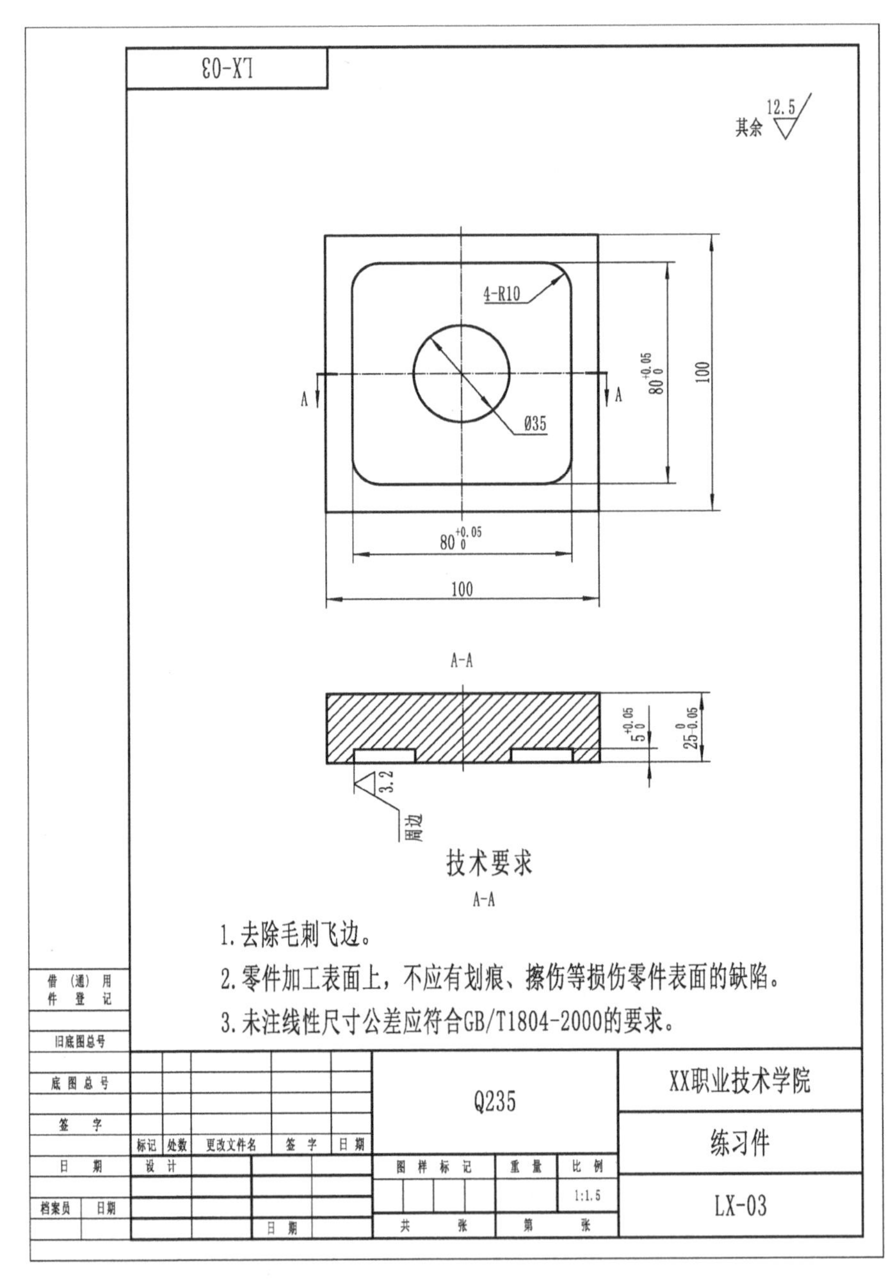

任务 3.5 孔系加工

实训目的

1. 掌握固定循环指令的含义及编程格式。
2. 了解麻花钻、中心钻、扩孔钻、铰刀、镗刀、丝锥等刀具的特点及选用。

实训器材

FANUC Series 0i-MC 数控铣床

实训任务

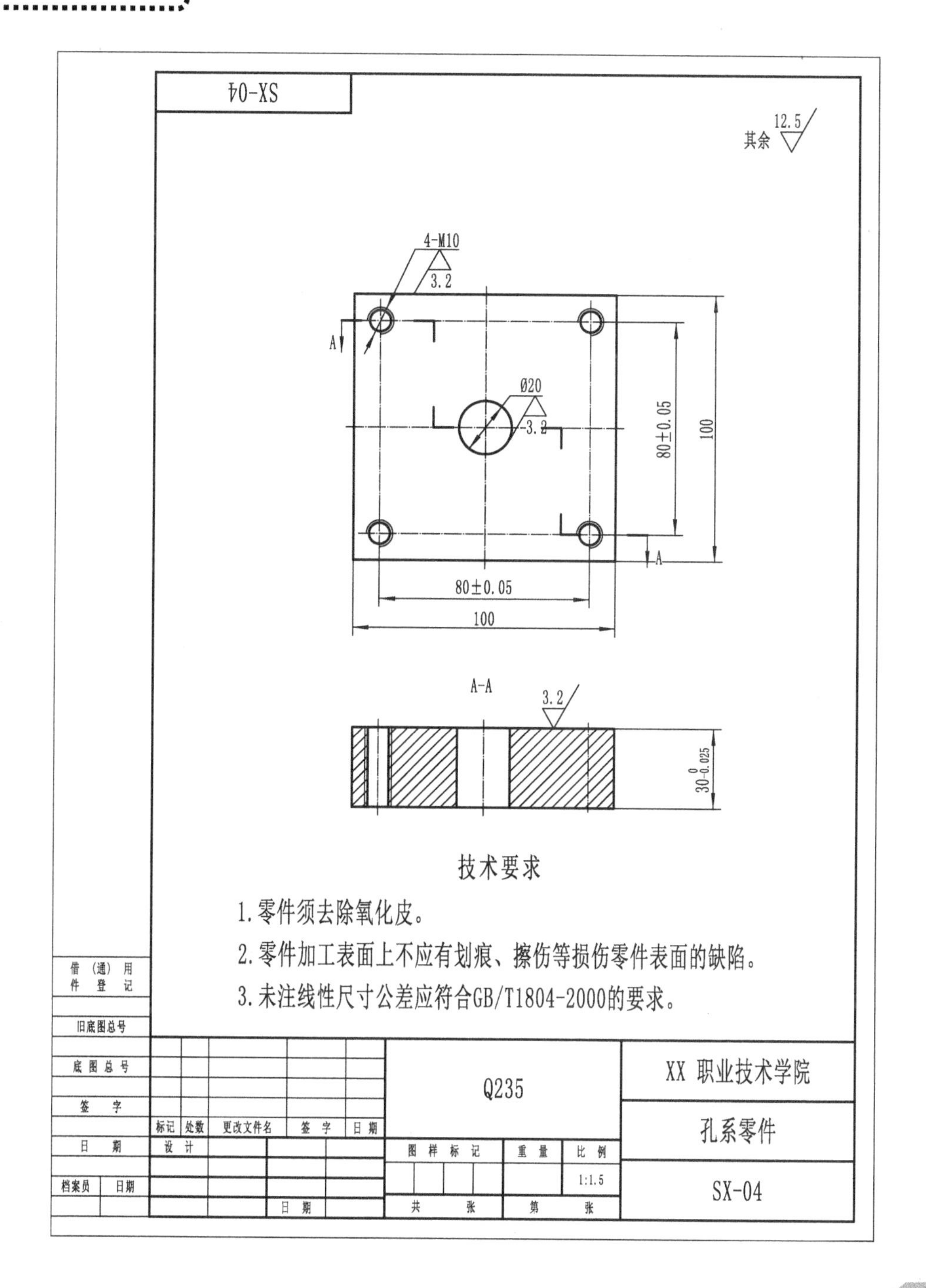

数控加工工艺卡片

	数控加工工序卡片	产品型号		零件图号	
		产品名称		零件名称	

材料牌号		毛坯种类		毛坯外形尺寸		备注	

工序号	工序名称	设备名称	设备型号	程序编号	夹具代号	夹具名称	冷却液	车间

工步号	工步内容	刀具号	刀具	量具及检具	主轴转速（r/min）	切削速度（m/min）	进给速度（mm/min）	背吃刀量（mm）	备注

编制		审核		批准		共　页	第　页

数控加工程序清单

××职业技术学院	数控加工程序清单	组别	学号	姓名

情境名称		使用设备		成绩	
零件图号		数控系统			

程序名		子程序名	
		工步及刀具	说明

工件质量及职业素养（现场操作规范）评分标准

<table>
<tr><th>序号</th><th colspan="2">评定项目</th><th>配分</th><th>评分标准</th><th>扣分</th><th>得分</th></tr>
<tr><td>1</td><td colspan="2">长度</td><td>20～30 分</td><td>每超差 0.01 扣 1 分</td><td></td><td></td></tr>
<tr><td>2</td><td colspan="2">螺纹</td><td>6～20 分</td><td>每超差 0.02 扣 1 分</td><td></td><td></td></tr>
<tr><td>3</td><td colspan="2">圆弧</td><td>6～25 分</td><td>超差不得分</td><td></td><td></td></tr>
<tr><td>4</td><td colspan="2">几何公差</td><td>0～6 分</td><td>每超差 0.01 扣 1 分</td><td></td><td></td></tr>
<tr><td rowspan="3">5</td><td rowspan="3">外观</td><td>粗糙度 Ra</td><td>6～12 分</td><td>每处 Ra 值增大 1 级扣 1 分</td><td></td><td></td></tr>
<tr><td>倒角、倒锐</td><td>2～8 分</td><td>每超差 1 处扣 1 分</td><td></td><td></td></tr>
<tr><td>有无损伤</td><td>0～5 分</td><td>有损伤不得分</td><td></td><td></td></tr>
<tr><td rowspan="9">6</td><td colspan="2" rowspan="9">工/量具与设备使用</td><td rowspan="9">20 分</td><td>工具、量具混放扣 2 分</td><td></td><td rowspan="9"></td></tr>
<tr><td>量具掉地上每次扣 2 分</td><td></td></tr>
<tr><td>量具测量方法不对扣 1 分</td><td></td></tr>
<tr><td>钻孔操作戴手套扣 5 分</td><td></td></tr>
<tr><td>台式钻床转速选用不当扣 5 分</td><td></td></tr>
<tr><td>锯切姿势不正确扣 2 分</td><td></td></tr>
<tr><td>锯切速度不合理扣 2 分</td><td></td></tr>
<tr><td>锉削姿势不正确扣 2 分</td><td></td></tr>
<tr><td>锉削速度不合理扣 2 分</td><td></td></tr>
<tr><td rowspan="5">7</td><td colspan="2" rowspan="5">安全文明生产</td><td rowspan="5">10 分</td><td>未穿工作服扣 10 分</td><td></td><td rowspan="5"></td></tr>
<tr><td>工作服穿戴不整齐规范扣 5 分</td><td></td></tr>
<tr><td>工具、量具摆放不整齐扣 2 分</td><td></td></tr>
<tr><td>操作工位旁不整洁扣 2 分</td><td></td></tr>
<tr><td>操作时发生安全小事故扣 2 分</td><td></td></tr>
<tr><td rowspan="4">8</td><td colspan="2" rowspan="4">否决项</td><td rowspan="4">本项目出现任意一项，按零分处理</td><td>不服从实训安排</td><td></td><td rowspan="4"></td></tr>
<tr><td>严重违反安全与文明生产规程</td><td></td></tr>
<tr><td>违反设备操作规程</td><td></td></tr>
<tr><td>发生重大事故</td><td></td></tr>
<tr><td colspan="4">合计</td><td></td><td></td><td></td></tr>
<tr><td colspan="4">测试人员签名</td><td></td><td></td><td></td></tr>
<tr><td colspan="4">测评人员签名</td><td></td><td></td><td></td></tr>
<tr><td colspan="4">教师签名</td><td></td><td></td><td></td></tr>
</table>

练一练

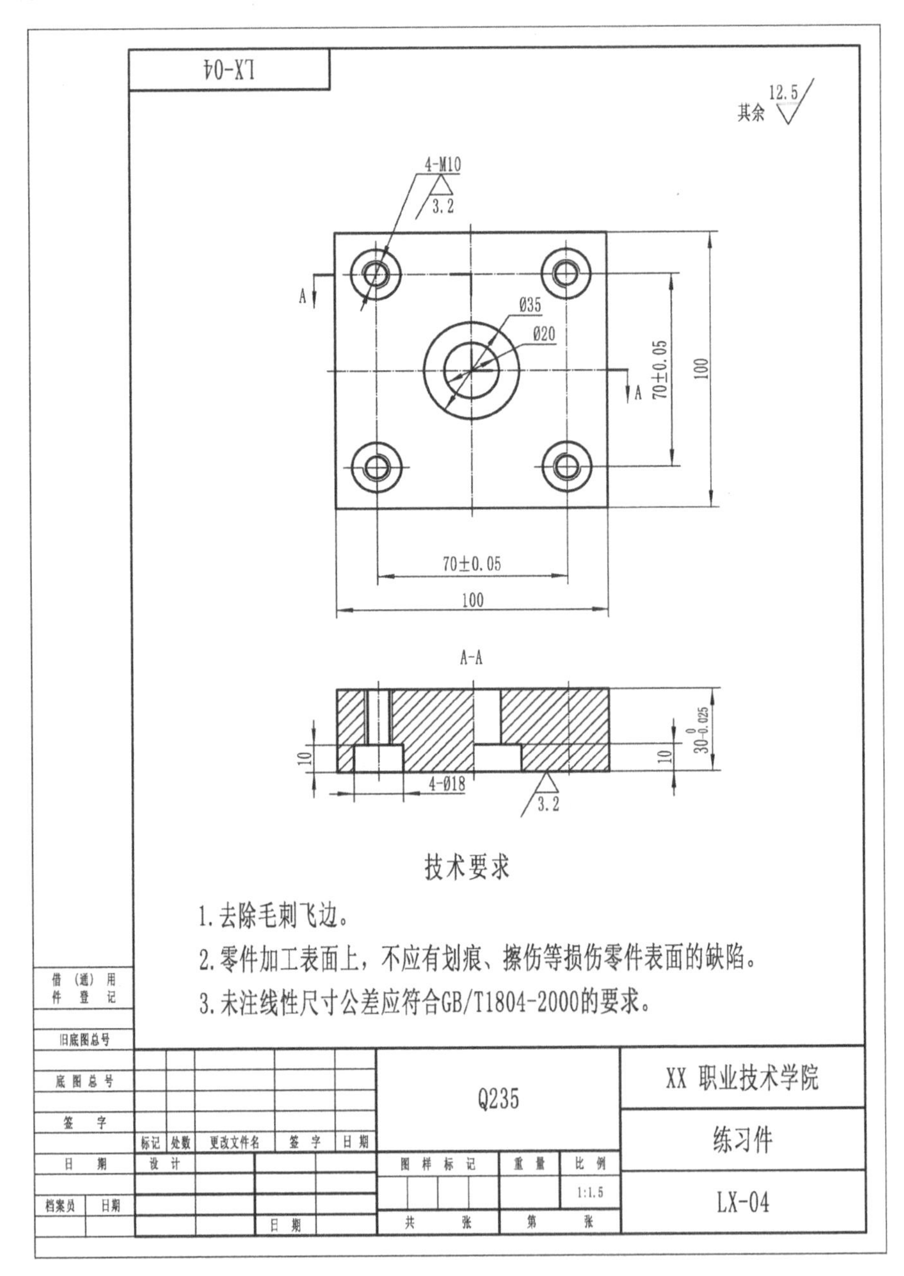

任务 3.6　综合训练 1

实训目的

1. 掌握数控铣床综合零件的加工工艺。
2. 掌握数控铣床各种刀具的用法。

实训器材

FANUC Series 0i-MC 数控铣床

实训任务

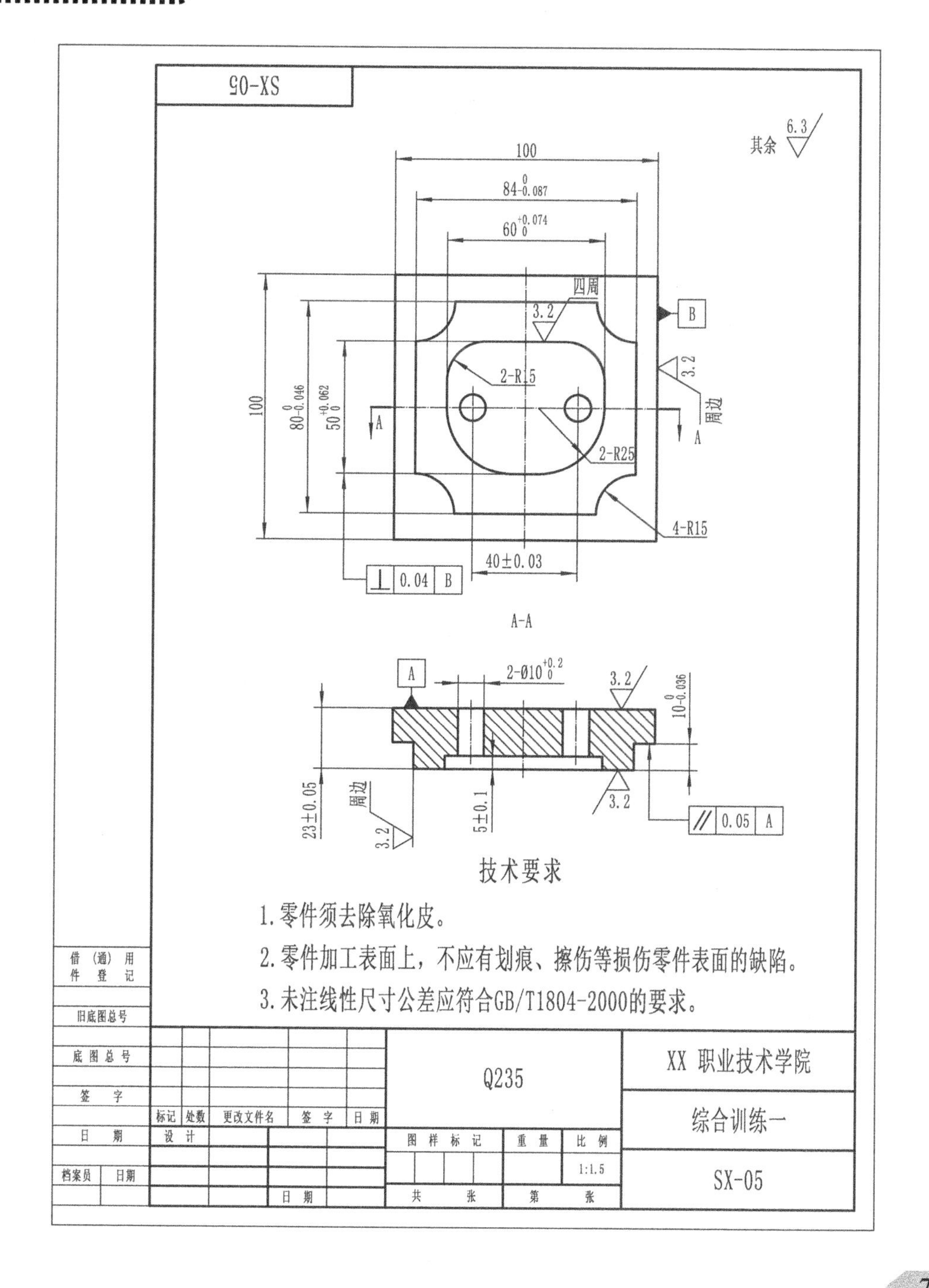

数控加工工艺卡片

	数控加工工序卡片	产品型号		零件图号	
		产品名称		零件名称	

材料牌号		毛坯种类		毛坯外形尺寸		备注	

工序号	工序名称	设备名称	设备型号	程序编号	夹具代号	夹具名称	冷却液	车间

工步号	工步内容	刀具号	刀具	量具及检具	主轴转速（r/min）	切削速度（m/min）	进给速度（mm/min）	背吃刀量（mm）	备注

编制		审核		批准		共 页	第 页

数控加工程序清单

××职业技术学院	数控加工程序清单	组别	学号	姓名

情境名称		使用设备		成绩	
零件图号		数控系统			

程序名		子程序名	
		工步及刀具	说明

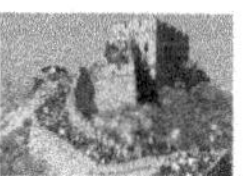

工件质量及职业素养（现场操作规范）评分标准

<table>
<tr><th>序号</th><th colspan="2">评定项目</th><th>配分</th><th>评分标准</th><th>扣分</th><th>得分</th></tr>
<tr><td>1</td><td colspan="2">长度</td><td>20～30 分</td><td>每超差 0.01 扣 1 分</td><td></td><td></td></tr>
<tr><td>2</td><td colspan="2">螺纹</td><td>6～20 分</td><td>每超差 0.02 扣 1 分</td><td></td><td></td></tr>
<tr><td>3</td><td colspan="2">圆弧</td><td>6～25 分</td><td>超差不得分</td><td></td><td></td></tr>
<tr><td>4</td><td colspan="2">几何公差</td><td>0～6 分</td><td>每超差 0.01 扣 1 分</td><td></td><td></td></tr>
<tr><td rowspan="3">5</td><td rowspan="3">外观</td><td>粗糙度 Ra</td><td>6～12 分</td><td>每处 Ra 值增大 1 级扣 1 分</td><td></td><td></td></tr>
<tr><td>倒角、倒锐</td><td>2～8 分</td><td>每超差 1 处扣 1 分</td><td></td><td></td></tr>
<tr><td>有无损伤</td><td>0～5 分</td><td>有损伤不得分</td><td></td><td></td></tr>
<tr><td rowspan="9">6</td><td colspan="2" rowspan="9">工/量具与设备使用</td><td rowspan="9">20 分</td><td>工具、量具混放扣 2 分</td><td></td><td rowspan="9"></td></tr>
<tr><td>量具掉地上每次扣 2 分</td><td></td></tr>
<tr><td>量具测量方法不对扣 1 分</td><td></td></tr>
<tr><td>钻孔操作戴手套扣 5 分</td><td></td></tr>
<tr><td>台式钻床转速选用不当扣 5 分</td><td></td></tr>
<tr><td>锯切姿势不正确扣 2 分</td><td></td></tr>
<tr><td>锯切速度不合理扣 2 分</td><td></td></tr>
<tr><td>锉削姿势不正确扣 2 分</td><td></td></tr>
<tr><td>锉削速度不合理扣 2 分</td><td></td></tr>
<tr><td rowspan="5">7</td><td colspan="2" rowspan="5">安全文明生产</td><td rowspan="5">10 分</td><td>未穿工作服扣 10 分</td><td></td><td rowspan="5"></td></tr>
<tr><td>工作服穿戴不整齐规范扣 5 分</td><td></td></tr>
<tr><td>工具、量具摆放不整齐扣 2 分</td><td></td></tr>
<tr><td>操作工位旁不整洁扣 2 分</td><td></td></tr>
<tr><td>操作时发生安全小事故扣 2 分</td><td></td></tr>
<tr><td rowspan="4">8</td><td colspan="2" rowspan="4">否决项</td><td rowspan="4">本项目出现任意一项，按零分处理</td><td>不服从实训安排</td><td></td><td rowspan="4"></td></tr>
<tr><td>严重违反安全与文明生产规程</td><td></td></tr>
<tr><td>违反设备操作规程</td><td></td></tr>
<tr><td>发生重大事故</td><td></td></tr>
<tr><td colspan="4">合计</td><td></td><td></td><td></td></tr>
<tr><td colspan="4">测试人员签名</td><td></td><td></td><td></td></tr>
<tr><td colspan="4">测评人员签名</td><td></td><td></td><td></td></tr>
<tr><td colspan="4">教师签名</td><td></td><td></td><td></td></tr>
</table>

练一练

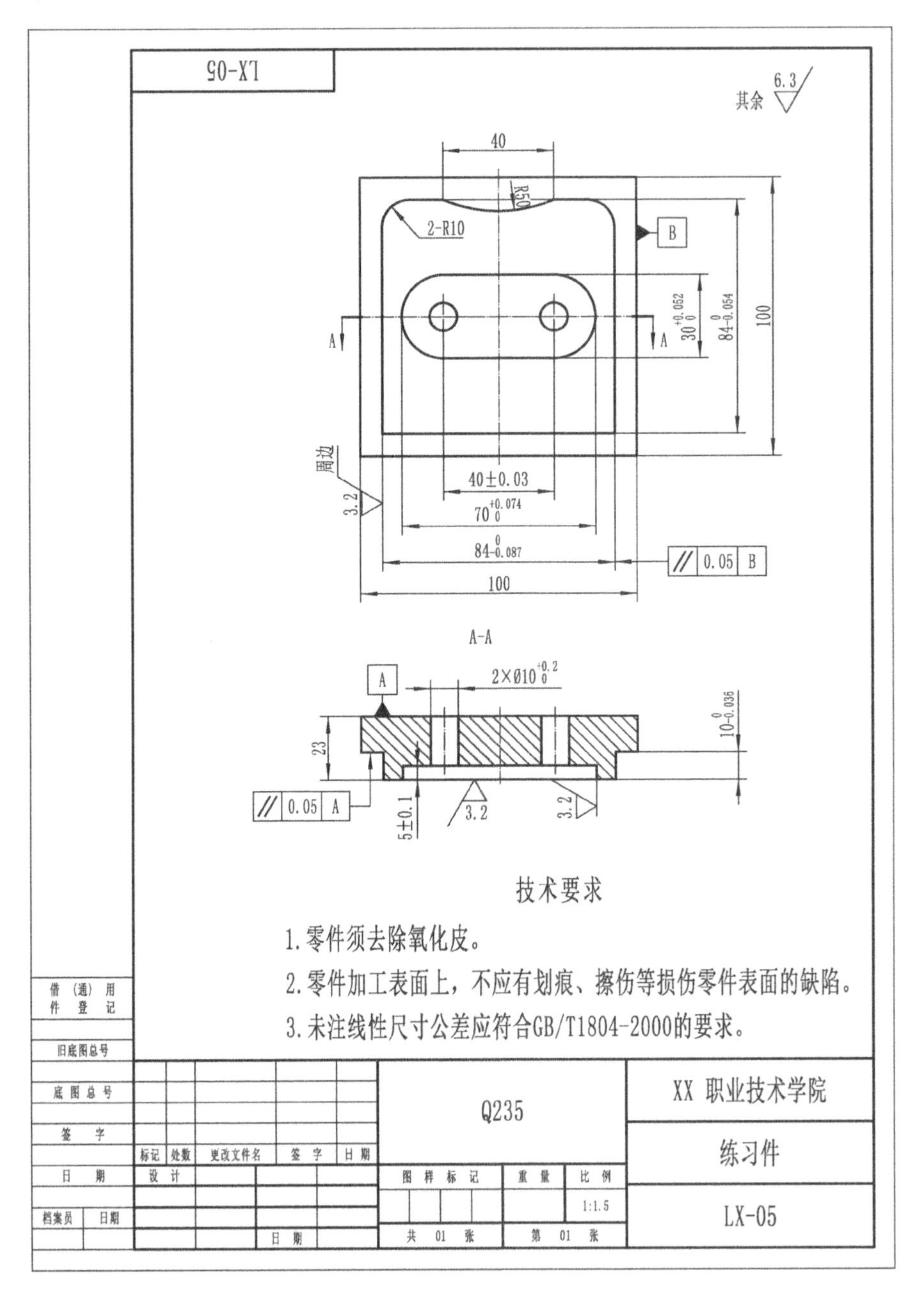

任务 3.7 综合训练 2

实训目的

1．巩固固定循环指令的含义及编程格式。

2．掌握内径百分表的读数方法。

实训器材

FANUC Series 0i-MC 数控铣床

实训任务

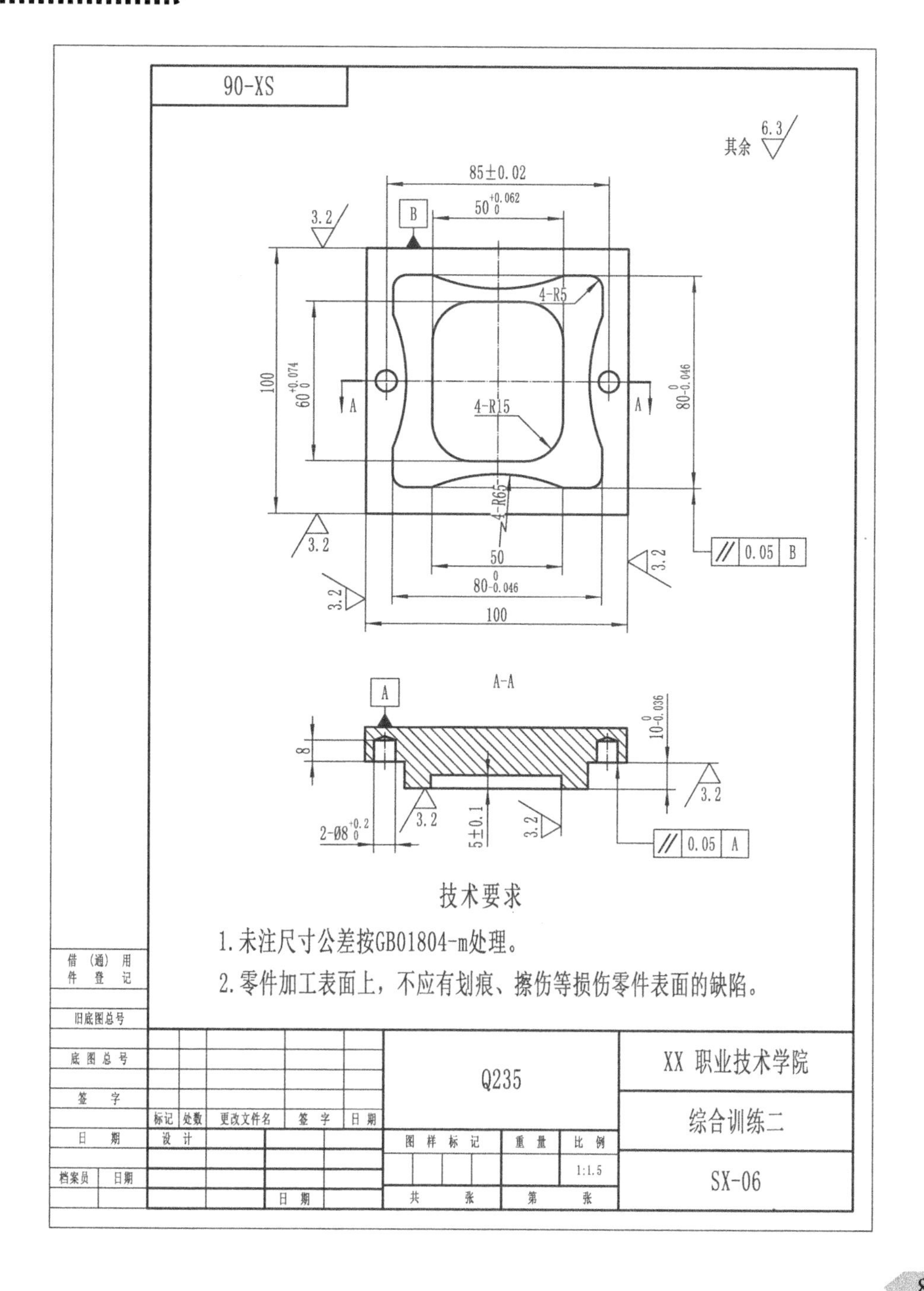

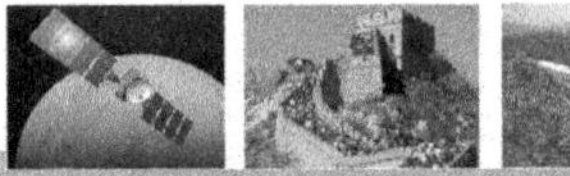

数控加工工艺卡片

<table>
<tr><td colspan="2" rowspan="2"></td><td colspan="2" rowspan="2">数控加工工序卡片</td><td>产品型号</td><td colspan="2"></td><td>零件图号</td><td colspan="2"></td></tr>
<tr><td>产品名称</td><td colspan="2"></td><td>零件名称</td><td colspan="2"></td></tr>
<tr><td>材料牌号</td><td colspan="2"></td><td>毛坯种类</td><td></td><td>毛坯外形尺寸</td><td colspan="2"></td><td>备注</td><td></td></tr>
<tr><td>工序号</td><td colspan="2">工序名称</td><td>设备名称</td><td>设备型号</td><td>程序编号</td><td>夹具代号</td><td>夹具名称</td><td>冷却液</td><td>车间</td></tr>
<tr><td></td><td colspan="2"></td><td></td><td></td><td></td><td></td><td></td><td></td><td></td></tr>
<tr><td>工步号</td><td>工步内容</td><td>刀具号</td><td>刀具</td><td>量具及检具</td><td>主轴转速（r/min）</td><td>切削速度（m/min）</td><td>进给速度（mm/min）</td><td>背吃刀量（mm）</td><td>备注</td></tr>
<tr><td></td><td></td><td></td><td></td><td></td><td></td><td></td><td></td><td></td><td></td></tr>
<tr><td></td><td></td><td></td><td></td><td></td><td></td><td></td><td></td><td></td><td></td></tr>
<tr><td></td><td></td><td></td><td></td><td></td><td></td><td></td><td></td><td></td><td></td></tr>
<tr><td></td><td></td><td></td><td></td><td></td><td></td><td></td><td></td><td></td><td></td></tr>
<tr><td></td><td></td><td></td><td></td><td></td><td></td><td></td><td></td><td></td><td></td></tr>
<tr><td></td><td></td><td></td><td></td><td></td><td></td><td></td><td></td><td></td><td></td></tr>
<tr><td></td><td></td><td></td><td></td><td></td><td></td><td></td><td></td><td></td><td></td></tr>
<tr><td></td><td></td><td></td><td></td><td></td><td></td><td></td><td></td><td></td><td></td></tr>
<tr><td>编制</td><td></td><td>审核</td><td></td><td>批准</td><td colspan="3"></td><td>共　页</td><td>第　页</td></tr>
</table>

数控加工程序清单

<table>
<tr><td colspan="2" rowspan="2">××职业技术学院</td><td colspan="2" rowspan="2">数控加工程序清单</td><td>组别</td><td>学号</td><td>姓名</td></tr>
<tr><td></td><td></td><td></td></tr>
<tr><td>情境名称</td><td></td><td colspan="2">使用设备</td><td></td><td rowspan="2">成绩</td><td rowspan="2"></td></tr>
<tr><td>零件图号</td><td></td><td colspan="2">数控系统</td><td></td></tr>
<tr><td>程序名</td><td colspan="2"></td><td colspan="2">子程序名</td><td colspan="2"></td></tr>
<tr><td colspan="3" rowspan="2"></td><td colspan="2">工步及刀具</td><td colspan="2">说明</td></tr>
<tr><td colspan="2"></td><td colspan="2"></td></tr>
</table>

工件质量及职业素养（现场操作规范）评分标准

<table>
<tr><th>序号</th><th colspan="2">评定项目</th><th>配分</th><th>评分标准</th><th>扣分</th><th>得分</th></tr>
<tr><td>1</td><td colspan="2">长度</td><td>20～30 分</td><td>每超差 0.01 扣 1 分</td><td></td><td></td></tr>
<tr><td>2</td><td colspan="2">螺纹</td><td>6～20 分</td><td>每超差 0.02 扣 1 分</td><td></td><td></td></tr>
<tr><td>3</td><td colspan="2">圆弧</td><td>6～25 分</td><td>超差不得分</td><td></td><td></td></tr>
<tr><td>4</td><td colspan="2">几何公差</td><td>0～6 分</td><td>每超差 0.01 扣 1 分</td><td></td><td></td></tr>
<tr><td rowspan="3">5</td><td rowspan="3">外观</td><td>粗糙度 Ra</td><td>6～12 分</td><td>每处 Ra 值增大 1 级扣 1 分</td><td></td><td></td></tr>
<tr><td>倒角、倒锐</td><td>2～8 分</td><td>每超差 1 处扣 1 分</td><td></td><td></td></tr>
<tr><td>有无损伤</td><td>0～5 分</td><td>有损伤不得分</td><td></td><td></td></tr>
<tr><td rowspan="9">6</td><td colspan="2" rowspan="9">工/量具与设备使用</td><td rowspan="9">20 分</td><td>工具、量具混放扣 2 分</td><td></td><td rowspan="9"></td></tr>
<tr><td>量具掉地上每次扣 2 分</td><td></td></tr>
<tr><td>量具测量方法不对扣 1 分</td><td></td></tr>
<tr><td>钻孔操作戴手套扣 5 分</td><td></td></tr>
<tr><td>台式钻床转速选用不当扣 5 分</td><td></td></tr>
<tr><td>锯切姿势不正确扣 2 分</td><td></td></tr>
<tr><td>锯切速度不合理扣 2 分</td><td></td></tr>
<tr><td>锉削姿势不正确扣 2 分</td><td></td></tr>
<tr><td>锉削速度不合理扣 2 分</td><td></td></tr>
<tr><td rowspan="5">7</td><td colspan="2" rowspan="5">安全文明生产</td><td rowspan="5">10 分</td><td>未穿工作服扣 10 分</td><td></td><td rowspan="5"></td></tr>
<tr><td>工作服穿戴不整齐规范扣 5 分</td><td></td></tr>
<tr><td>工具、量具摆放不整齐扣 2 分</td><td></td></tr>
<tr><td>操作工位旁不整洁扣 2 分</td><td></td></tr>
<tr><td>操作时发生安全小事故扣 2 分</td><td></td></tr>
<tr><td rowspan="4">8</td><td colspan="2" rowspan="4">否决项</td><td rowspan="4">本项目出现任意一项，按零分处理</td><td>不服从实训安排</td><td></td><td rowspan="4"></td></tr>
<tr><td>严重违反安全与文明生产规程</td><td></td></tr>
<tr><td>违反设备操作规程</td><td></td></tr>
<tr><td>发生重大事故</td><td></td></tr>
<tr><td colspan="4">合计</td><td></td><td></td><td></td></tr>
<tr><td colspan="4">测试人员签名</td><td></td><td></td><td></td></tr>
<tr><td colspan="4">测评人员签名</td><td></td><td></td><td></td></tr>
<tr><td colspan="4">教师签名</td><td></td><td></td><td></td></tr>
</table>

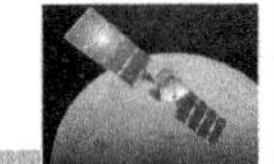

练一练

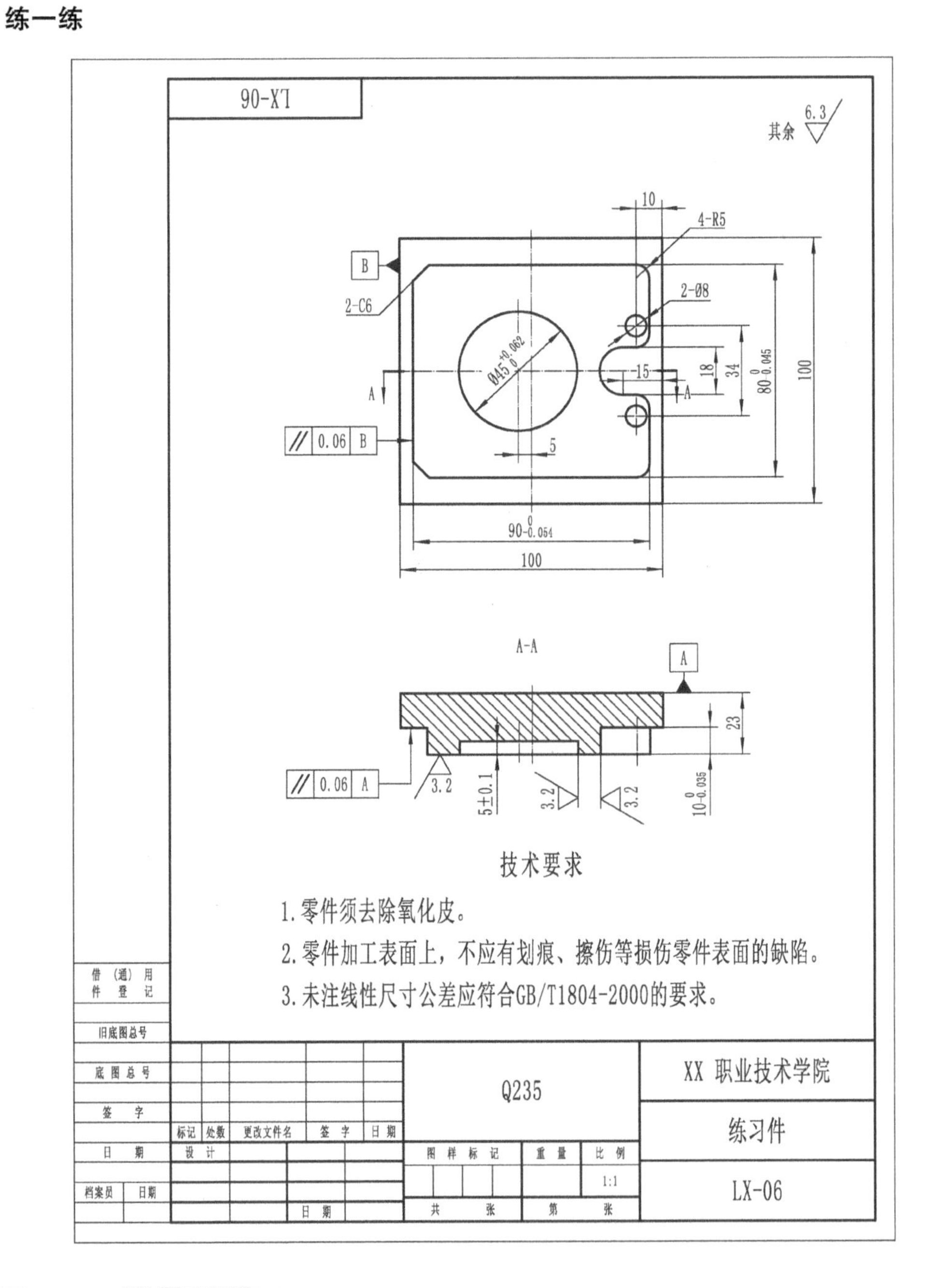

任务 3.8　综合训练 3

实训目的

1. 能够运用自动加工功能独立完成孔类零件的加工。
2. 能够对孔进行准确测量。

实训器材

FANUC Series 0i-MC 数控铣床

实训任务

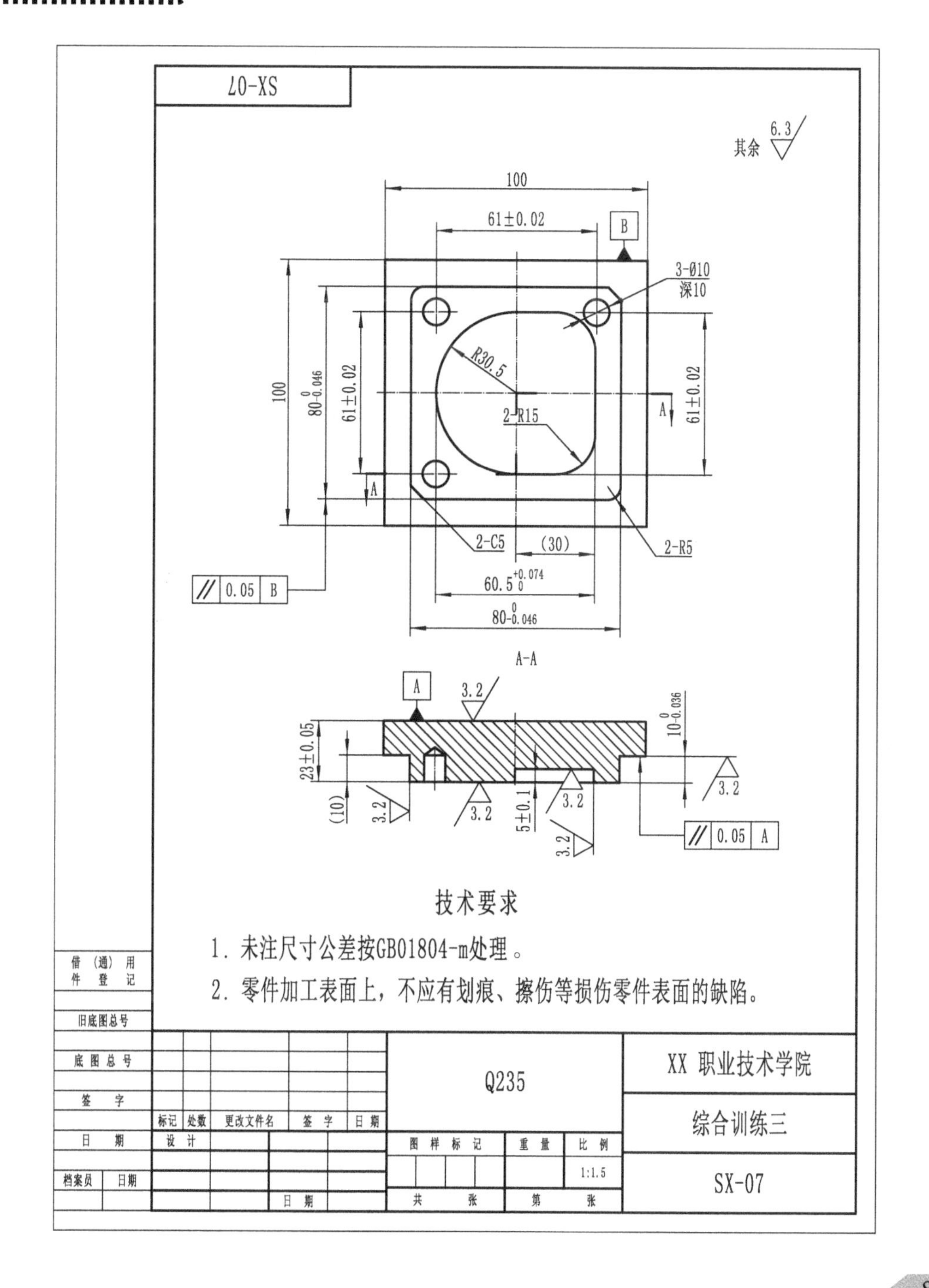

数控加工工艺卡片

	数控加工工序卡片	产品型号		零件图号	
		产品名称		零件名称	

材料牌号		毛坯种类		毛坯外形尺寸		备注	

工序号	工序名称	设备名称	设备型号	程序编号	夹具代号	夹具名称	冷却液	车间

工步号	工步内容	刀具号	刀具	量具及检具	主轴转速（r/min）	切削速度（m/min）	进给速度（mm/min）	背吃刀量（mm）	备注

编制		审核		批准		共　页	第　页

数控加工程序清单

××职业技术学院	数控加工程序清单	组别	学号	姓名

情境名称		使用设备		成绩	
零件图号		数控系统			

程序名		子程序名	
		工步及刀具	说明

工件质量及职业素养（现场操作规范）评分标准

序号	评定项目		配分	评分标准	扣分	得分
1	长度		20～30 分	每超差 0.01 扣 1 分		
2	螺纹		6～20 分	每超差 0.02 扣 1 分		
3	圆弧		6～25 分	超差不得分		
4	几何公差		0～6 分	每超差 0.01 扣 1 分		
5	外观	粗糙度 *Ra*	6～12 分	每处 *Ra* 值增大 1 级扣 1 分		
		倒角、倒锐	2～8 分	每超差 1 处扣 1 分		
		有无损伤	0～5 分	有损伤不得分		
6	工/量具与设备使用		20 分	工具、量具混放扣 2 分		
				量具掉地上每次扣 2 分		
				量具测量方法不对扣 1 分		
				钻孔操作戴手套扣 5 分		
				台式钻床转速选用不当扣 5 分		
				锯切姿势不正确扣 2 分		
				锯切速度不合理扣 2 分		
				锉削姿势不正确扣 2 分		
				锉削速度不合理扣 2 分		
7	安全文明生产		10 分	未穿工作服扣 10 分		
				工作服穿戴不整齐规范扣 5 分		
				工具、量具摆放不整齐扣 2 分		
				操作工位旁不整洁扣 2 分		
				操作时发生安全小事故扣 2 分		
8	否决项		本项目出现任意一项，按零分处理	不服从实训安排		
				严重违反安全与文明生产规程		
				违反设备操作规程		
				发生重大事故		
合计						
测试人员签名						
测评人员签名						
教师签名						

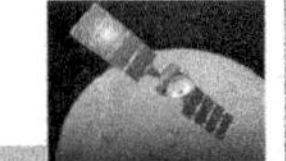

练一练

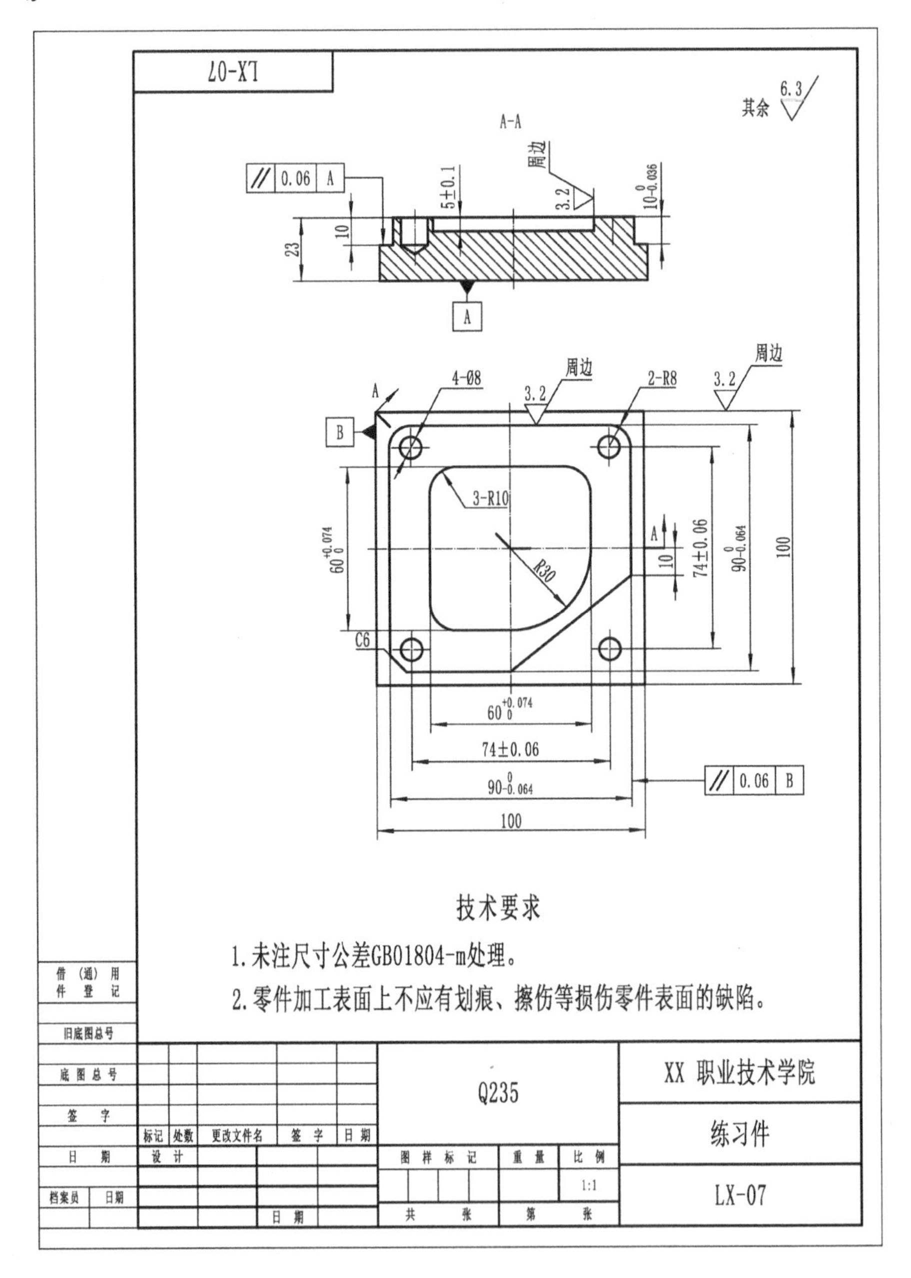

任务 3.9 综合训练 4

实训目的

1．通过严格的精度测量，培养同学们的质量意识。

2．通过工时定额，培养同学们的效率意识。

实训器材

FANUC Series 0i-MC 数控铣床

实训任务

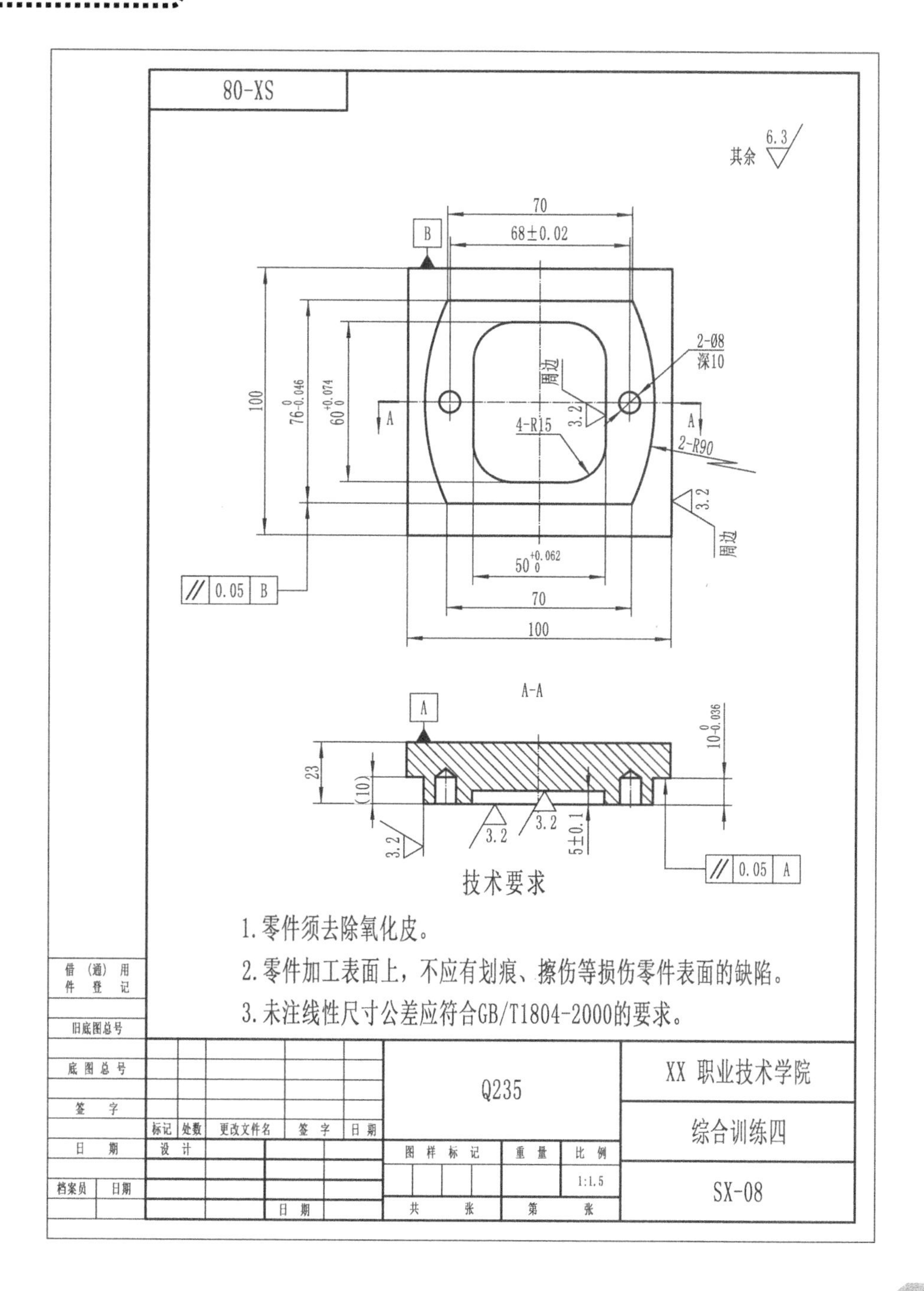

数控加工工艺卡片

	数控加工工序卡片	产品型号		零件图号	
		产品名称		零件名称	

材料牌号		毛坯种类		毛坯外形尺寸		备注	

工序号	工序名称	设备名称	设备型号	程序编号	夹具代号	夹具名称	冷却液	车间

工步号	工步内容	刀具号	刀具	量具及检具	主轴转速（r/min）	切削速度（m/min）	进给速度（mm/min）	背吃刀量（mm）	备注

编制		审核		批准		共　页	第　页

数控加工程序清单

××职业技术学院	数控加工程序清单	组别	学号	姓名

情境名称		使用设备		成绩	
零件图号		数控系统			

程序名		子程序名	
		工步及刀具	说明

工件质量及职业素养（现场操作规范）评分标准

序号	评定项目		配分	评分标准	扣分	得分
1	长度		20～30分	每超差0.01扣1分		
2	螺纹		6～20分	每超差0.02扣1分		
3	圆弧		6～25分	超差不得分		
4	几何公差		0～6分	每超差0.01扣1分		
5	外观	粗糙度 *Ra*	6～12分	每处 *Ra* 值增大1级扣1分		
		倒角、倒锐	2～8分	每超差1处扣1分		
		有无损伤	0～5分	有损伤不得分		
6	工/量具与设备使用		20分	工具、量具混放扣2分		
				量具掉地上每次扣2分		
				量具测量方法不对扣1分		
				钻孔操作戴手套扣5分		
				台式钻床转速选用不当扣5分		
				锯切姿势不正确扣2分		
				锯切速度不合理扣2分		
				锉削姿势不正确扣2分		
				锉削速度不合理扣2分		
7	安全文明生产		10分	未穿工作服扣10分		
				工作服穿戴不整齐规范扣5分		
				工具、量具摆放不整齐扣2分		
				操作工位旁不整洁扣2分		
				操作时发生安全小事故扣2分		
8	否决项		本项目出现任意一项，按零分处理	不服从实训安排		
				严重违反安全与文明生产规程		
				违反设备操作规程		
				发生重大事故		
合计						
测试人员签名						
测评人员签名						
教师签名						

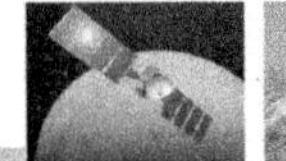

练一练

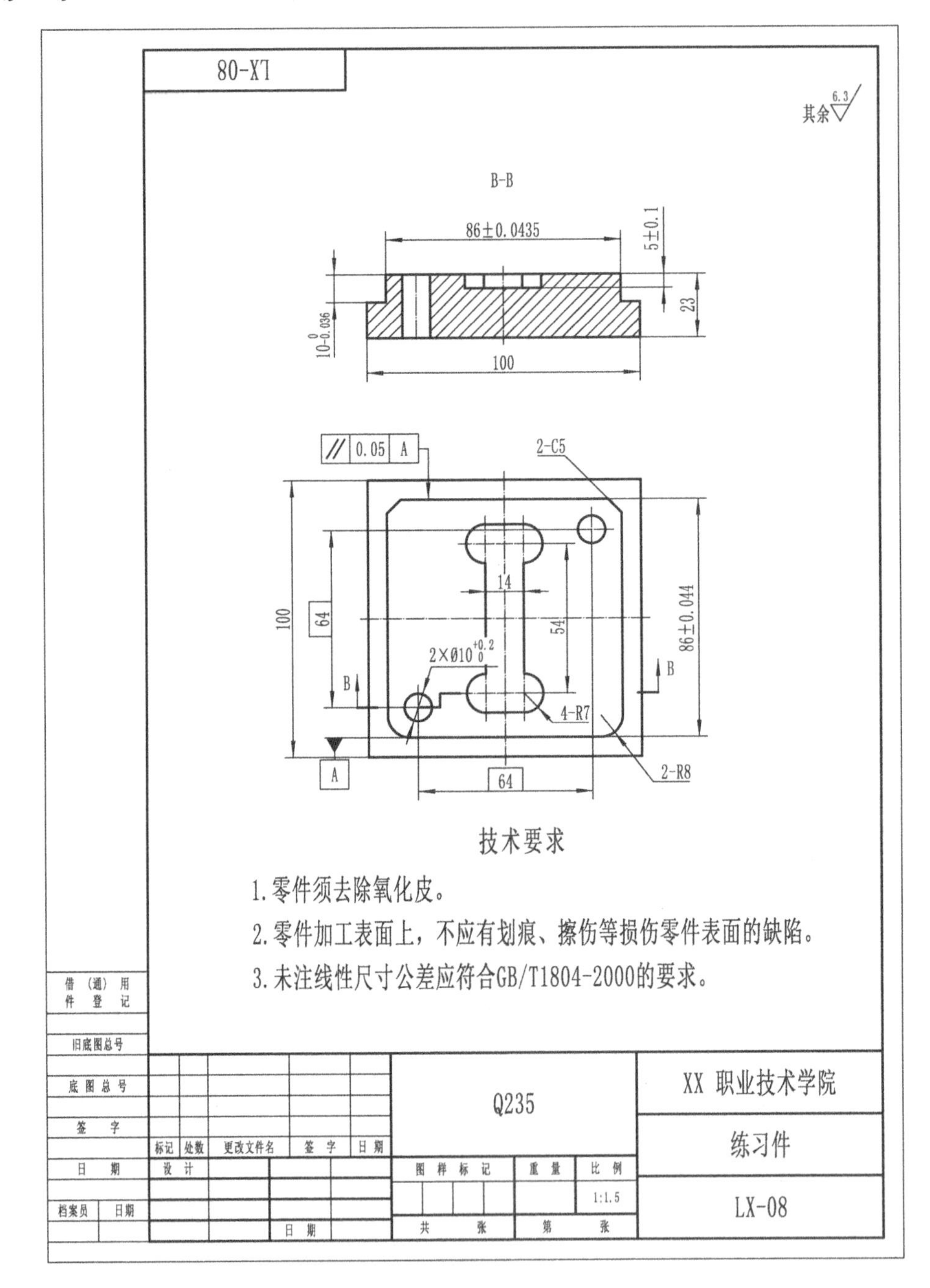
LX-08
其余 6.3
B-B
86±0.0435
5±0.1
23
10-0.036
100
// 0.05 A
2-C5
14
54
64
100
86±0.044
2×Ø10+0.2 0
B
B
4-R7
A
64
2-R8
技术要求
1.零件须去除氧化皮。
2.零件加工表面上，不应有划痕、擦伤等损伤零件表面的缺陷。
3.未注线性尺寸公差应符合GB/T1804-2000的要求。
借（通）用件登记
旧底图总号
底图总号
签字
日期
档案员
日期
标记
处数
更改文件名
签字
日期
设计
日期
Q235
图样标记
重量
比例
1:1.5
共 张
第 张
XX 职业技术学院
练习件
LX-08

项目4 数控配合训练

实训目的

1．掌握数控车床安全操作规程和安全文明生产注意事项。
2．掌握数控车床的清理和保养。
3．对学生加强安全教育，学会保护自己和设备。
4．掌握数控编程的基本指令。
5．了解数控机床常见的刀具及工艺范围。
6．掌握数控机床的加工工艺。

实训任务

任务 4.1 数控车床配合件 1
任务 4.2 数控车床配合件 2
任务 4.3 数控车铣配合件

任务 4.1　数控车床配合件 1

实训目的

1. 通过严格的精度测量，培养同学们的质量意识。
2. 通过工时定额，培养同学们的效率意识。

实训器材

FANUC Series 0i-MC 数控铣床　FANUC 0i-TC 数控车床

实训内容

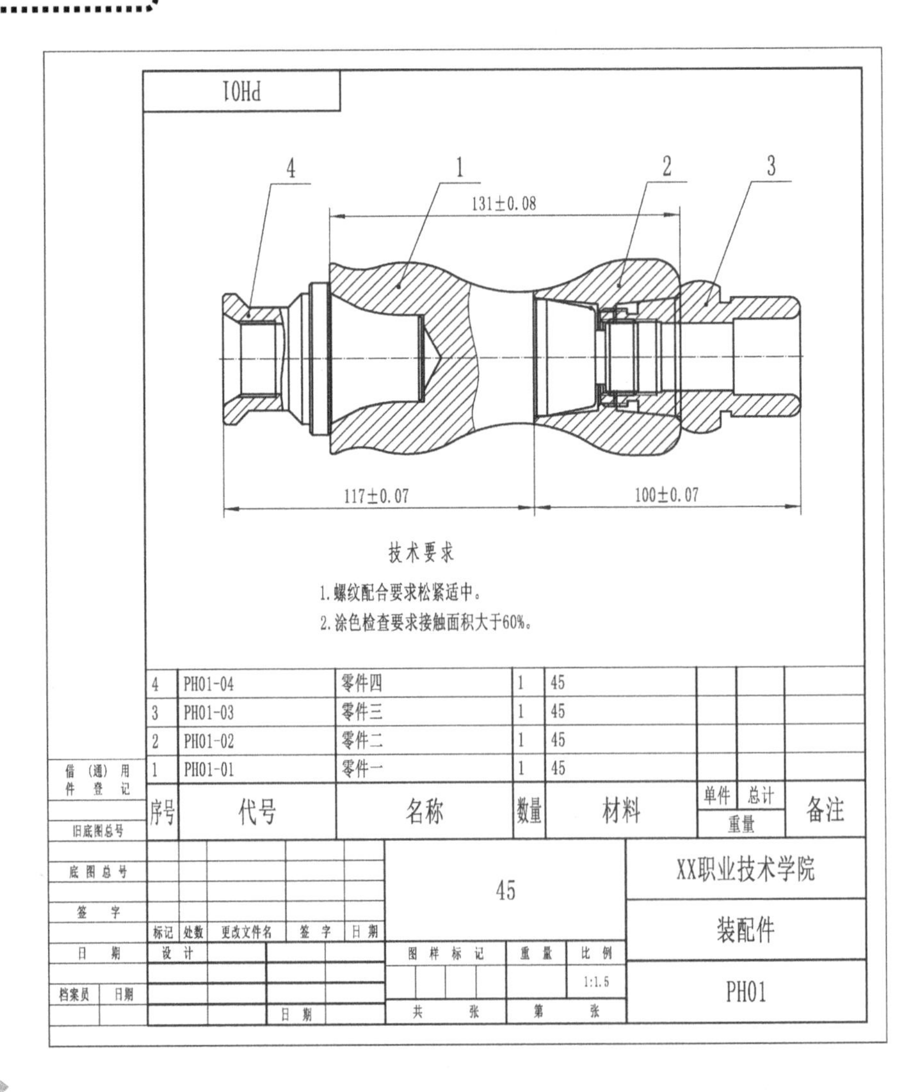

PH01
4
1
2
3
131±0.08
117±0.07
100±0.07
技术要求
1.螺纹配合要求松紧适中。
2.涂色检查要求接触面积大于60%。
4 PH01-04 零件四 1 45
3 PH01-03 零件三 1 45
2 PH01-02 零件二 1 45
1 PH01-01 零件一 1 45
序号 代号 名称 数量 材料 单件 总计 重量 备注
借（通）用件登记
旧底图总号
底图总号
签字
日期
档案员 日期
标记 处数 更改文件名 签字 日期
设计
日期
45
图样标记 重量 比例
1:1.5
共 张 第 张
XX职业技术学院
装配件
PH01

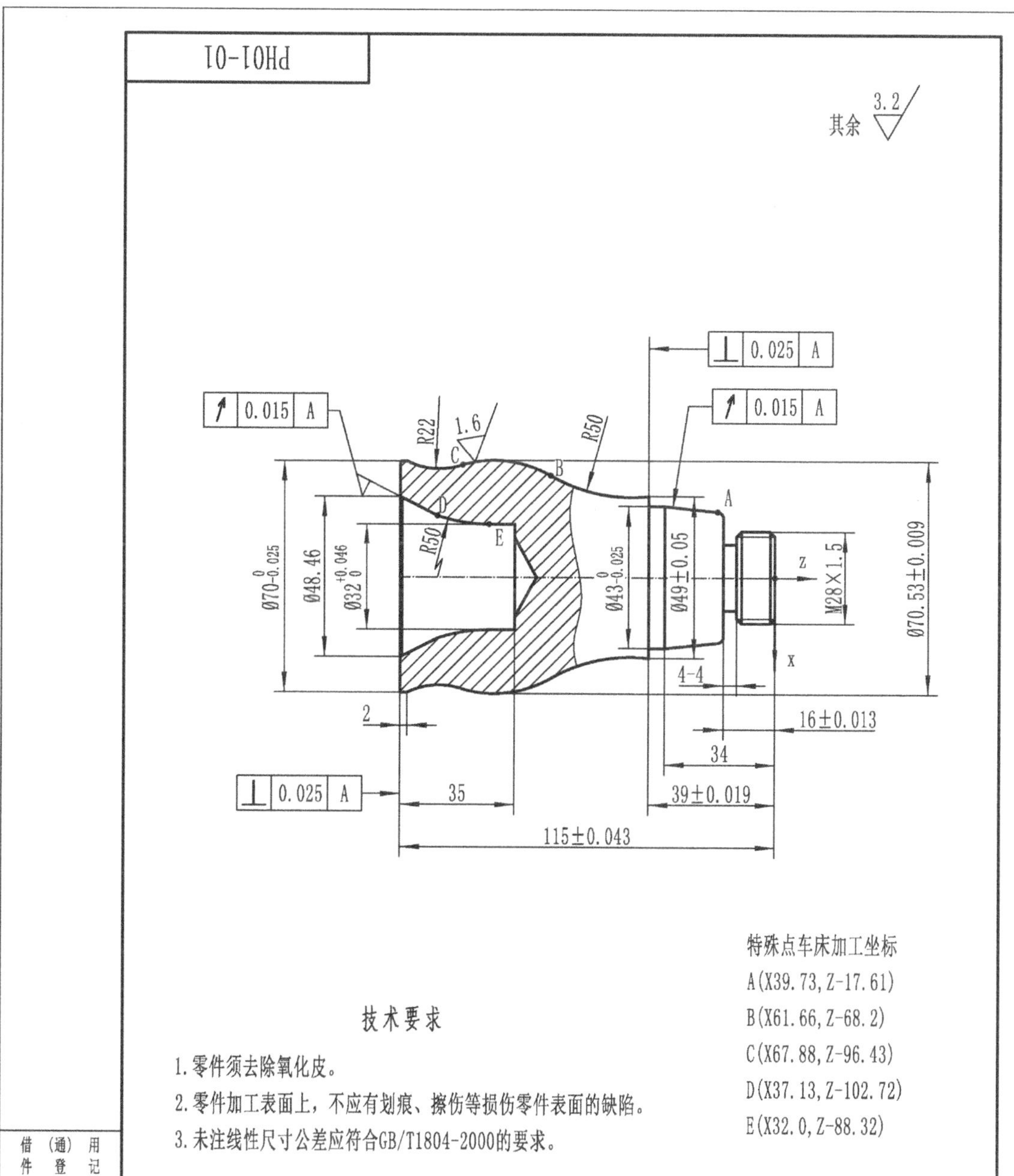

借（通）用件登记

旧底图总号

底图总号

签字

日期

档案员　日期

标记	处数	更改文件名	签字	日期
设计				
			日期	

45

图样标记	重量	比例
		1:1.5
共　张	第　张	

XX职业技术学院

零件一

PH01-01

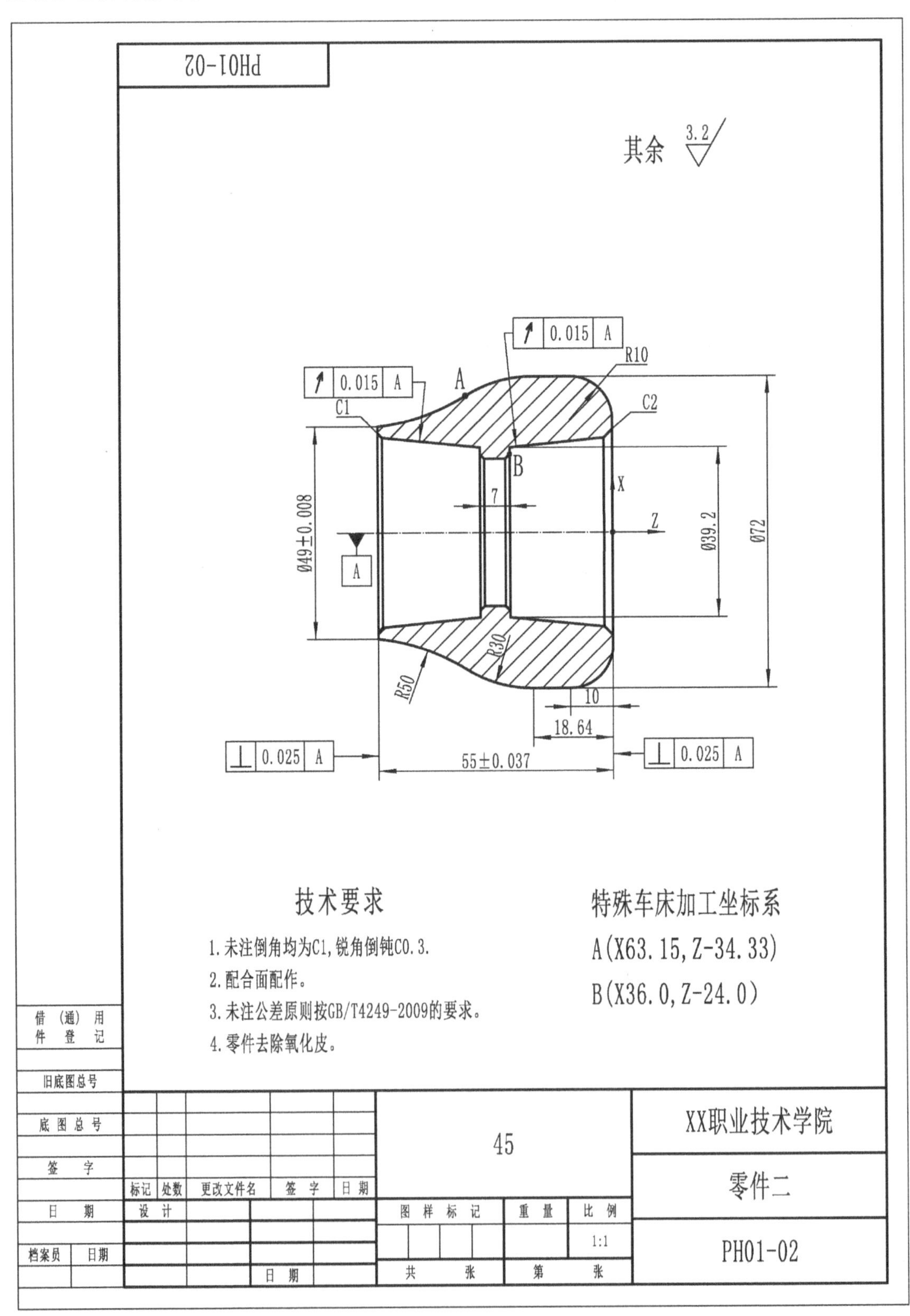

PH01-02
其余 3.2
0.015 A
R10
0.015 A
A
C1
C2
B
X
7
Z
Ø49±0.008
A
Ø39.2
Ø72
R30
R50
10
18.64
0.025 A
55±0.037
0.025 A
技术要求
1. 未注倒角均为C1，锐角倒钝C0.3.
2. 配合面配作。
3. 未注公差原则按GB/T4249-2009的要求。
4. 零件去除氧化皮。
特殊车床加工坐标系
A(X63.15, Z-34.33)
B(X36.0, Z-24.0)
借（通）用件登记
旧底图总号
底图总号
签字
日期
档案员
日期
标记
处数
更改文件名
签字
日期
设计
日期
45
图样标记
重量
比例
1:1
共 张
第 张
XX职业技术学院
零件二
PH01-02

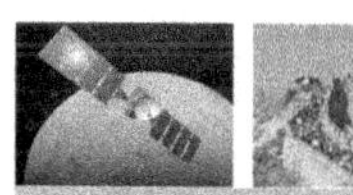
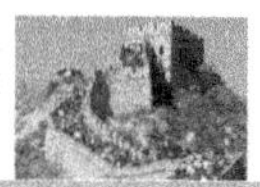
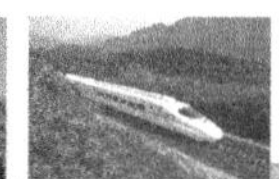
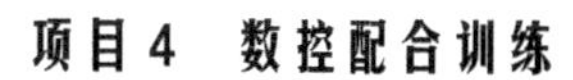

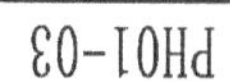

其余 6.3

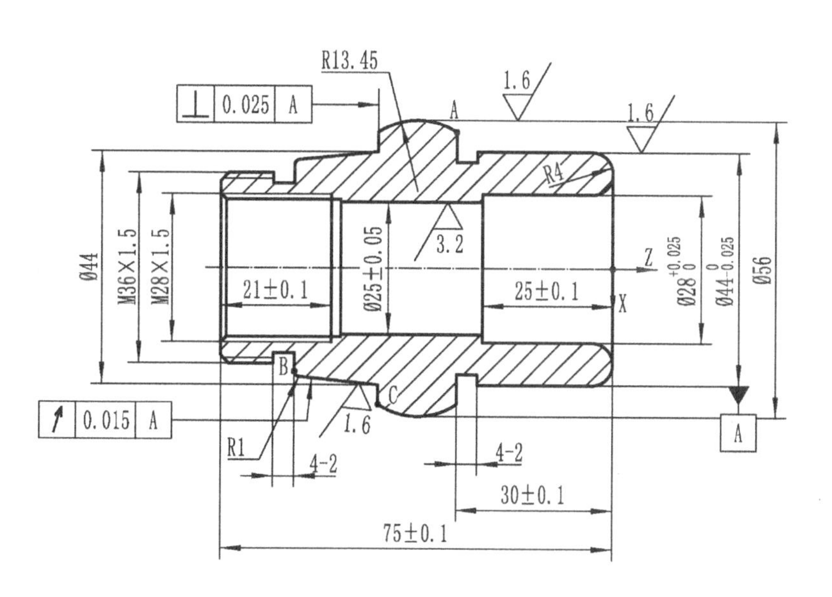

技术要求

1. 未注倒角均为C1,锐角倒钝C0.3.
2. 配合面配作。
3. 未注线性尺寸公差应符合GB/T1804-2000的要求。

特殊车床加工坐标系

A(X50.93,Z-30.0)

B(X40.0,Z-61.0)

C(X51.43,Z-45.0)

借(通)用件登记							
旧底图总号							
底图总号						45	XX职业技术学院
签字	标记	处数	更改文件名	签字	日期		
日期	设计					图样标记 / 重量 / 比例 1:1	零件三
档案员 / 日期			日期			共 张 / 第 张	PH01-03

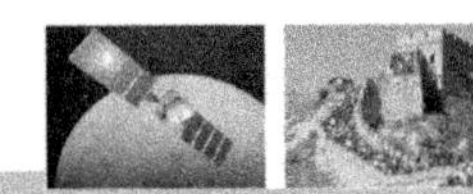
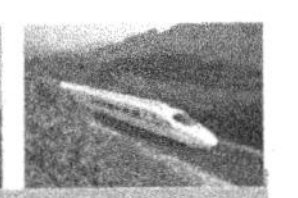

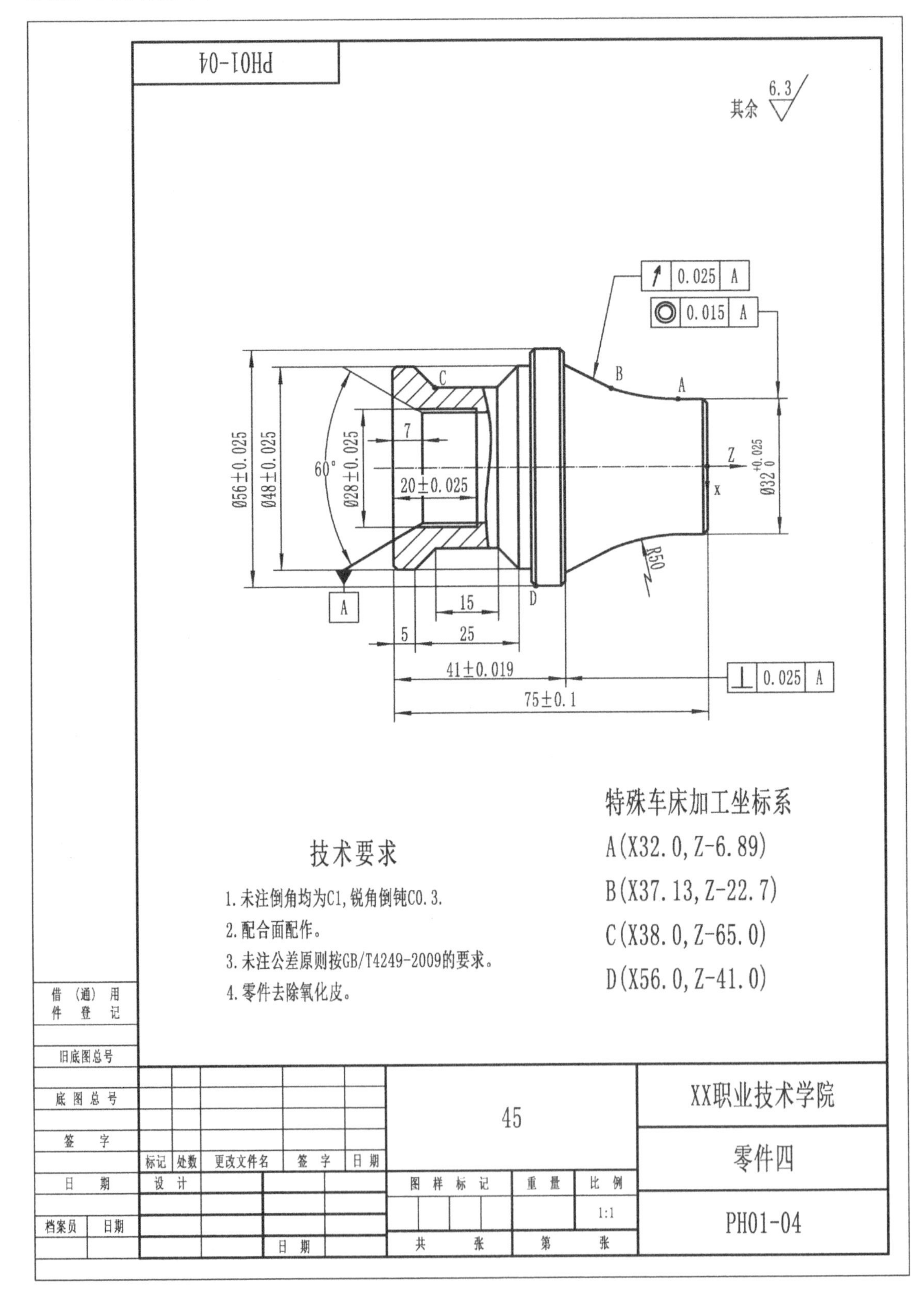

PH01-04
其余 6.3
0.025 A
0.015 A
B
A
C
7
60°
Ø56±0.025
Ø48±0.025
Ø28±0.025
20±0.025
Z
X
Ø32 +0.025 0
R50
A
D
15
5
25
41±0.019
0.025 A
75±0.1
特殊车床加工坐标系
A(X32.0,Z-6.89)
B(X37.13,Z-22.7)
C(X38.0,Z-65.0)
D(X56.0,Z-41.0)
技术要求
1.未注倒角均为C1,锐角倒钝C0.3.
2.配合面配作。
3.未注公差原则按GB/T4249-2009的要求。
4.零件去除氧化皮。
借（通）用件登记
旧底图总号
底图总号
签字
日期
档案员 日期
标记 处数 更改文件名 签字 日期
设计
日期
45
图样标记 重量 比例
1:1
共 张 第 张
XX职业技术学院
零件四
PH01-04

任务4.2 数控车床配合件2

实训目的

1．通过严格的精度测量，培养同学们的质量意识。

2．通过工时定额，培养同学们的效率意识。

实训器材

FANUC Series 0i-MC 数控铣床 FANUC 0i-TC 数控车床

实训内容

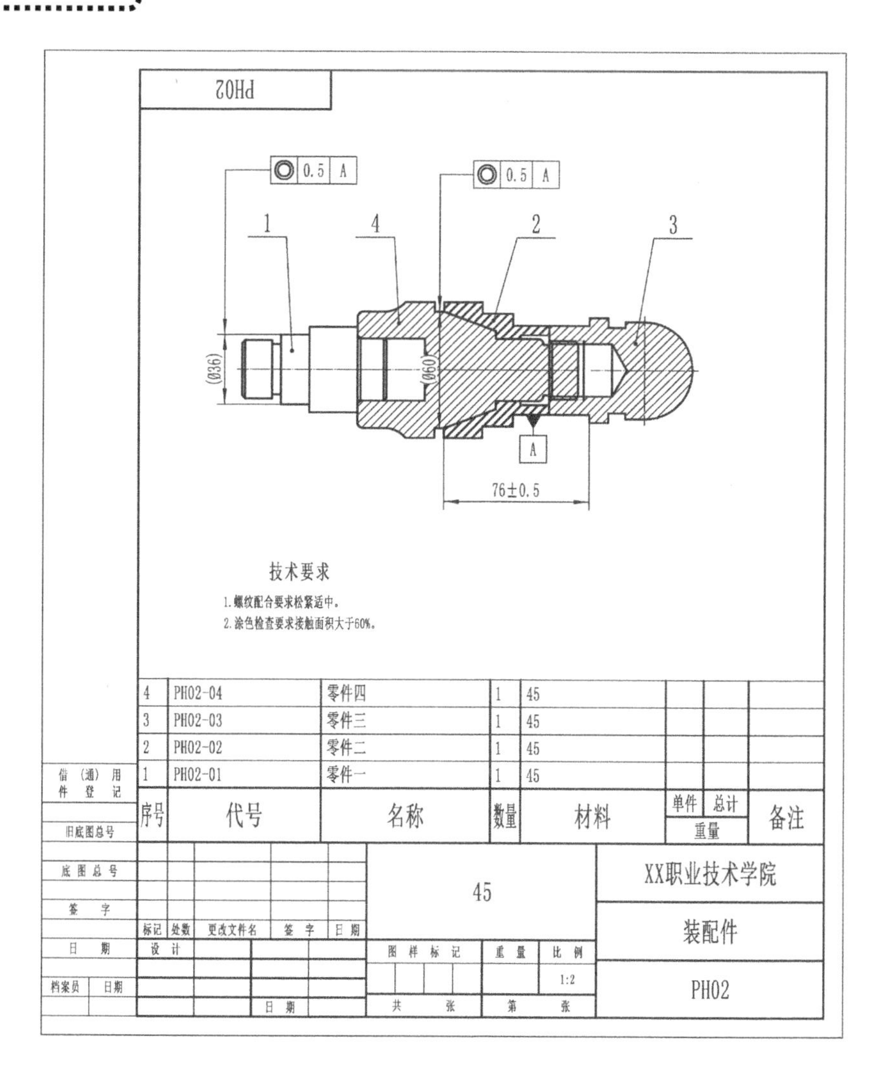

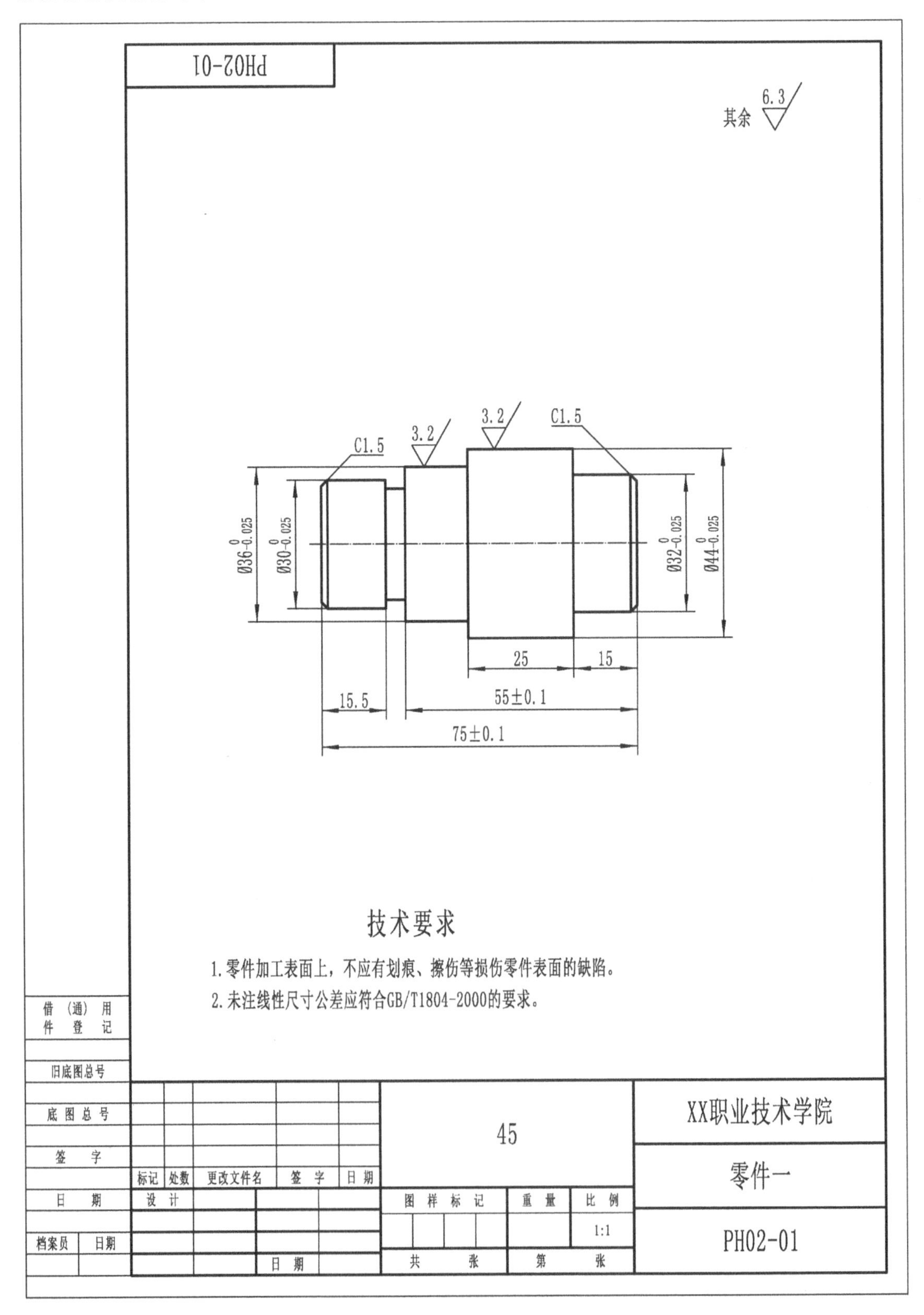
PH02-01
其余 6.3
C1.5
3.2
3.2
C1.5
Ø36-0.025 0
Ø30-0.025 0
Ø32-0.025 0
Ø44-0.025 0
25
15
15.5
55±0.1
75±0.1
技术要求
1. 零件加工表面上，不应有划痕、擦伤等损伤零件表面的缺陷。
2. 未注线性尺寸公差应符合GB/T1804-2000的要求。
借（通）用件登记
旧底图总号
底图总号
签字
日期
档案员
日期
标记
处数
更改文件名
签字
日期
设计
日期
45
图样标记
重量
比例
1:1
共 张
第 张
XX职业技术学院
零件一
PH02-01

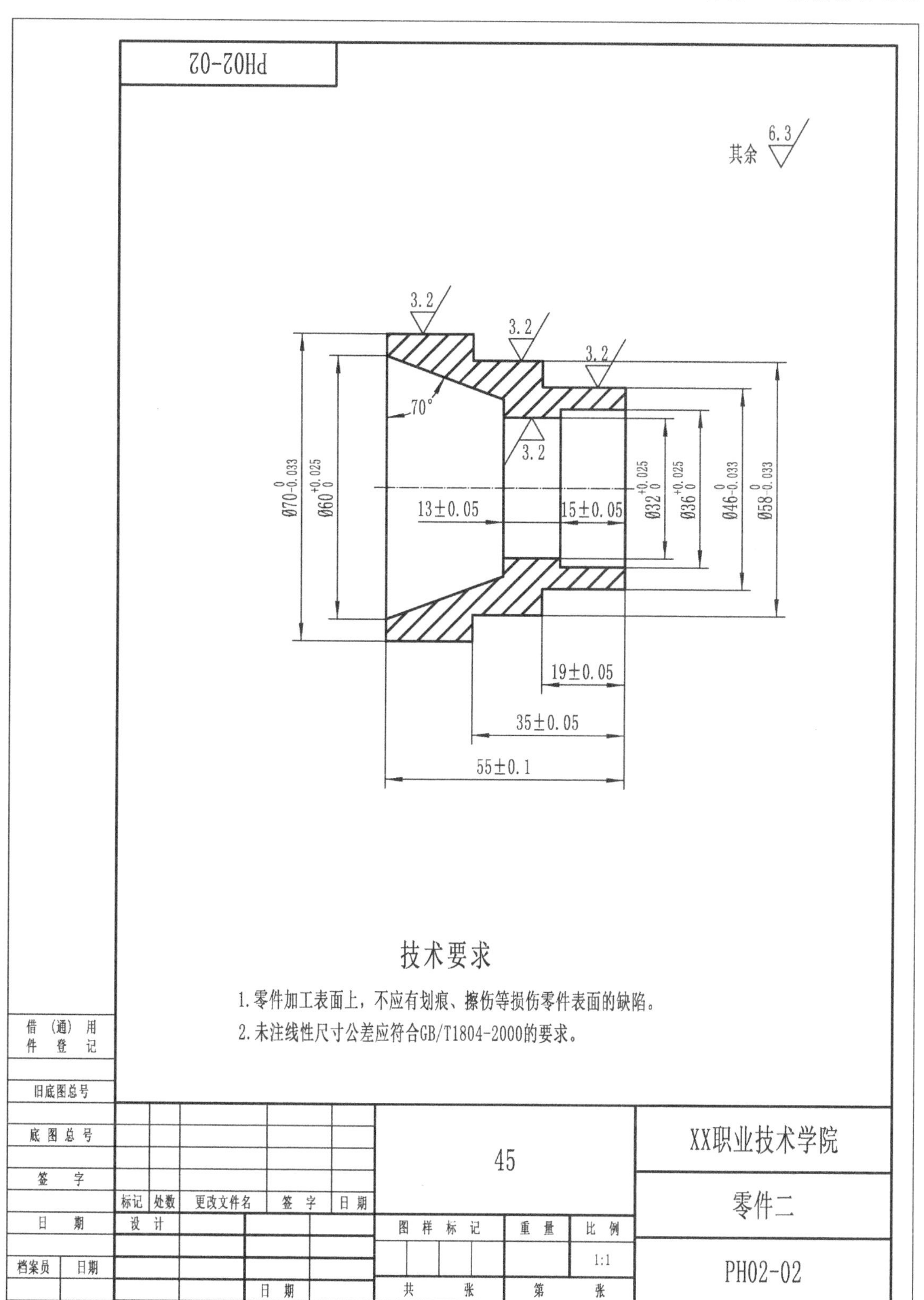
PH02-02
其余 6.3
3.2
3.2
3.2
3.2
70°
Ø70-0.033
Ø60+0.025
13±0.05
15±0.05
Ø32+0.025
Ø36+0.025
Ø46-0.033
Ø58-0.033
19±0.05
35±0.05
55±0.1
技术要求
1. 零件加工表面上，不应有划痕、擦伤等损伤零件表面的缺陷。
2. 未注线性尺寸公差应符合GB/T1804-2000的要求。
借（通）用件登记
旧底图总号
底图总号
签字
日期
档案员
日期
标记
处数
更改文件名
签字
日期
设计
日期
45
图样标记
重量
比例
1:1
共
张
第
张
XX职业技术学院
零件二
PH02-02

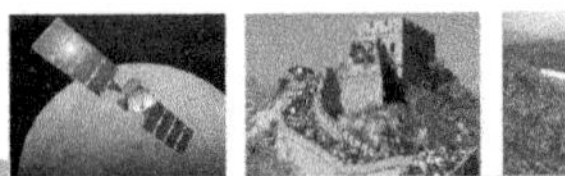

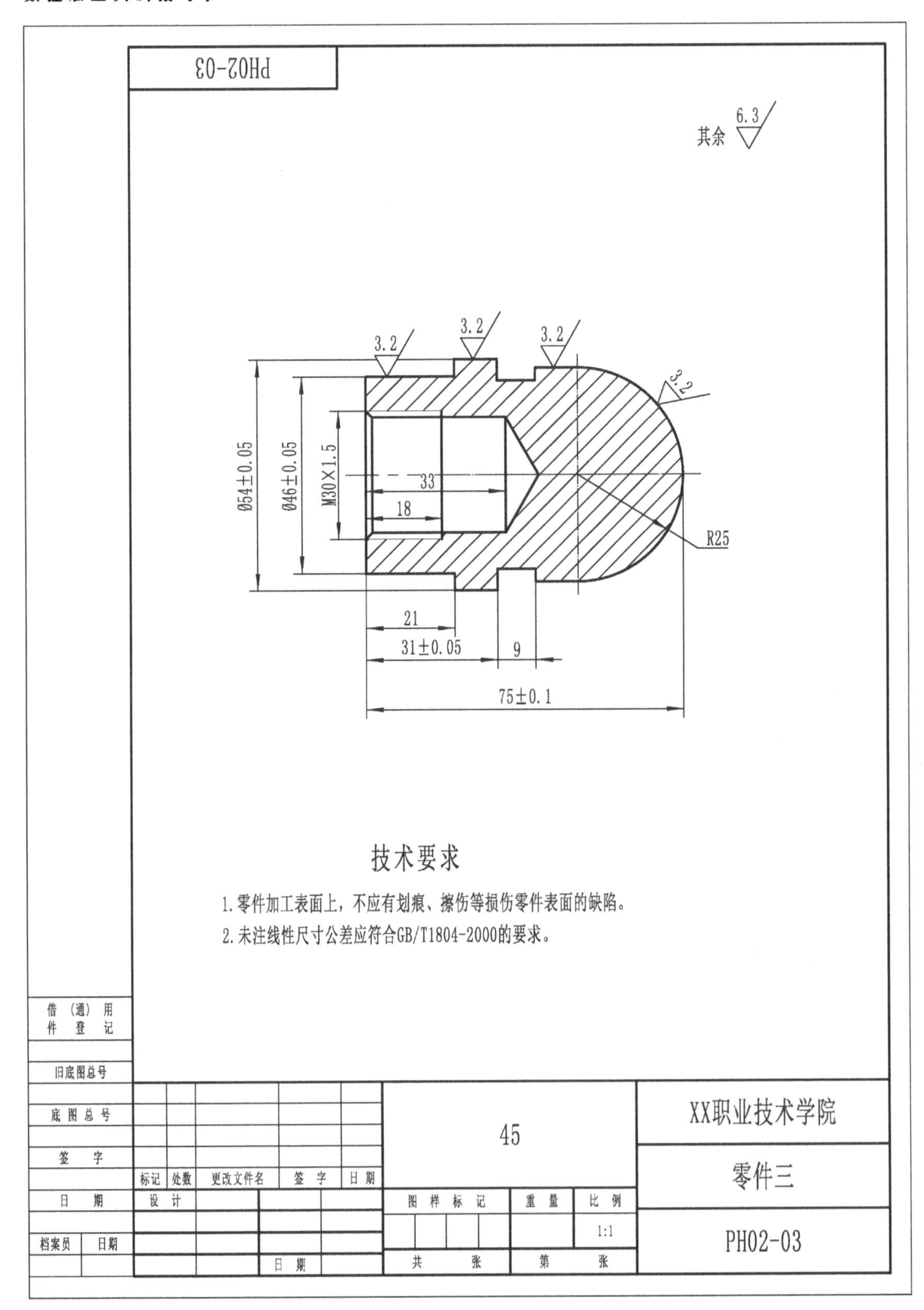
PH02-03
其余 6.3
3.2
3.2
3.2
3.2
Ø54±0.05
Ø46±0.05
M30×1.5
33
18
R25
21
31±0.05
9
75±0.1
技术要求
1. 零件加工表面上，不应有划痕、擦伤等损伤零件表面的缺陷。
2. 未注线性尺寸公差应符合GB/T1804-2000的要求。
借（通）用件登记
旧底图总号
底图总号
签字
日期
档案员
日期
标记
处数
更改文件名
签字
日期
设计
日期
45
图样标记
重量
比例
1:1
共　张
第　张
XX职业技术学院
零件三
PH02-03

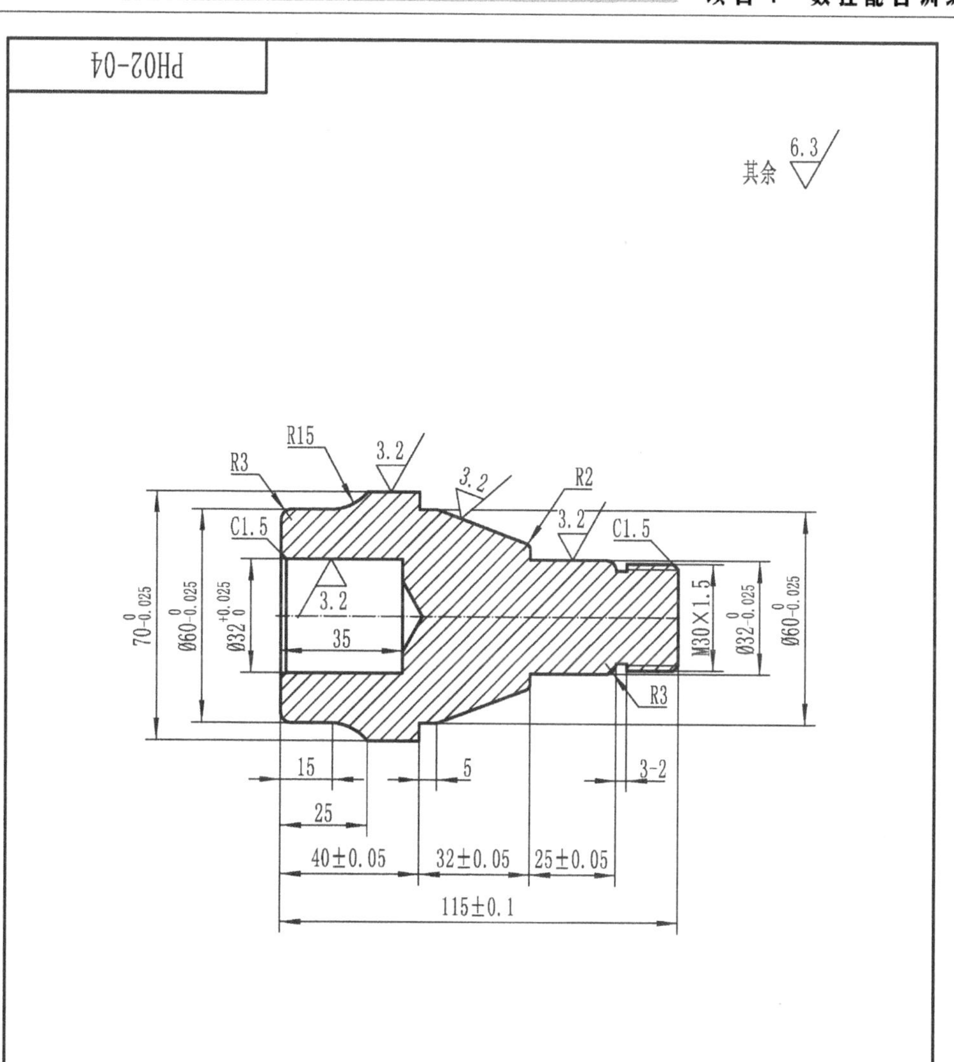

技术要求

1.零件加工表面上，不应有划痕、擦伤等损伤零件表面的缺陷。

2.未注线性尺寸公差应符合GB/T1804-2000的要求。

借（通）用件登记								
旧底图总号								
底图总号						45		XX职业技术学院
签 字								零件四
	标记	处数	更改文件名	签 字	日 期			
日 期	设 计					图样标记	重 量	比 例
档案员 日期								1:1.5
			日 期			共 张	第 张	PH02-04

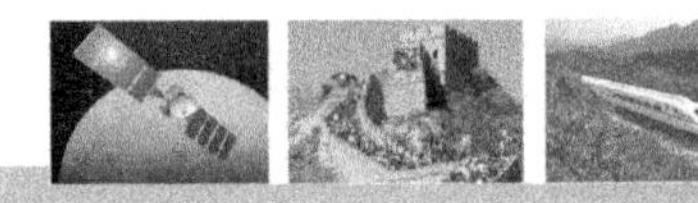

任务 4.3　数控车铣配合件

实训目的

1. 通过严格的精度测量，培养同学们的质量意识。
2. 通过工时定额，培养同学们的效率意识。

实训器材

FANUC Series 0i—MC 数控铣床　FANUC 0i—TC 数控车床

实训内容

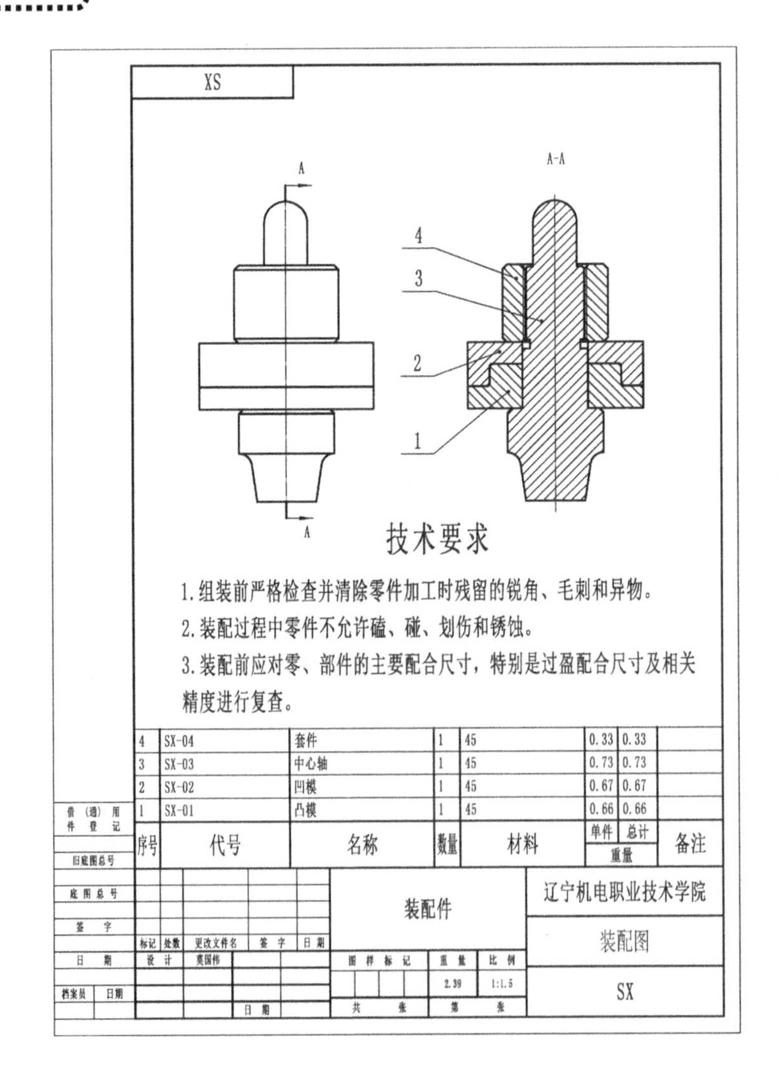

XS
A
A-A
4
3
2
1
A
技术要求
1. 组装前严格检查并清除零件加工时残留的锐角、毛刺和异物。
2. 装配过程中零件不允许磕、碰、划伤和锈蚀。
3. 装配前应对零、部件的主要配合尺寸，特别是过盈配合尺寸及相关精度进行复查。
4 SX-04 套件 1 45 0.33 0.33
3 SX-03 中心轴 1 45 0.73 0.73
2 SX-02 凹模 1 45 0.67 0.67
1 SX-01 凸模 1 45 0.66 0.66
序号 代号 名称 数量 材料 单件 总计 重量 备注
装配件
辽宁机电职业技术学院
装配图
SX
2.39
1:1.5

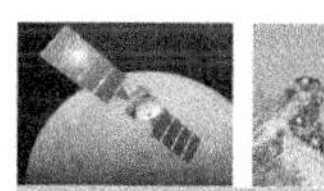
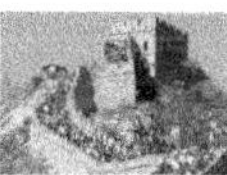

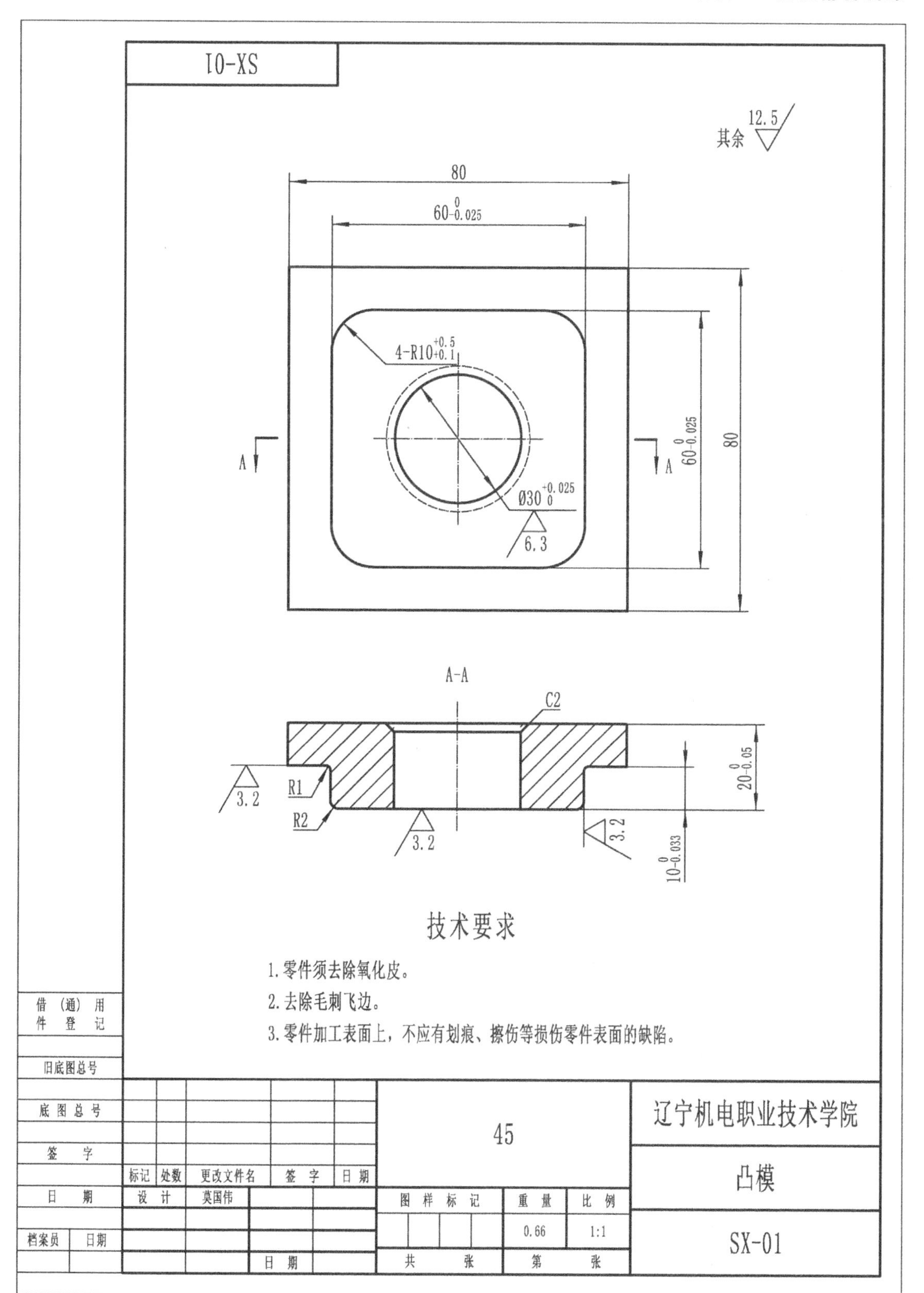

IO-XS
其余 12.5
80
60 0 -0.025
4-R10 +0.5 +0.1
Ø30 +0.025 0
6.3
A
A
60 0 -0.025
80
A-A
C2
R1
R2
3.2
3.2
3.2
20 0 -0.05
10 0 -0.033
技术要求
1. 零件须去除氧化皮。
2. 去除毛刺飞边。
3. 零件加工表面上，不应有划痕、擦伤等损伤零件表面的缺陷。
借（通）用件登记
旧底图总号
底图总号
签字
日期
档案员
日期
标记
处数
更改文件名
签字
日期
设计
莫国伟
日期
45
图样标记
重量
比例
0.66
1:1
共 张
第 张
辽宁机电职业技术学院
凸模
SX-01

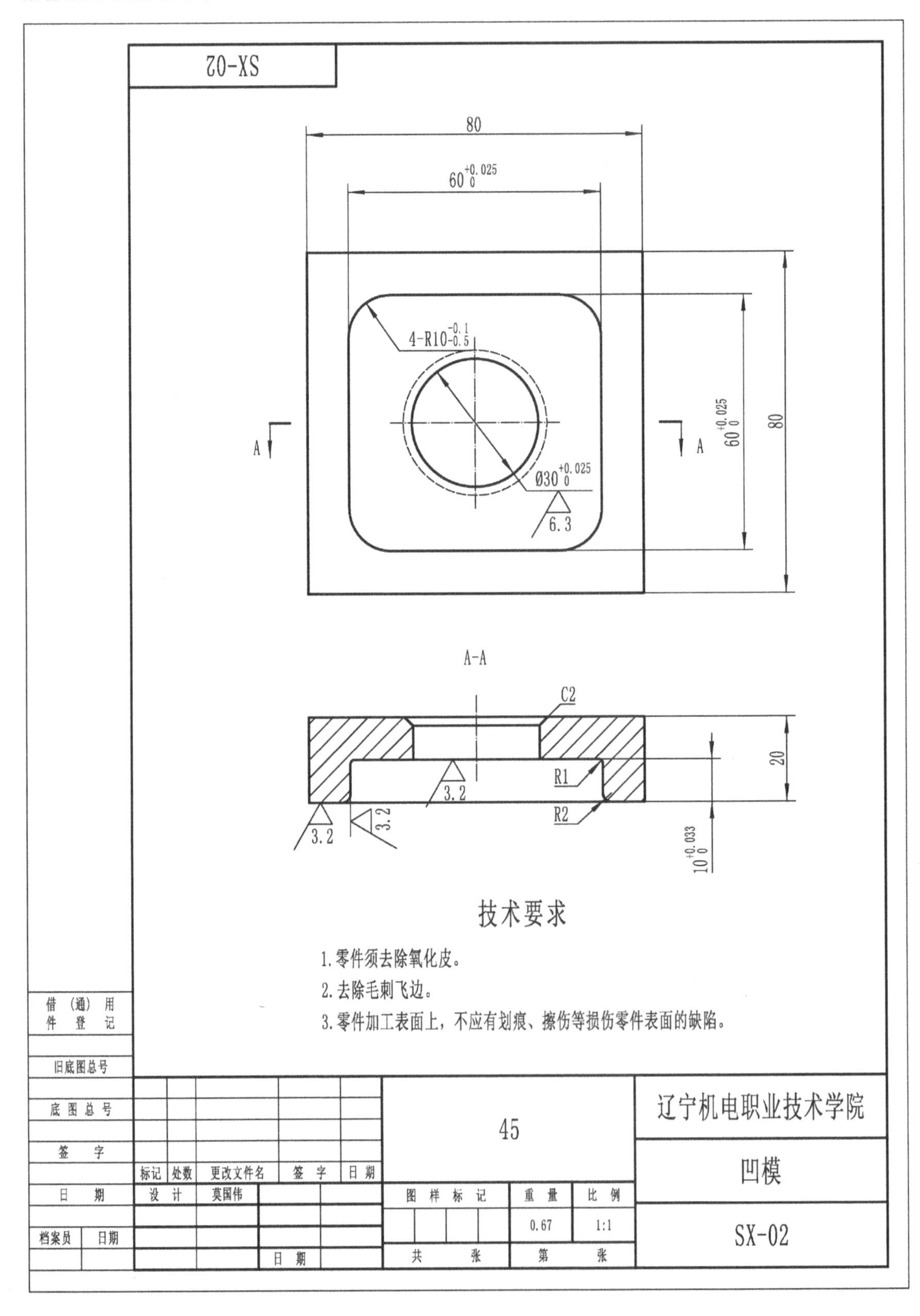

SX-02
80
60 +0.025 0
4-R10 -0.1 -0.5
Ø30 +0.025 0
6.3
A
A
60 +0.025 0
80
A-A
C2
R1
R2
3.2
3.2
3.2
20
10 +0.033 0
技术要求
1.零件须去除氧化皮。
2.去除毛刺飞边。
3.零件加工表面上，不应有划痕、擦伤等损伤零件表面的缺陷。
借（通）用件登记
旧底图总号
底图总号
签字
日期
档案员
日期
标记
处数
更改文件名
签字
日期
设计
莫国伟
日期
45
辽宁机电职业技术学院
凹模
SX-02
图样标记
重量
比例
0.67
1:1
共
张
第
张

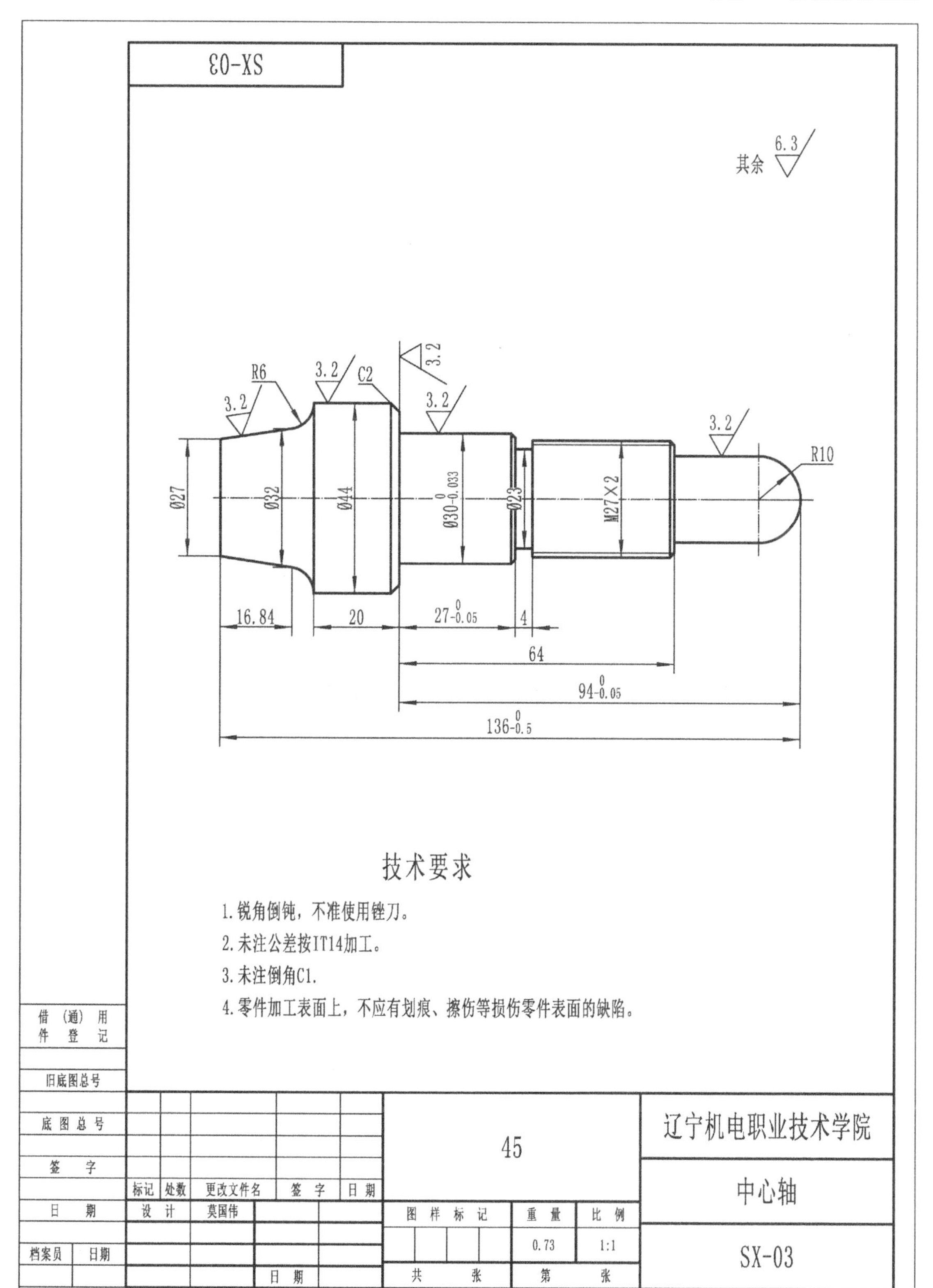

SX-03
其余 6.3
R6
3.2
C2
Ø27
Ø32
Ø44
Ø30-0.033
Ø23
M27×2
R10
16.84
20
27-0.05
4
64
94-0.05
136-0.5
技术要求
1. 锐角倒钝，不准使用锉刀。
2. 未注公差按IT14加工。
3. 未注倒角C1。
4. 零件加工表面上，不应有划痕、擦伤等损伤零件表面的缺陷。
借（通）用件登记
旧底图总号
底图总号
签字
日期
档案员 日期
标记 处数 更改文件名 签字 日期
设计 莫国伟
日期
45
图样标记 重量 比例
0.73 1:1
共 张 第 张
辽宁机电职业技术学院
中心轴
SX-03

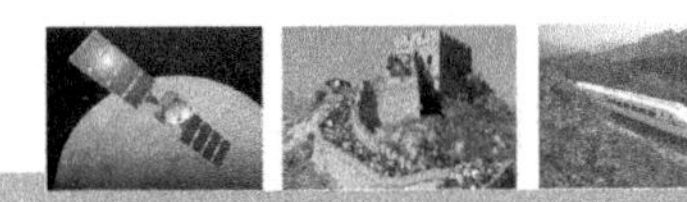

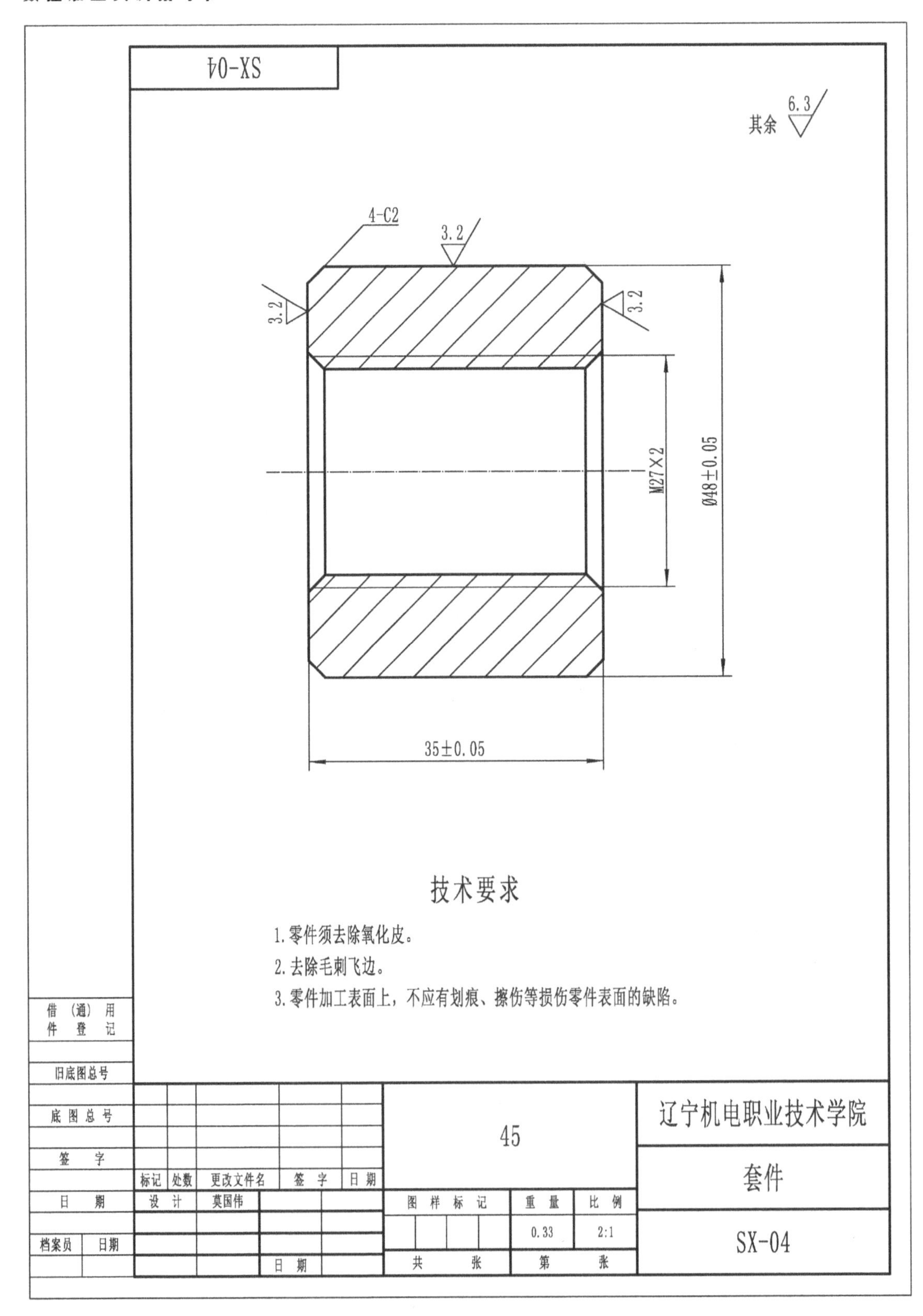
SX-04
其余 6.3
4-C2
3.2
3.2
3.2
M27×2
Ø48±0.05
35±0.05
技术要求
1.零件须去除氧化皮。
2.去除毛刺飞边。
3.零件加工表面上，不应有划痕、擦伤等损伤零件表面的缺陷。
借（通）用件登记
旧底图总号
底图总号
签字
日期
档案员 日期
标记 处数 更改文件名 签字 日期
设计 莫国伟
日期
45
图样标记
重量
比例
0.33
2:1
共 张
第 张
辽宁机电职业技术学院
套件
SX-04

数控加工工艺卡片

	数控加工工序卡片		产品型号		零件图号				
			产品名称		零件名称				
材料牌号		毛坯种类		毛坯外形尺寸		备注			
工序号	工序名称	设备名称	设备型号	程序编号	夹具代号	夹具名称	冷却液	车间	
工步号	工步内容	刀具号	刀具	量具及检具	主轴转速（r/min）	切削速度（m/min）	进给速度（mm/min）	背吃刀量（mm）	备注
编制		审核		批准		共　页	第　页		

数控加工程序清单

××职业技术学院		数控加工程序清单	组别	学号	姓名
情境名称		使用设备		成绩	
零件图号		数控系统			
程序名		子程序名			
		工步及刀具		说明	

工件质量及职业素养（现场操作规范）评分标准

序号	评定项目		配分	评分标准	扣分	得分
1	长度		20～30 分	每超差 0.01 扣 1 分		
2	螺纹		6～20 分	每超差 0.02 扣 1 分		
3	圆弧		6～25 分	超差不得分		
4	几何公差		0～6 分	每超差 0.01 扣 1 分		
5	外观	粗糙度 *Ra*	6～12 分	每处 *Ra* 值增大 1 级扣 1 分		
		倒角、倒锐	2～8 分	每超差 1 处扣 1 分		
		有无损伤	0～5 分	有损伤不得分		
6	工/量具与设备使用		20 分	工具、量具混放扣 2 分		
				量具掉地上每次扣 2 分		
				量具测量方法不对扣 1 分		
				钻孔操作戴手套扣 5 分		
				台式钻床转速选用不当扣 5 分		
				锯切姿势不正确扣 2 分		
				锯切速度不合理扣 2 分		
				锉削姿势不正确扣 2 分		
				锉削速度不合理扣 2 分		
7	安全文明生产		10 分	未穿工作服扣 10 分		
				工作服穿戴不整齐规范扣 5 分		
				工具、量具摆放不整齐扣 2 分		
				操作工位旁不整洁扣 2 分		
				操作时发生安全小事故扣 2 分		
8	否决项		本项目出现任意一项，按零分处理	不服从实训安排		
				严重违反安全与文明生产规程		
				违反设备操作规程		
				发生重大事故		
合计						
测试人员签名						
测评人员签名						
教师签名						

项目5

数控加工训练图集

实训目的

1．掌握数控车床常见的加工零件编程与加工工艺。

2．掌握数控铣床常见的加工零件编程与加工工艺。

实训任务

任务 5.1 数控车床图集

任务 5.2 数控铣床图集

任务 5.1 数控车床图集

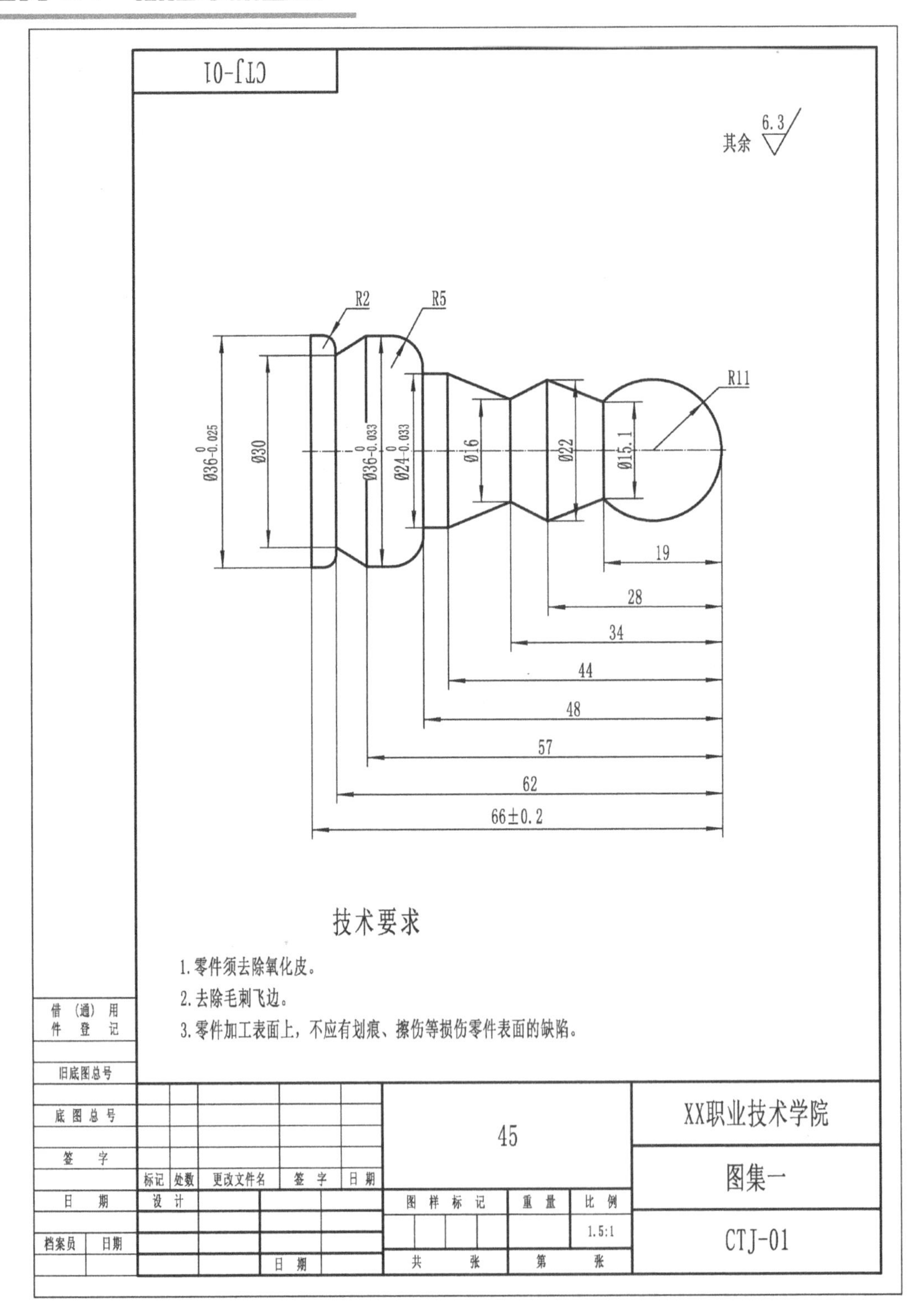
CTJ-01
其余 6.3
R2
R5
R11
Ø36-0.025
Ø30
Ø36-0.033
Ø24-0.033
Ø16
Ø22
Ø15.1
19
28
34
44
48
57
62
66±0.2
技术要求
1.零件须去除氧化皮。
2.去除毛刺飞边。
3.零件加工表面上，不应有划痕、擦伤等损伤零件表面的缺陷。
借（通）用件登记
旧底图总号
底图总号
签字
日期
档案员
日期
标记
处数
更改文件名
签字
日期
设计
日期
45
图样标记
重量
比例
1.5:1
共 张
第 张
XX职业技术学院
图集一
CTJ-01

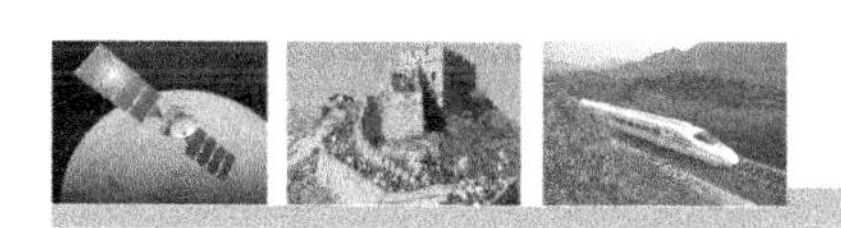

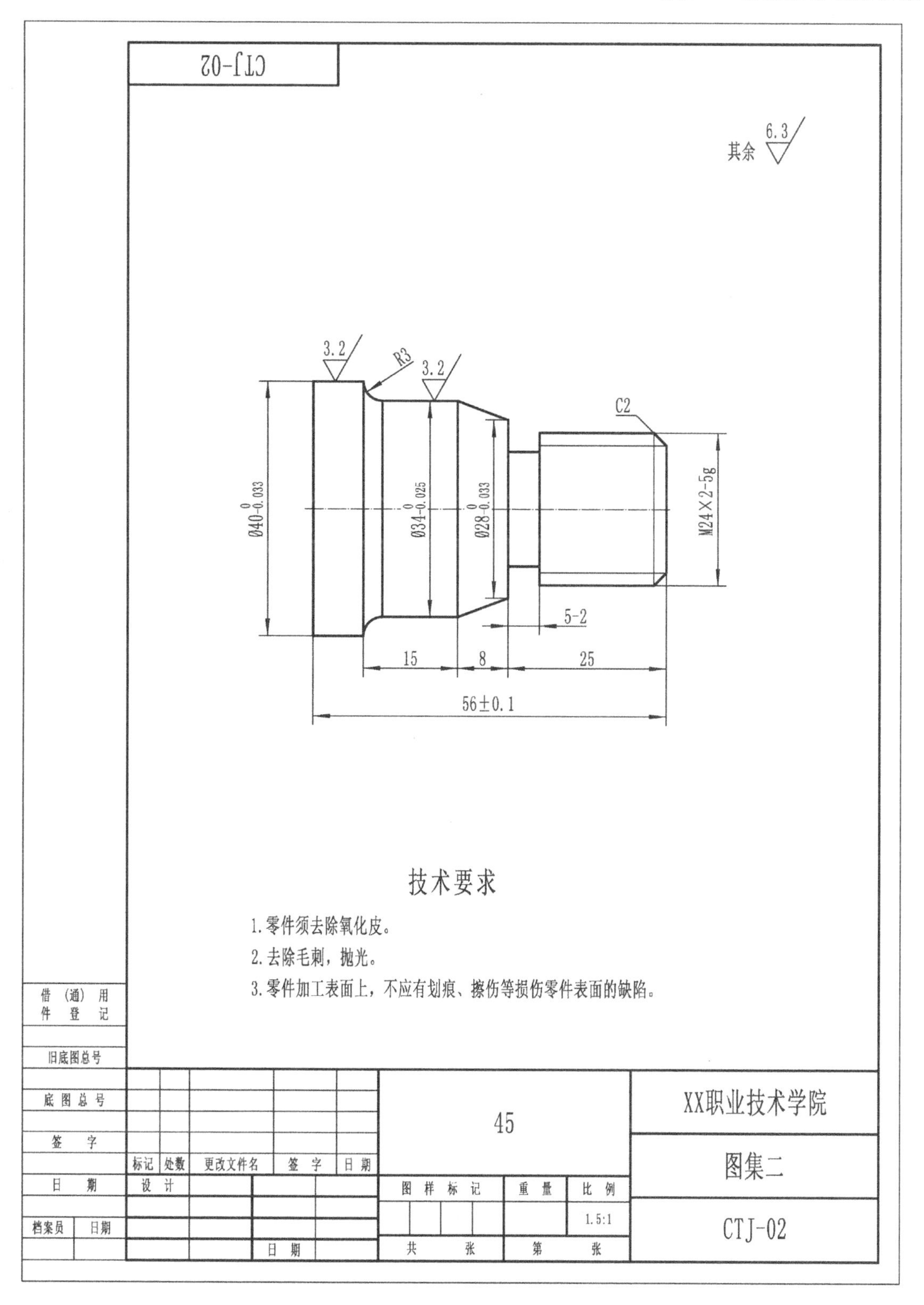
CTJ-02
其余 6.3
3.2
R3
3.2
C2
Ø40-0.033
Ø34-0.025
Ø28-0.033
M24×2-5g
5-2
15
8
25
56±0.1
技术要求
1.零件须去除氧化皮。
2.去除毛刺，抛光。
3.零件加工表面上，不应有划痕、擦伤等损伤零件表面的缺陷。
借（通）用件登记
旧底图总号
底图总号
签字
日期
档案员
日期
标记
处数
更改文件名
签字
日期
设计
日期
45
图样标记
重量
比例
1.5:1
共 张
第 张
XX职业技术学院
图集二
CTJ-02

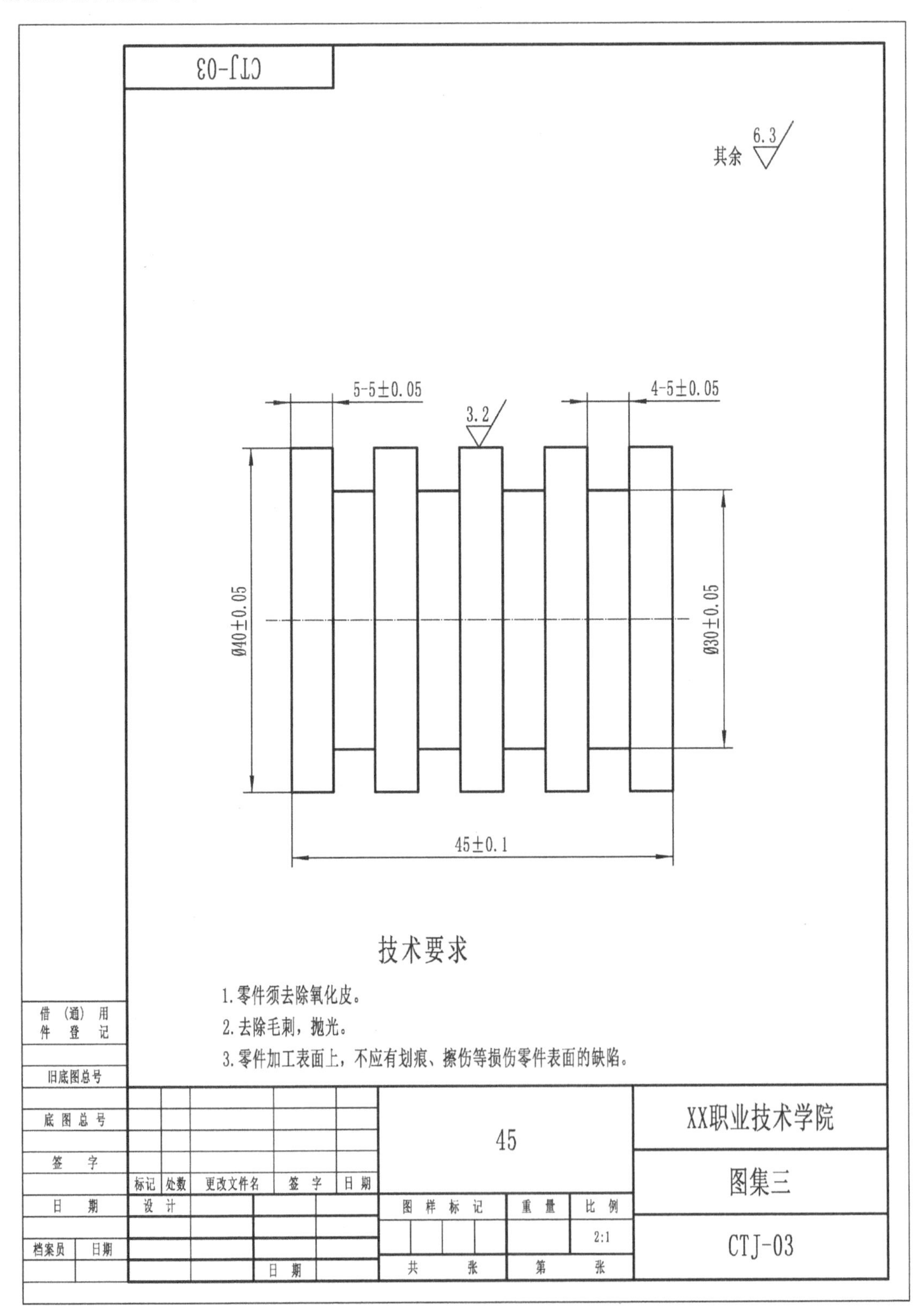
CTJ-03
其余 6.3
5-5±0.05
3.2
4-5±0.05
Ø40±0.05
Ø30±0.05
45±0.1
技术要求
1. 零件须去除氧化皮。
2. 去除毛刺，抛光。
3. 零件加工表面上，不应有划痕、擦伤等损伤零件表面的缺陷。
借（通）用件登记
旧底图总号
底图总号
签字
日期
档案员
日期
标记
处数
更改文件名
签字
日期
设计
日期
45
图样标记
重量
比例
2:1
共 张
第 张
XX职业技术学院
图集三
CTJ-03

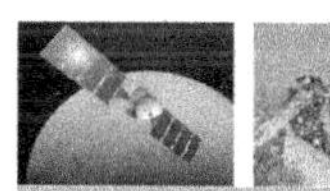  

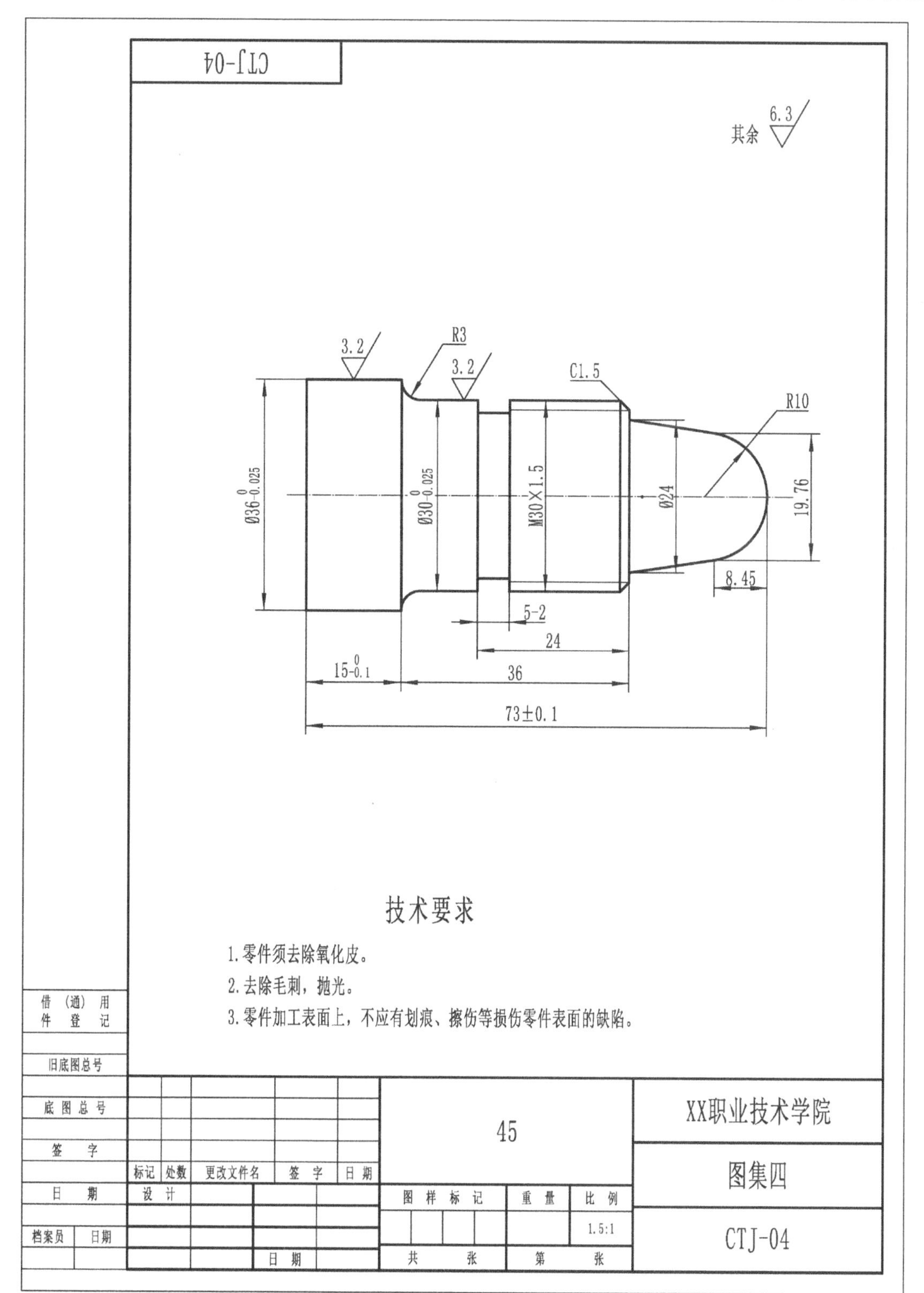
CTJ-04
其余 6.3
3.2
R3
3.2
C1.5
R10
Ø36 0 -0.025
Ø30 0 -0.025
M30×1.5
Ø24
19.76
8.45
5-2
24
15 0 -0.1
36
73±0.1
技术要求
1.零件须去除氧化皮。
2.去除毛刺，抛光。
3.零件加工表面上，不应有划痕、擦伤等损伤零件表面的缺陷。
借（通）用件登记
旧底图总号
底图总号
签字
日期
档案员
日期
标记
处数
更改文件名
签字
日期
设计
日期
45
图样标记
重量
比例
1.5:1
共 张
第 张
XX职业技术学院
图集四
CTJ-04

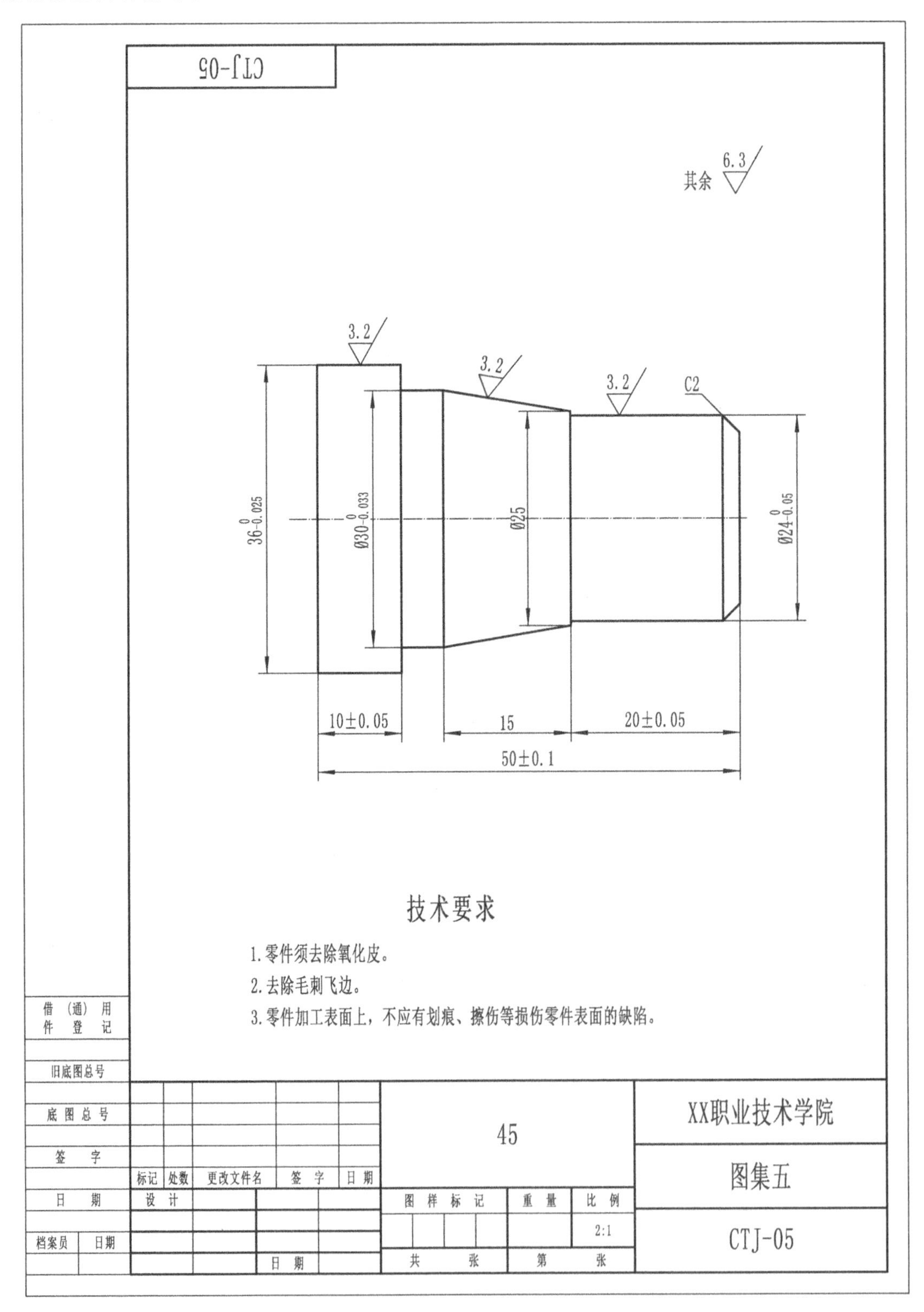
CTJ-05
其余 6.3
3.2
3.2
3.2
C2
$36^{0}_{-0.025}$
$Ø30^{0}_{-0.033}$
Ø25
$Ø24^{0}_{-0.05}$
10±0.05
15
20±0.05
50±0.1
技术要求
1.零件须去除氧化皮。
2.去除毛刺飞边。
3.零件加工表面上，不应有划痕、擦伤等损伤零件表面的缺陷。
借（通）用件登记
旧底图总号
底图总号
签字
日期
档案员
日期
标记
处数
更改文件名
签字
日期
设计
日期
45
图样标记
重量
比例
2:1
共 张
第 张
XX职业技术学院
图集五
CTJ-05

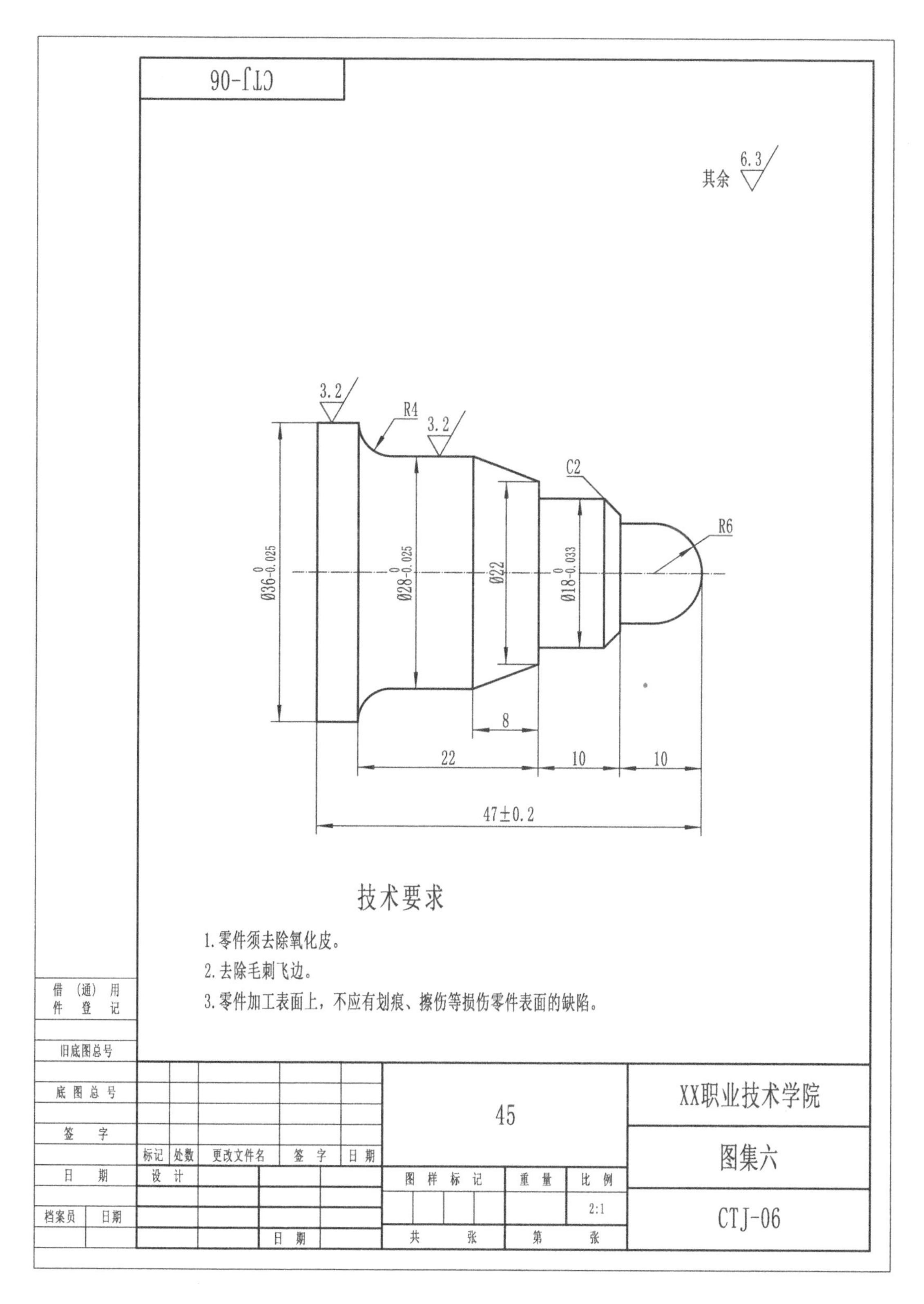

CTJ-06
其余 6.3
3.2
R4
3.2
C2
R6
Ø36-0.025 0
Ø28-0.025 0
Ø22
Ø18-0.033 0
8
22
10
10
47±0.2
技术要求
1. 零件须去除氧化皮。
2. 去除毛刺飞边。
3. 零件加工表面上，不应有划痕、擦伤等损伤零件表面的缺陷。
借（通）用件登记
旧底图总号
底图总号
签字
日期
档案员
日期
标记
处数
更改文件名
签字
日期
设计
日期
45
图样标记
重量
比例
2:1
共 张
第 张
XX职业技术学院
图集六
CTJ-06

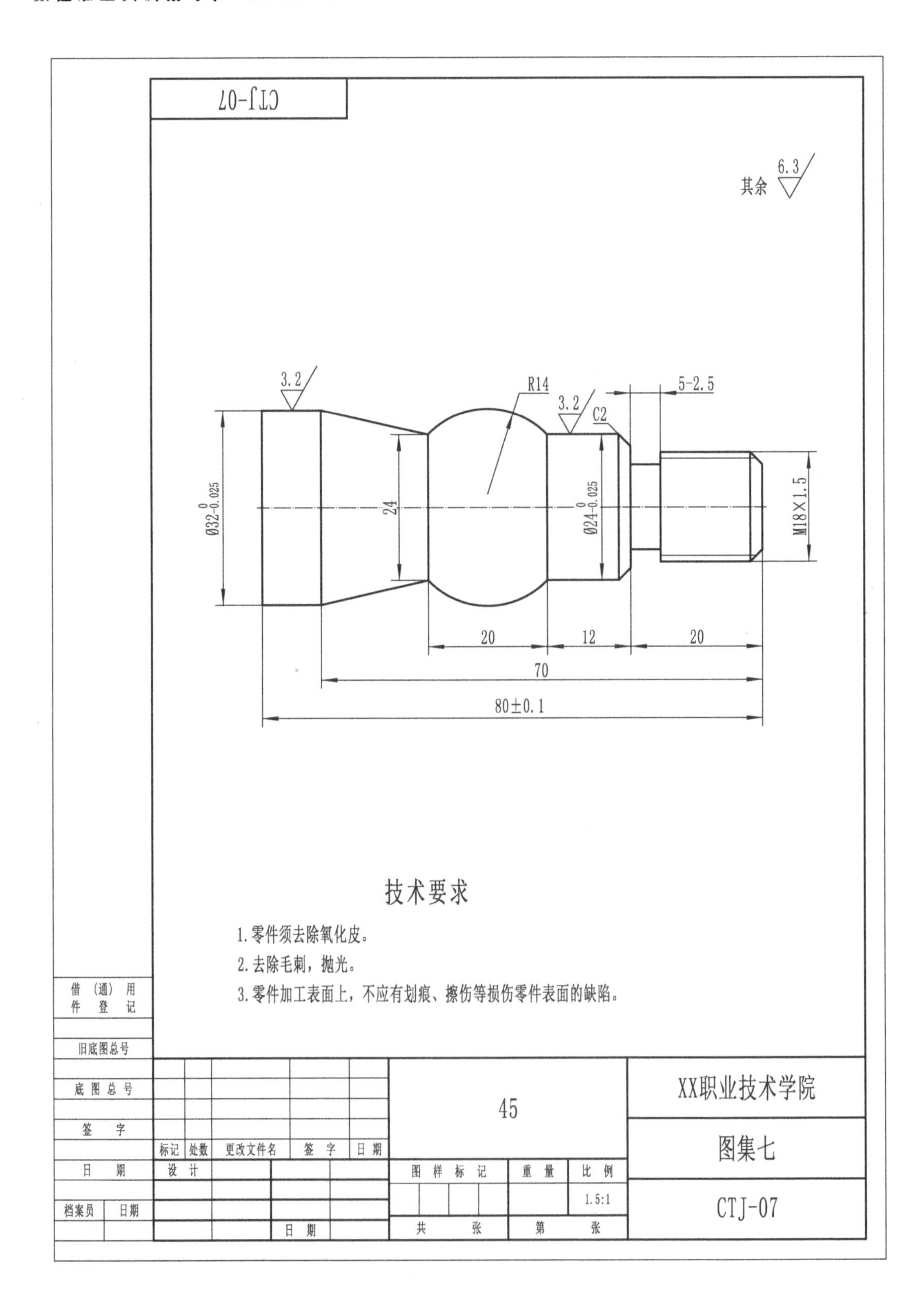
CTJ-07
其余 6.3
3.2
R14
3.2
C2
5-2.5
Ø32-0.025 0
24
Ø24-0.025 0
M18×1.5
20
12
20
70
80±0.1
技术要求
1.零件须去除氧化皮。
2.去除毛刺，抛光。
3.零件加工表面上，不应有划痕、擦伤等损伤零件表面的缺陷。
借（通）用件登记
旧底图总号
底图总号
签字
日期
档案员
日期
标记
处数
更改文件名
签字
日期
设计
日期
45
图样标记
重量
比例
1.5:1
共 张
第 张
XX职业技术学院
图集七
CTJ-07

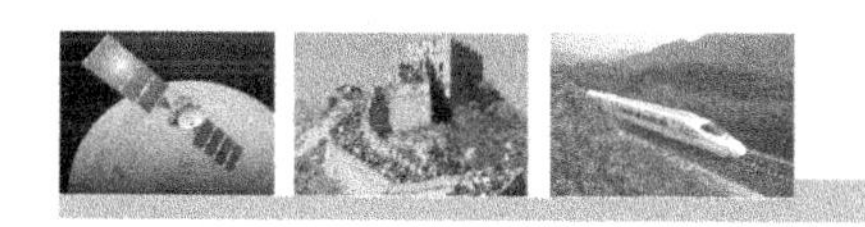

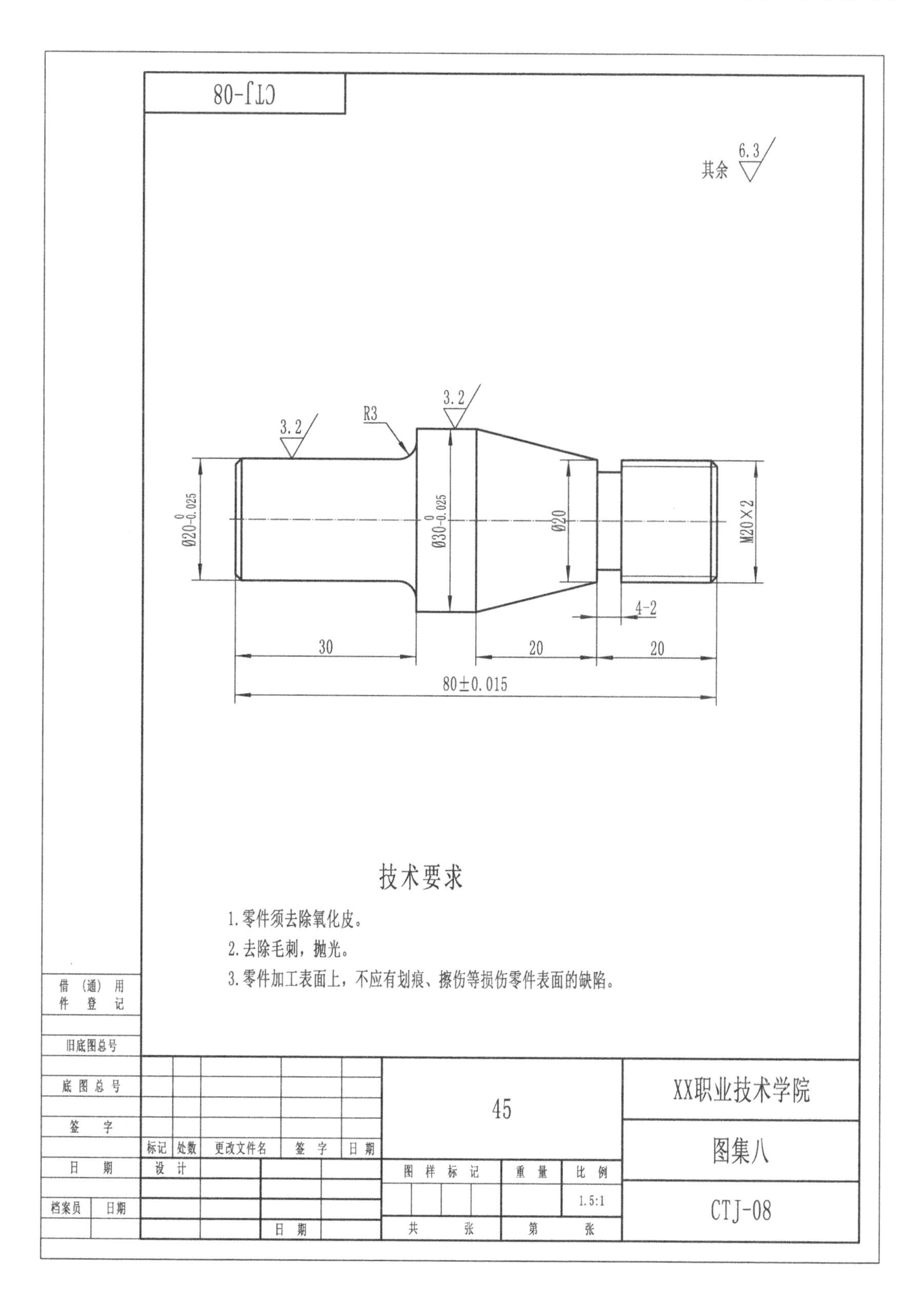
CTJ-08
其余 6.3
3.2
R3
3.2
Ø20-0.025 0
Ø30-0.025 0
Ø20
M20×2
4-2
30
20
20
80±0.015
技术要求
1.零件须去除氧化皮。
2.去除毛刺，抛光。
3.零件加工表面上，不应有划痕、擦伤等损伤零件表面的缺陷。
借（通）用件登记
旧底图总号
底图总号
签字
日期
档案员 日期
标记 处数 更改文件名 签字 日期
设计
日期
45
图样标记 重量 比例
1.5:1
共 张 第 张
XX职业技术学院
图集八
CTJ-08

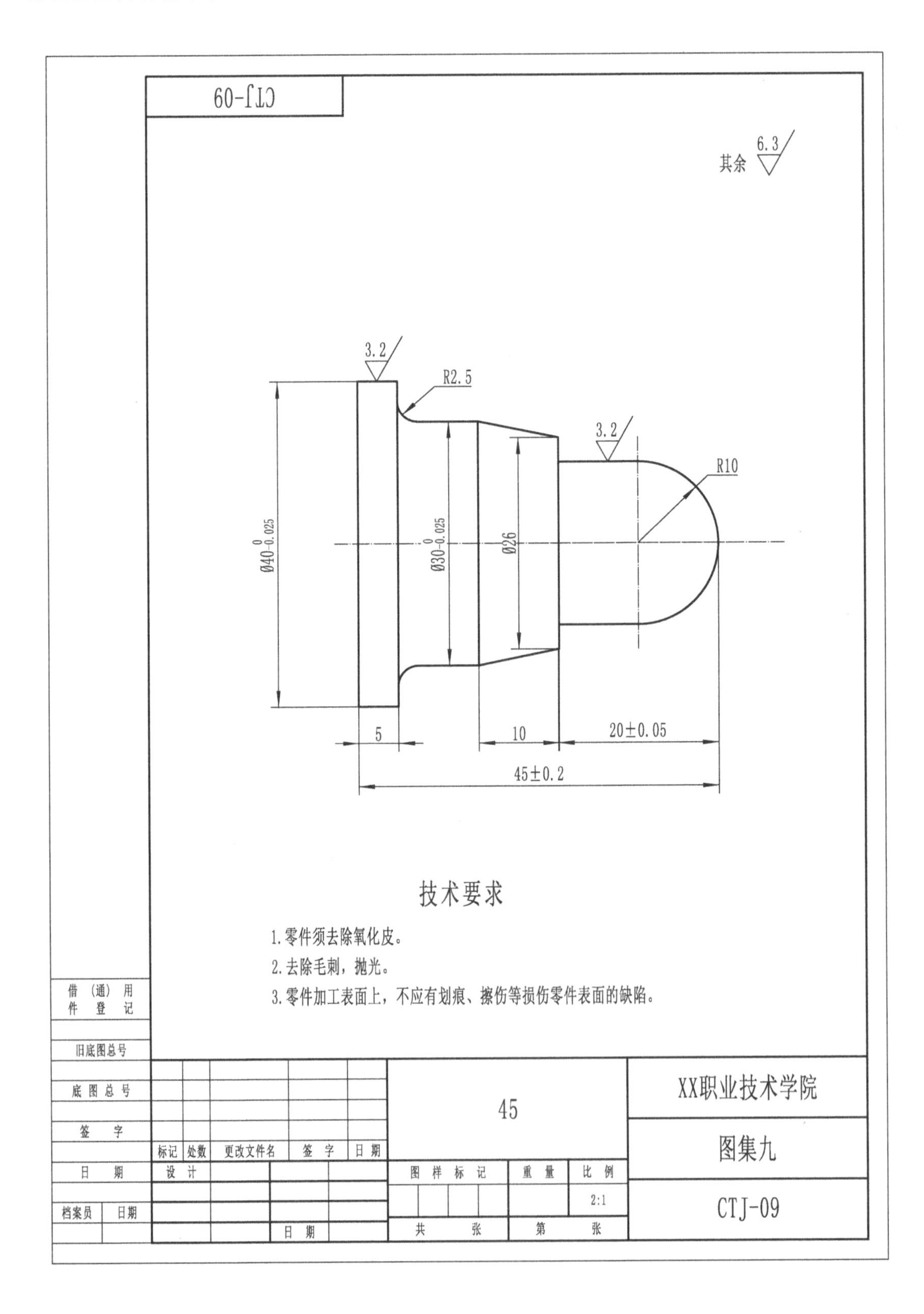
CTJ-09
其余 6.3
3.2
R2.5
3.2
R10
Ø40 0 -0.025
Ø30 0 -0.025
Ø26
5
10
20±0.05
45±0.2
技术要求
1.零件须去除氧化皮。
2.去除毛刺，抛光。
3.零件加工表面上，不应有划痕、擦伤等损伤零件表面的缺陷。
借（通）用件登记
旧底图总号
底图总号
签字
日期
档案员 日期
标记 处数 更改文件名 签字 日期
设计
日期
45
图样标记 重量 比例
2:1
共 张 第 张
XX职业技术学院
图集九
CTJ-09

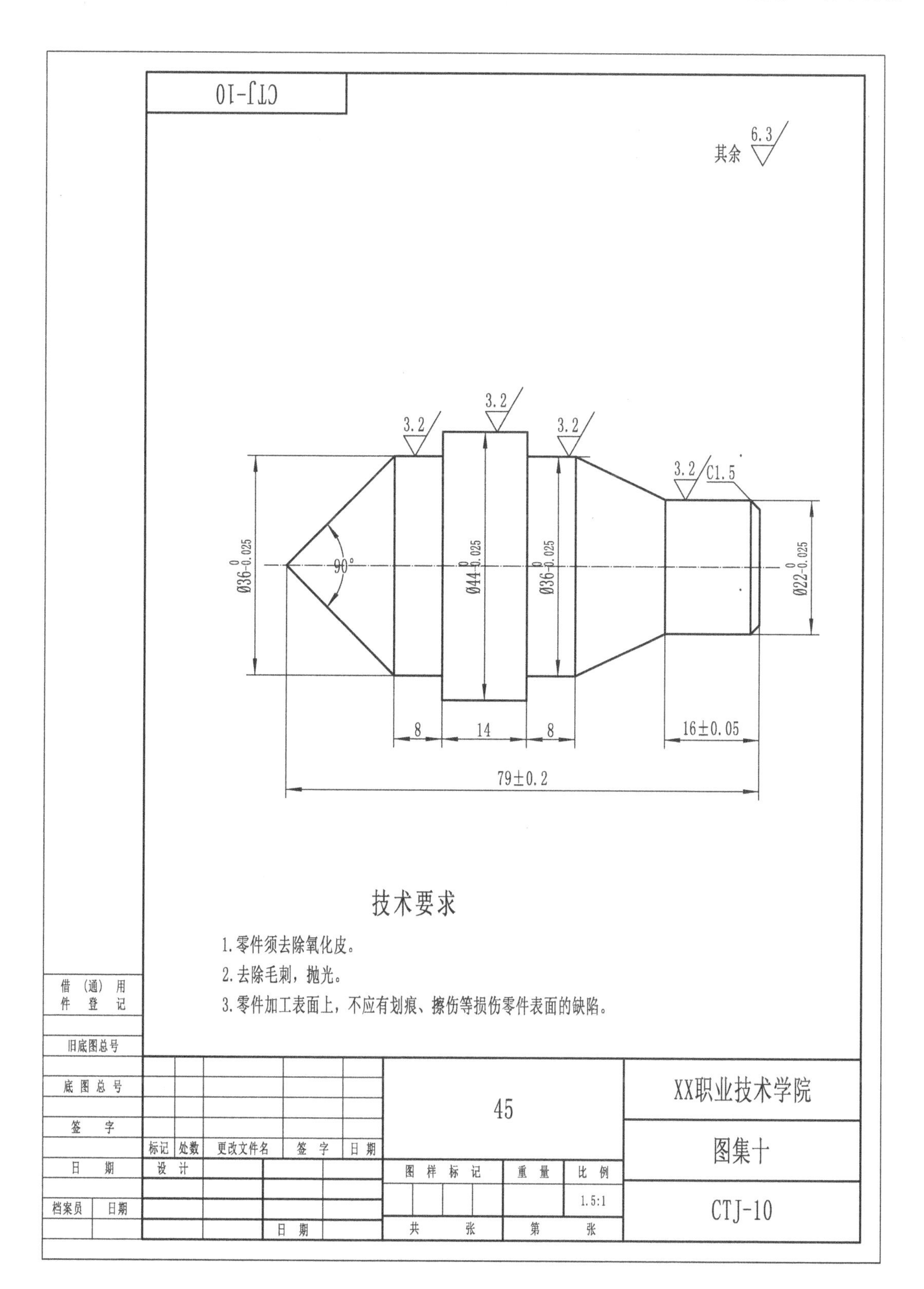
CTJ-10
其余 6.3
3.2
3.2
3.2
3.2
C1.5
90°
Ø36-0.025 0
Ø44-0.025 0
Ø36-0.025 0
Ø22-0.025 0
8
14
8
16±0.05
79±0.2
技术要求
1. 零件须去除氧化皮。
2. 去除毛刺，抛光。
3. 零件加工表面上，不应有划痕、擦伤等损伤零件表面的缺陷。
借（通）用件登记
旧底图总号
底图总号
签字
日期
档案员
日期
标记
处数
更改文件名
签字
日期
设计
日期
45
图样标记
重量
比例
1.5:1
共 张
第 张
XX职业技术学院
图集十
CTJ-10

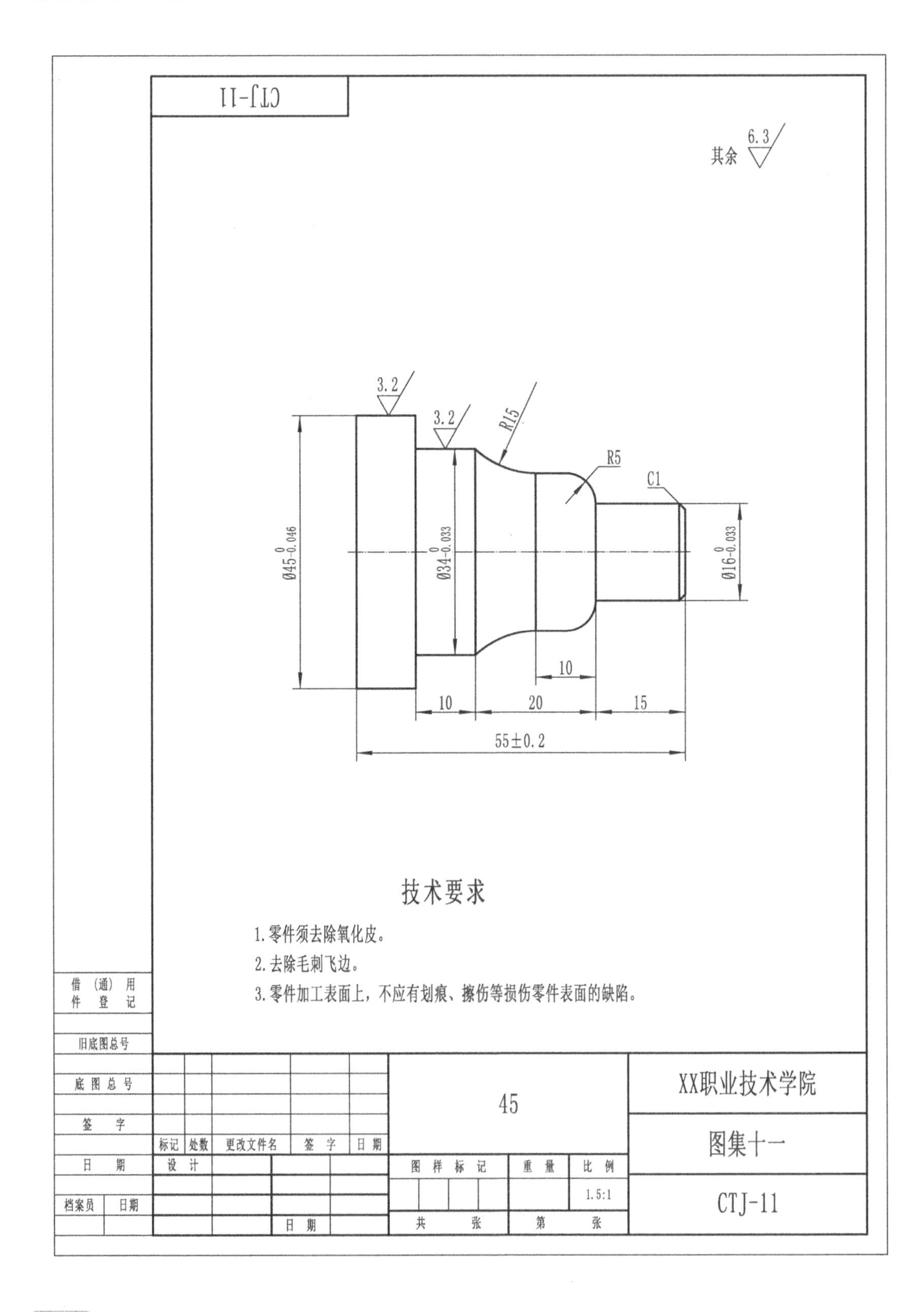
CTJ-11
其余 6.3
3.2
3.2
R15
R5
C1
Ø45 0 -0.046
Ø34 0 -0.033
Ø16 0 -0.033
10
10
20
15
55±0.2
技术要求
1. 零件须去除氧化皮。
2. 去除毛刺飞边。
3. 零件加工表面上，不应有划痕、擦伤等损伤零件表面的缺陷。
借（通）用件登记
旧底图总号
底图总号
签字
日期
档案员
日期
标记
处数
更改文件名
签字
日期
设计
日期
45
图样标记
重量
比例
1.5:1
共　张
第　张
XX职业技术学院
图集十一
CTJ-11

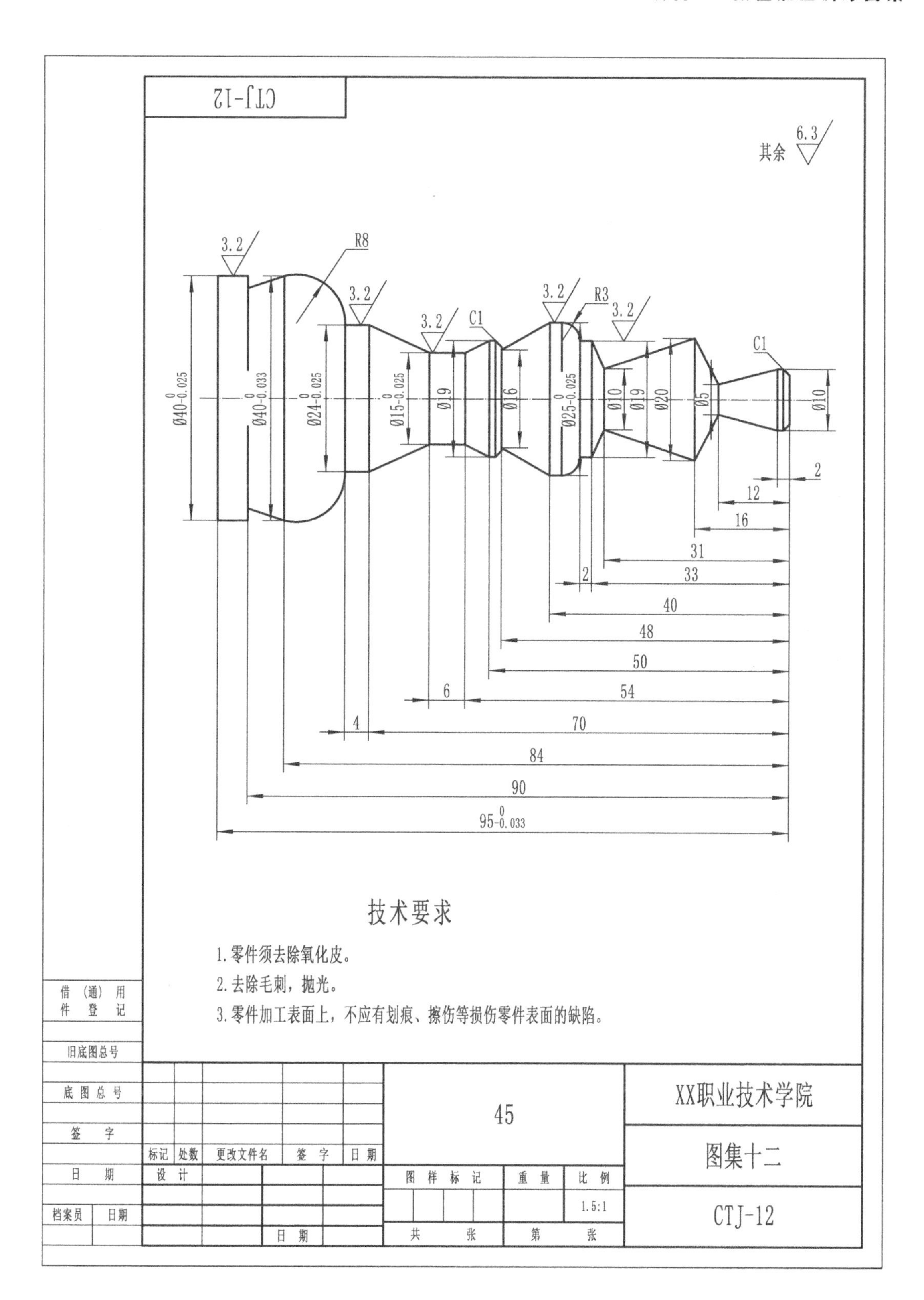
CTJ-12
其余 6.3
3.2
R8
3.2
3.2
C1
3.2
R3
3.2
C1
Ø40-0.025
Ø40-0.033
Ø24-0.025
Ø15-0.025
Ø19
Ø16
Ø25-0.025
Ø10
Ø19
Ø20
Ø5
Ø10
2
12
16
31
2
33
40
48
50
6
54
4
70
84
90
95-0.033
技术要求
1.零件须去除氧化皮。
2.去除毛刺，抛光。
3.零件加工表面上，不应有划痕、擦伤等损伤零件表面的缺陷。
借（通）用件登记
旧底图总号
底图总号
签字
日期
档案员
日期
标记
处数
更改文件名
签字
日期
设计
日期
45
图样标记
重量
比例
1.5:1
共 张
第 张
XX职业技术学院
图集十二
CTJ-12

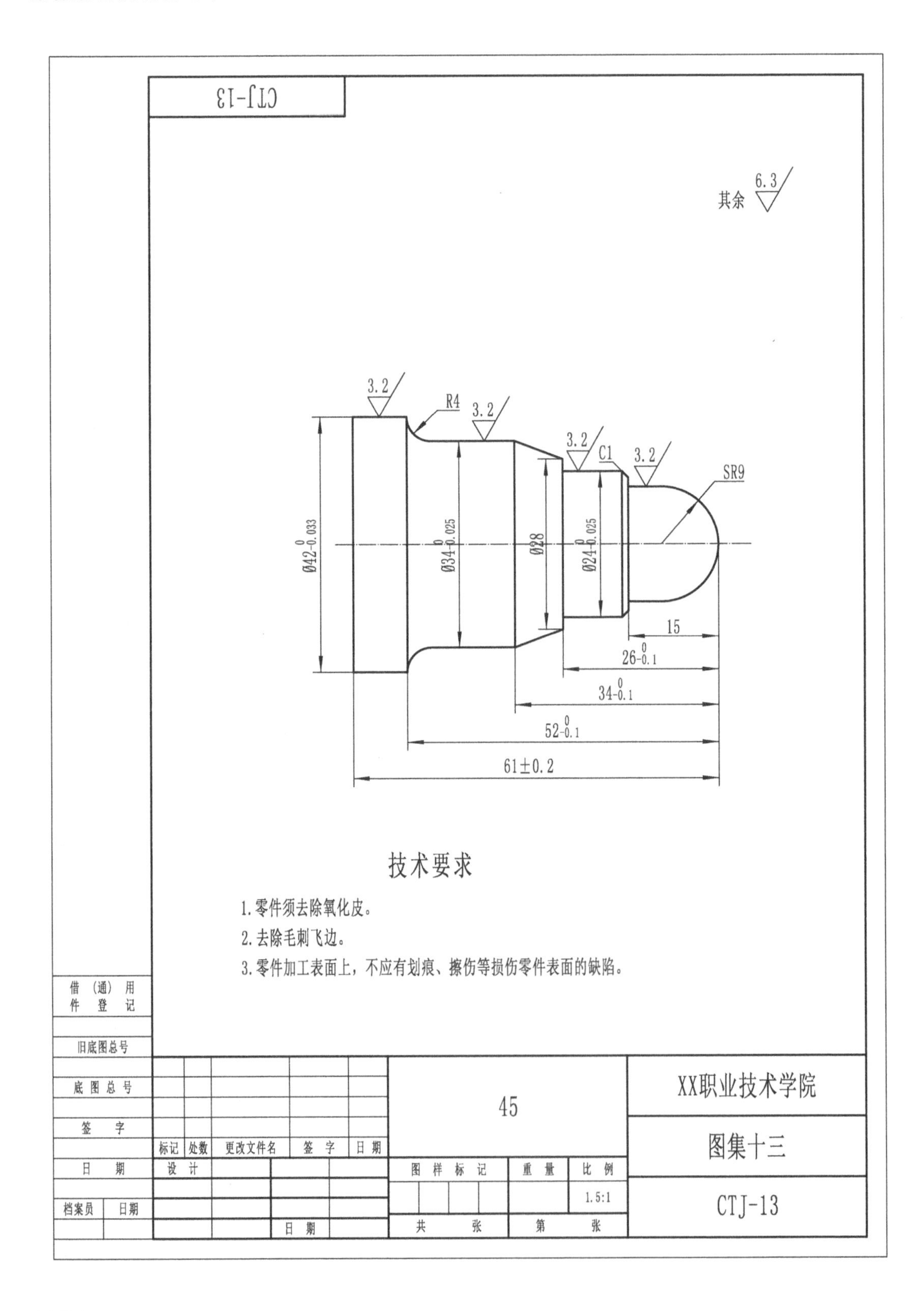

CTJ-13
其余 6.3
3.2
R4
3.2
3.2
C1
3.2
SR9
Ø42-0.033 0
Ø34-0.025 0
Ø28
Ø24-0.025 0
15
26-0.1 0
34-0.1 0
52-0.1 0
61±0.2
技术要求
1.零件须去除氧化皮。
2.去除毛刺飞边。
3.零件加工表面上，不应有划痕、擦伤等损伤零件表面的缺陷。
借（通）用件登记
旧底图总号
底图总号
签字
日期
档案员 日期
标记 处数 更改文件名 签字 日期
设计
日期
45
图样标记 重量 比例
1.5:1
共 张 第 张
XX职业技术学院
图集十三
CTJ-13

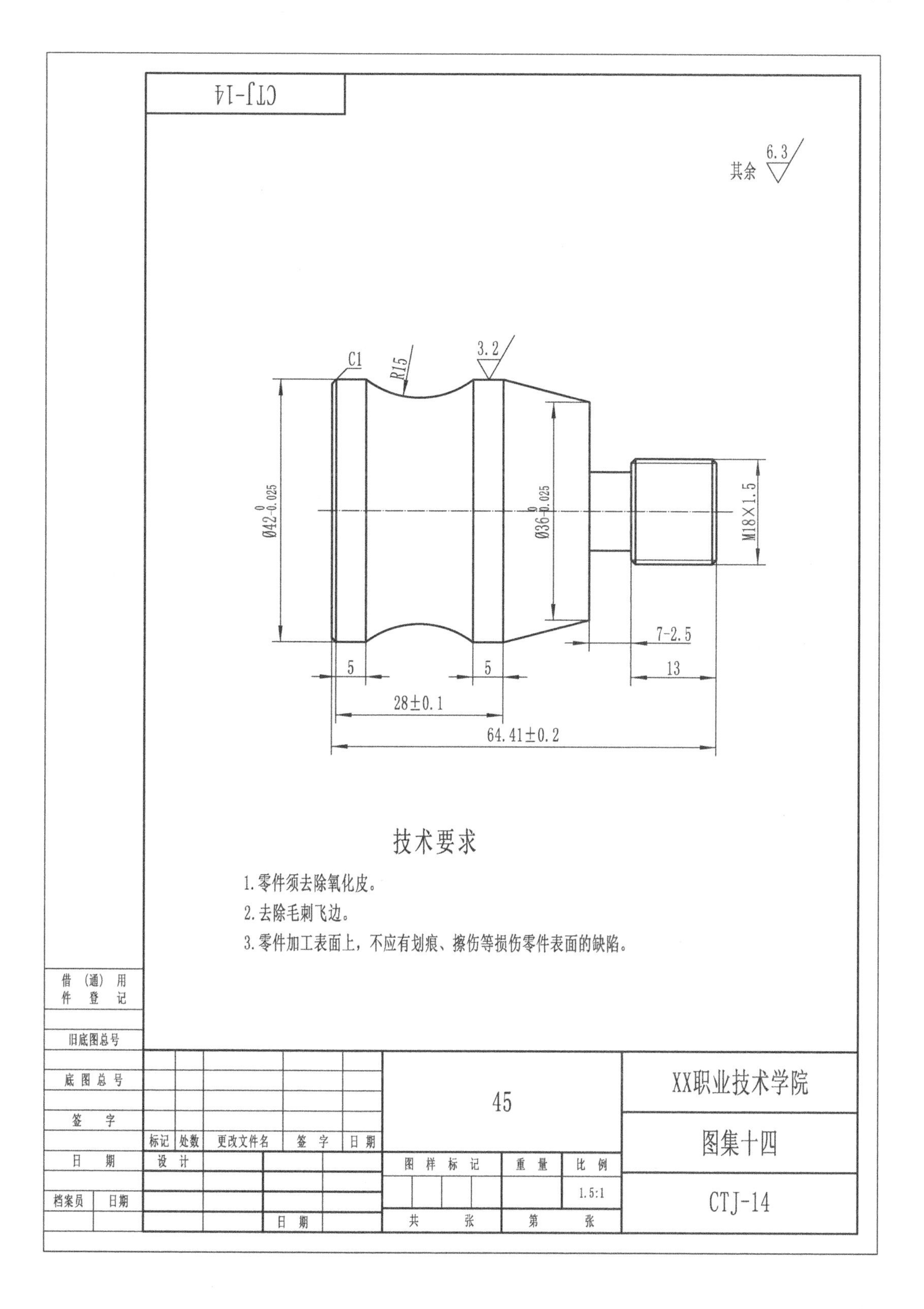
CTJ-14
其余 6.3
C1
R15
3.2
Ø42-0.025 0
Ø36-0.025 0
M18×1.5
7-2.5
5
5
13
28±0.1
64.41±0.2
技术要求
1.零件须去除氧化皮。
2.去除毛刺飞边。
3.零件加工表面上，不应有划痕、擦伤等损伤零件表面的缺陷。
借（通）用件登记
旧底图总号
底图总号
签字
日期
档案员 日期
标记 处数 更改文件名 签字 日期
设计
日期
45
图样标记 重量 比例
1.5:1
共 张 第 张
XX职业技术学院
图集十四
CTJ-14

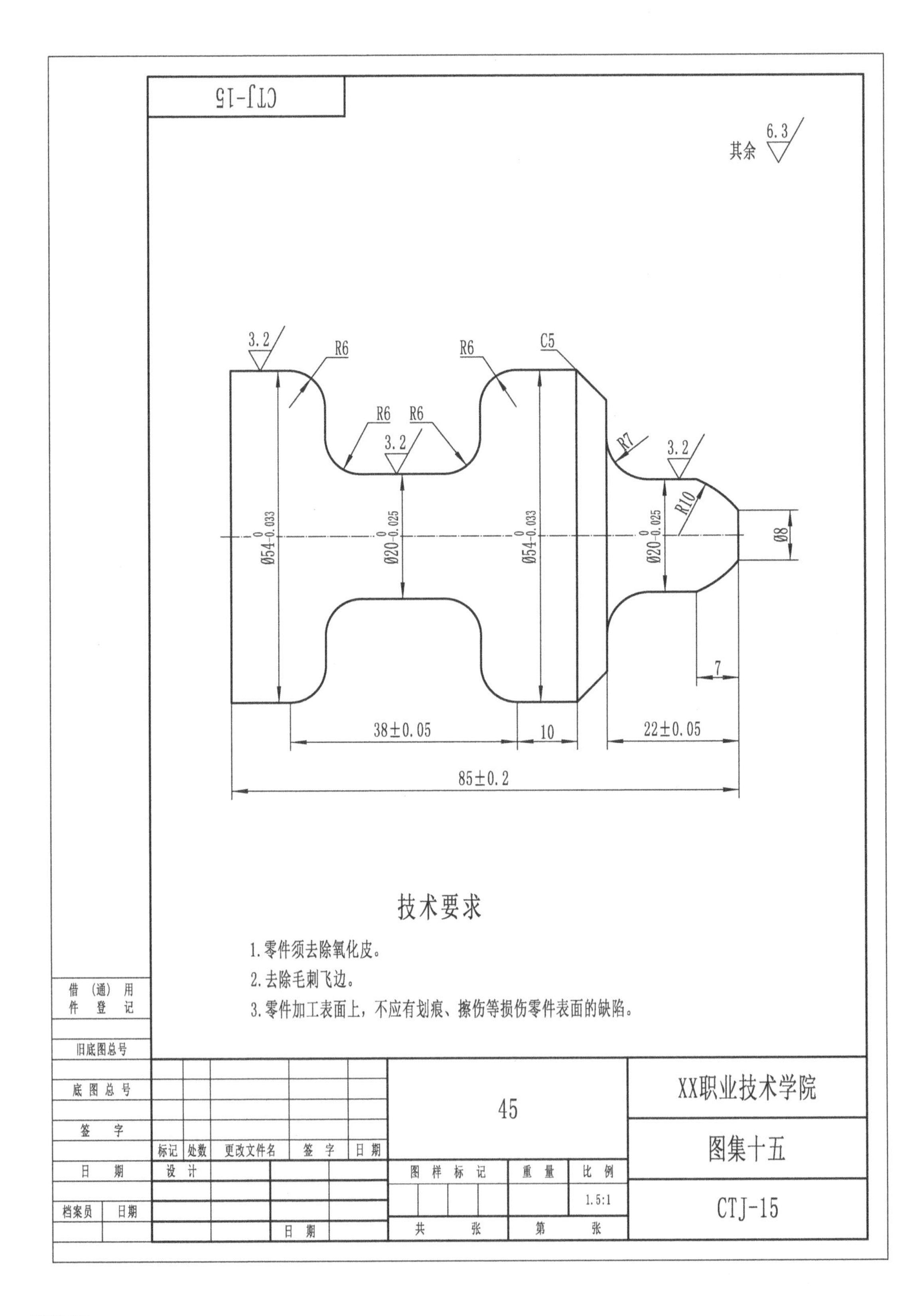

CTJ-15
其余 6.3
3.2
R6
R6
C5
R6
R6
3.2
R7
3.2
R10
Ø54 0 -0.033
Ø20 0 -0.025
Ø54 0 -0.033
Ø20 0 -0.025
Ø8
7
38±0.05
10
22±0.05
85±0.2
技术要求
1.零件须去除氧化皮。
2.去除毛刺飞边。
3.零件加工表面上，不应有划痕、擦伤等损伤零件表面的缺陷。
借（通）用件登记
旧底图总号
底图总号
签字
日期
档案员
日期
标记
处数
更改文件名
签字
日期
设计
日期
45
图样标记
重量
比例
1.5:1
共 张
第 张
XX职业技术学院
图集十五
CTJ-15

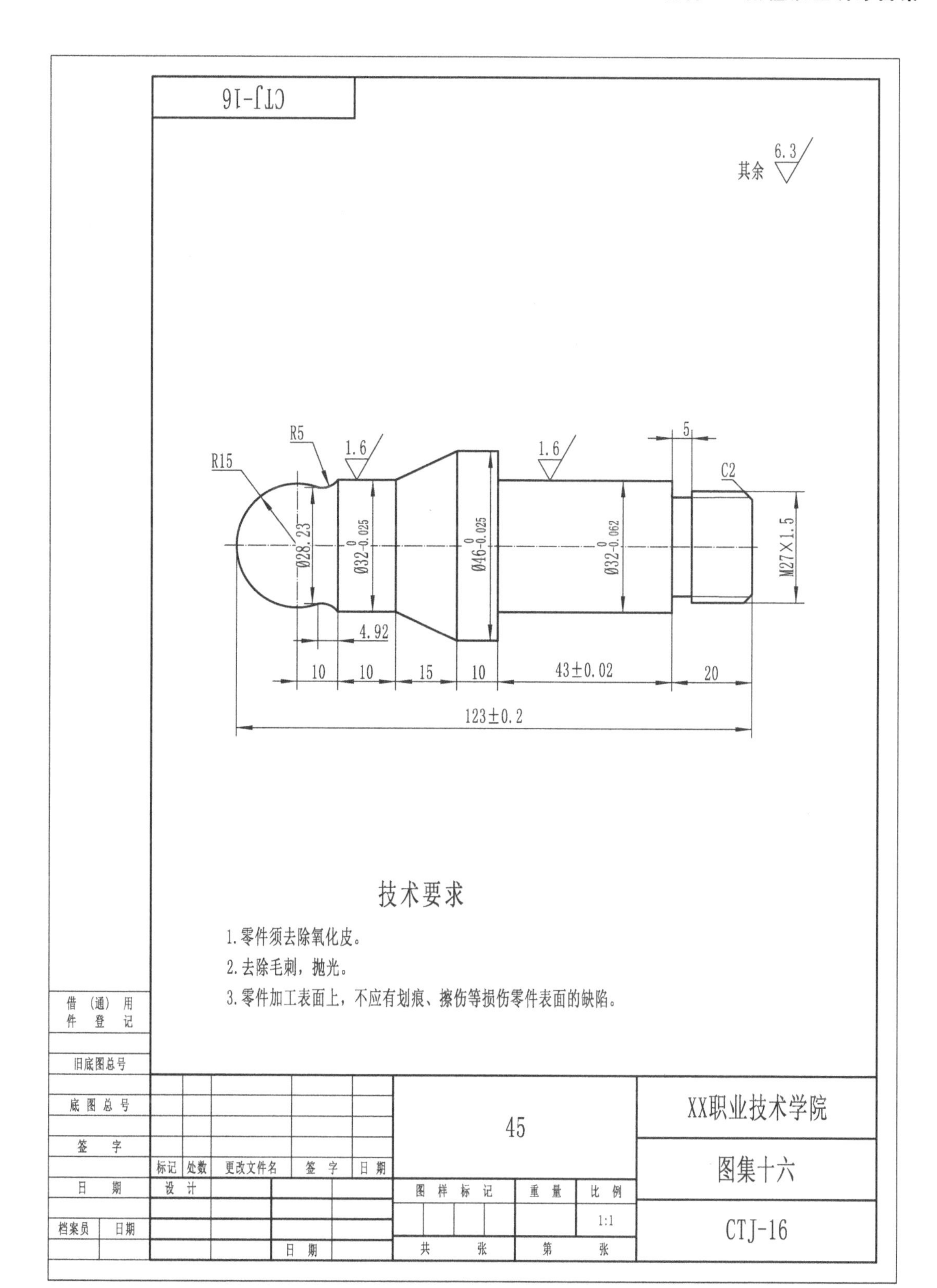

CTJ-16
其余 6.3
R15
R5
1.6
1.6
5
C2
Ø28.23
Ø32-0.025 0
Ø46-0.025 0
Ø32-0.062 0
M27×1.5
4.92
10
10
15
10
43±0.02
20
123±0.2
技术要求
1.零件须去除氧化皮。
2.去除毛刺，抛光。
3.零件加工表面上，不应有划痕、擦伤等损伤零件表面的缺陷。
借（通）用件登记
旧底图总号
底图总号
签字
日期
档案员
日期
标记
处数
更改文件名
签字
日期
设计
日期
45
XX职业技术学院
图集十六
图样标记
重量
比例
1:1
共 张
第 张
CTJ-16

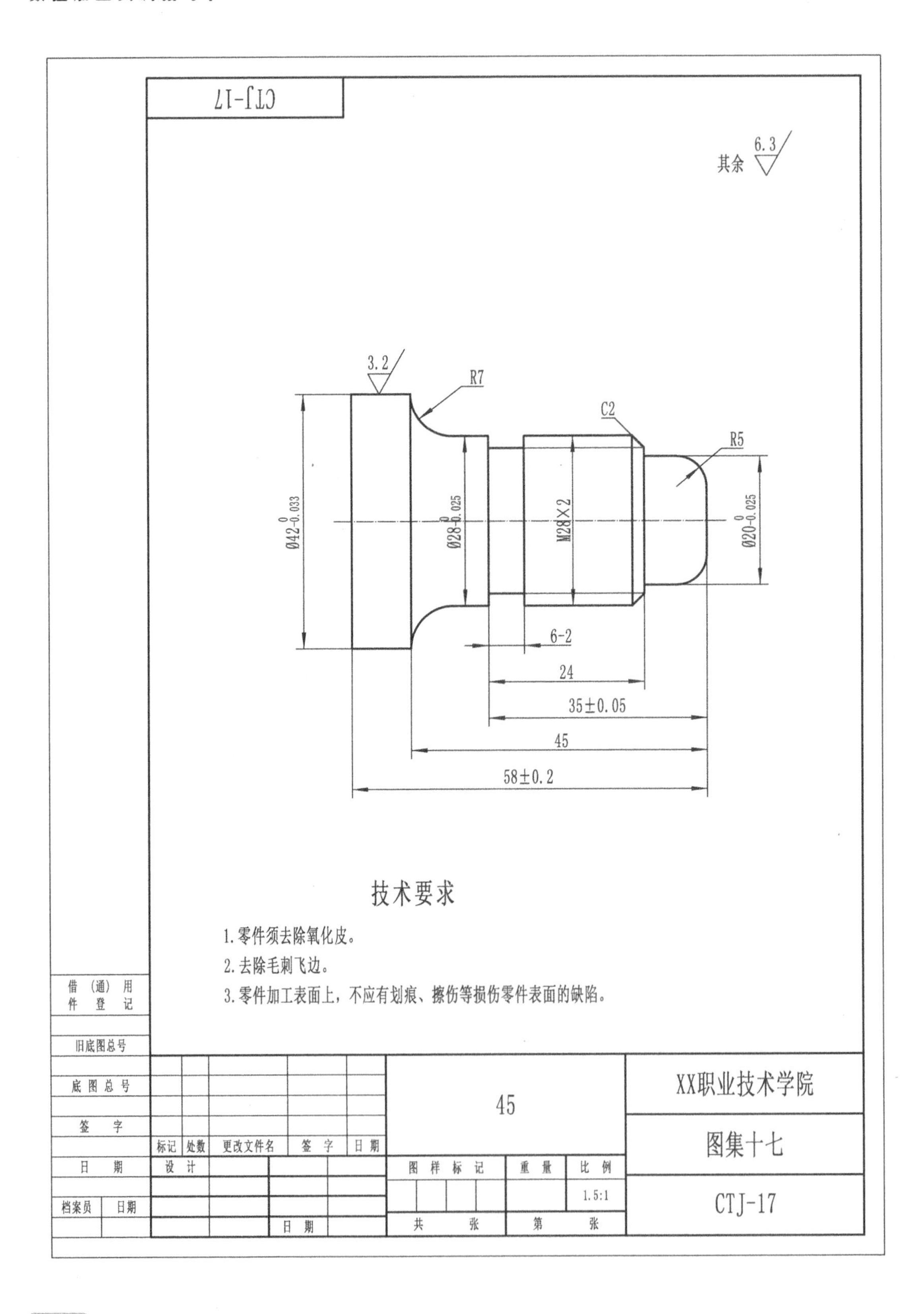
CTJ-17
其余 6.3
3.2
R7
C2
R5
Ø42-0.033 0
Ø28-0.025 0
M28×2
Ø20-0.025 0
6-2
24
35±0.05
45
58±0.2
技术要求
1. 零件须去除氧化皮。
2. 去除毛刺飞边。
3. 零件加工表面上，不应有划痕、擦伤等损伤零件表面的缺陷。
借（通）用件登记
旧底图总号
底图总号
签字
日期
档案员 日期
标记 处数 更改文件名 签字 日期
设计
日期
45
图样标记 重量 比例
1.5:1
共 张 第 张
XX职业技术学院
图集十七
CTJ-17

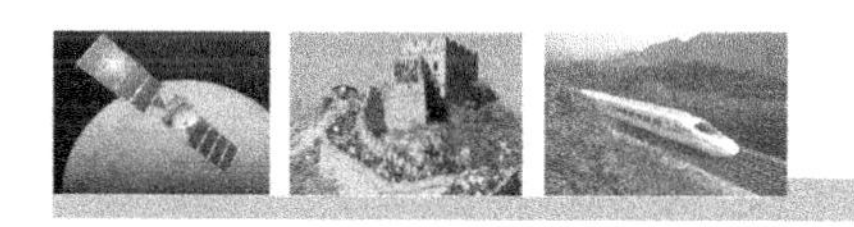

任务5.2 数控铣床图集

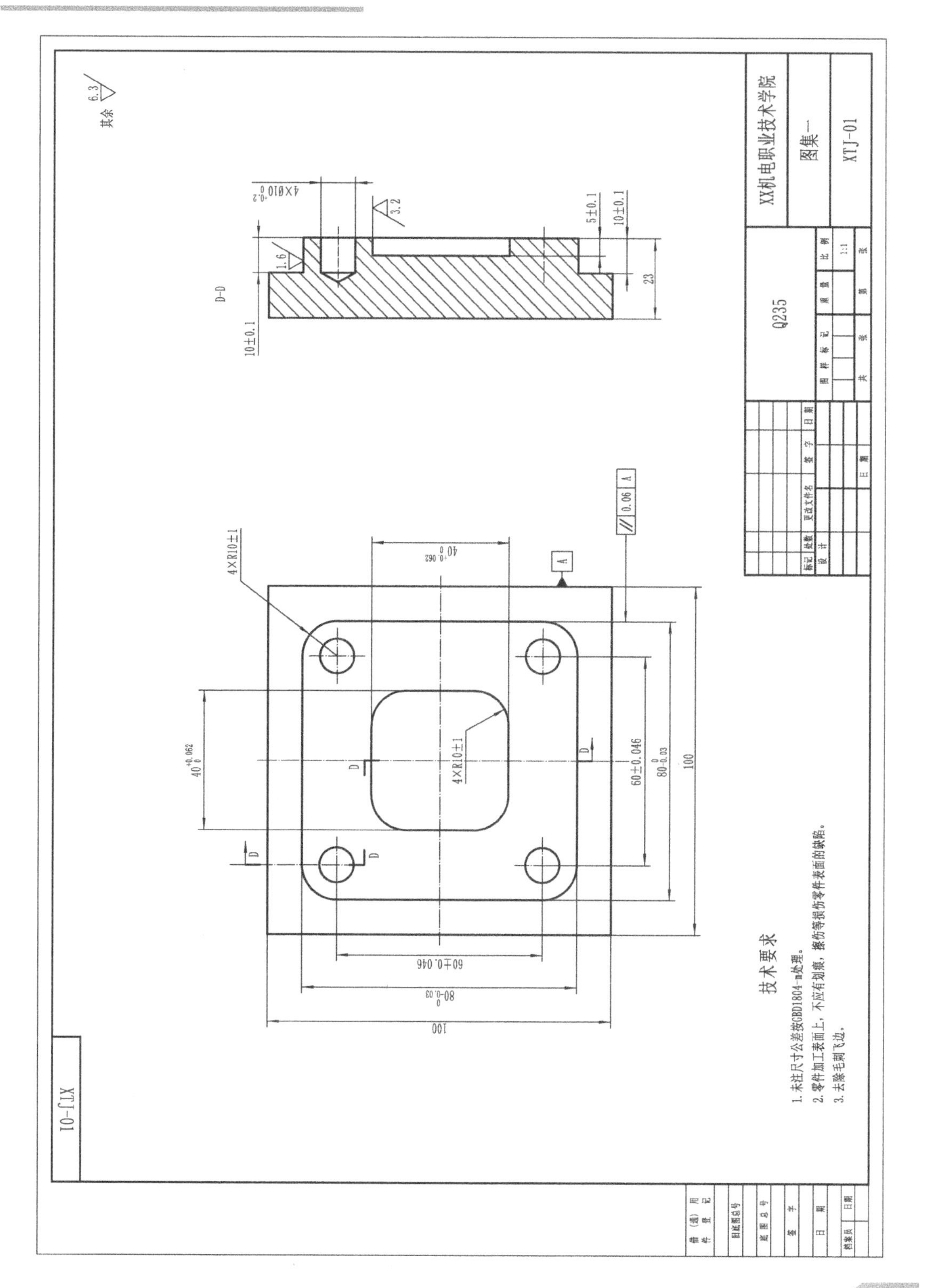
XX机电职业技术学院
图集一
XTJ-01
Q235
1:1
D-D
4×Φ10 +0.2 0
3.2
1.6
5±0.1
10±0.1
23
4×R10±1
40 +0.062 0
0.06 A
A
60±0.046
80 0 -0.03
100
技术要求
1.未注尺寸公差按GBD1804-m处理。
2.零件加工表面上，不应有划痕，擦伤等损伤零件表面的缺陷。
3.去除毛刺飞边。
XTJ-01

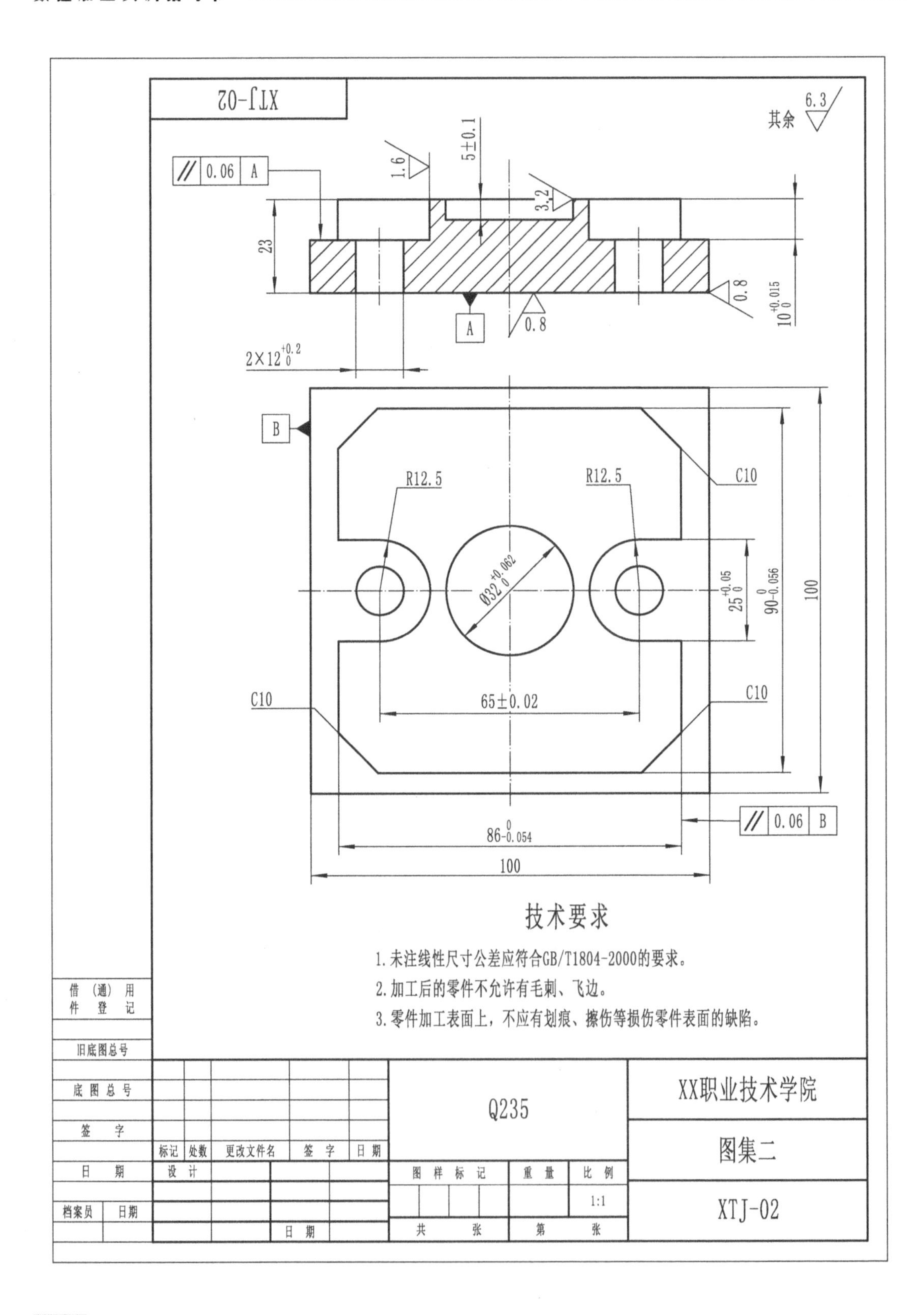
XTJ-02
其余 6.3
0.06 A
1.6
5±0.1
3.2
23
0.8
A
0.8
10 +0.015 0
2×12 +0.2 0
B
R12.5
R12.5
C10
Ø32 +0.062 0
25 +0.05 0
90 0 -0.056
100
65±0.02
C10
C10
0.06 B
86 0 -0.054
100
技术要求
1. 未注线性尺寸公差应符合GB/T1804-2000的要求。
2. 加工后的零件不允许有毛刺、飞边。
3. 零件加工表面上，不应有划痕、擦伤等损伤零件表面的缺陷。
借（通）用件登记
旧底图总号
底图总号
签字
日期
档案员
日期
标记
处数
更改文件名
签字
日期
设计
日期
Q235
图样标记
重量
比例
1:1
共 张
第 张
XX职业技术学院
图集二
XTJ-02

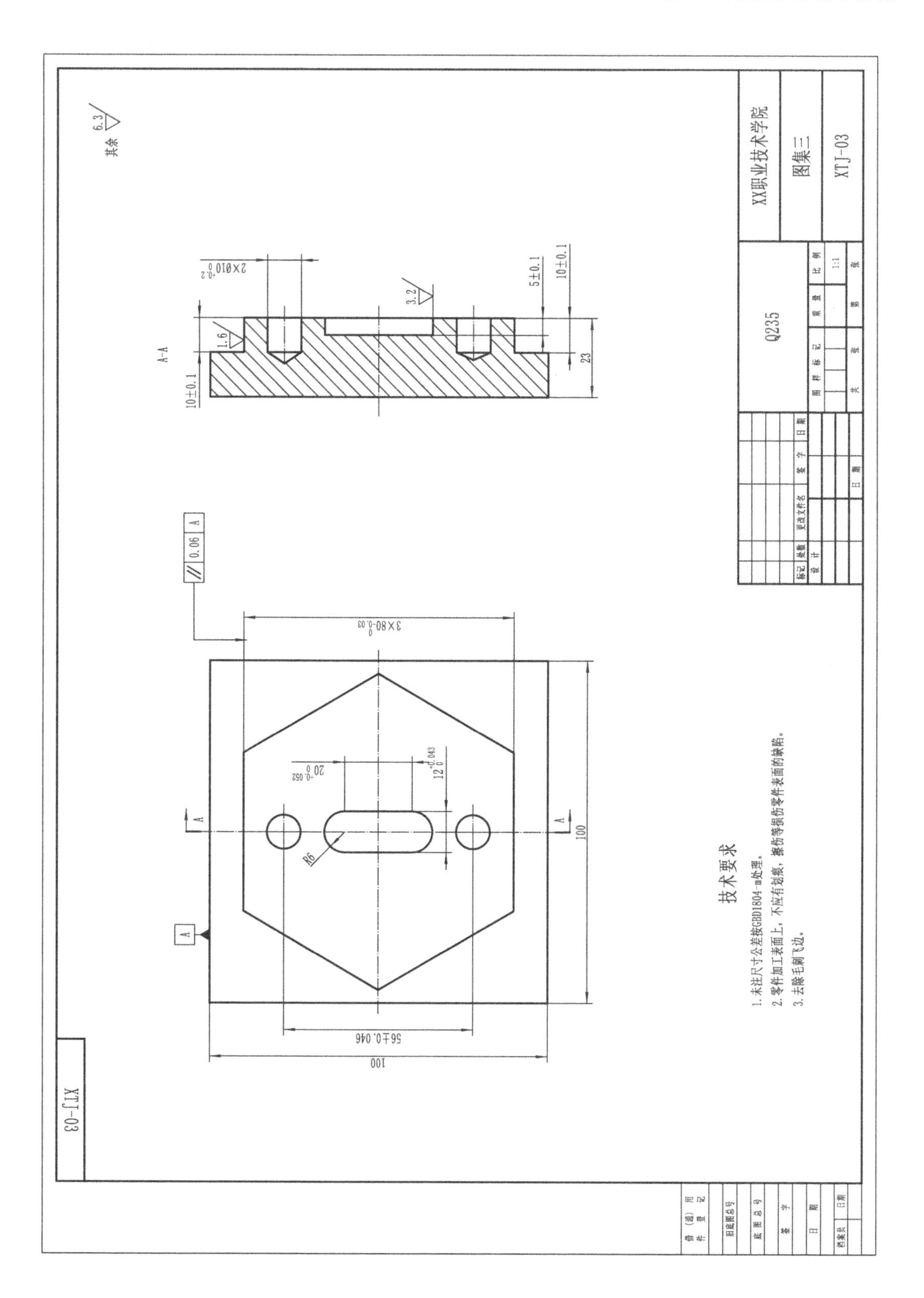

XX职业技术学院
图集三
XTJ-03
Q235
A-A
其余 6.3
3.2
1.6
2×Ø10 $^{+0.2}_{0}$
5±0.1
10±0.1
23
10±0.1
0.06 A
3×80 $^{0}_{-0.03}$
20 $^{+0.052}_{0}$
12 $^{+0.043}_{0}$
R6
100
56±0.046
100
A
技术要求
1.未注尺寸公差按GBD1804-m处理。
2.零件加工表面上，不应有划痕，擦伤等损伤零件表面的缺陷。
3.去除毛刺飞边。
XTJ-03

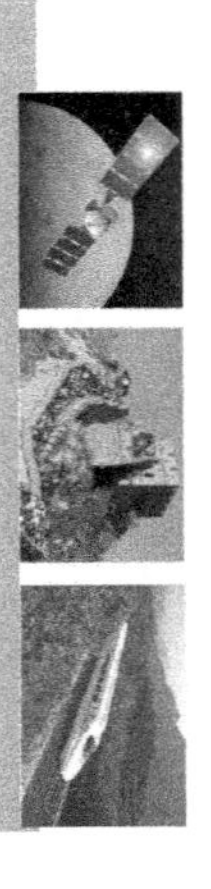

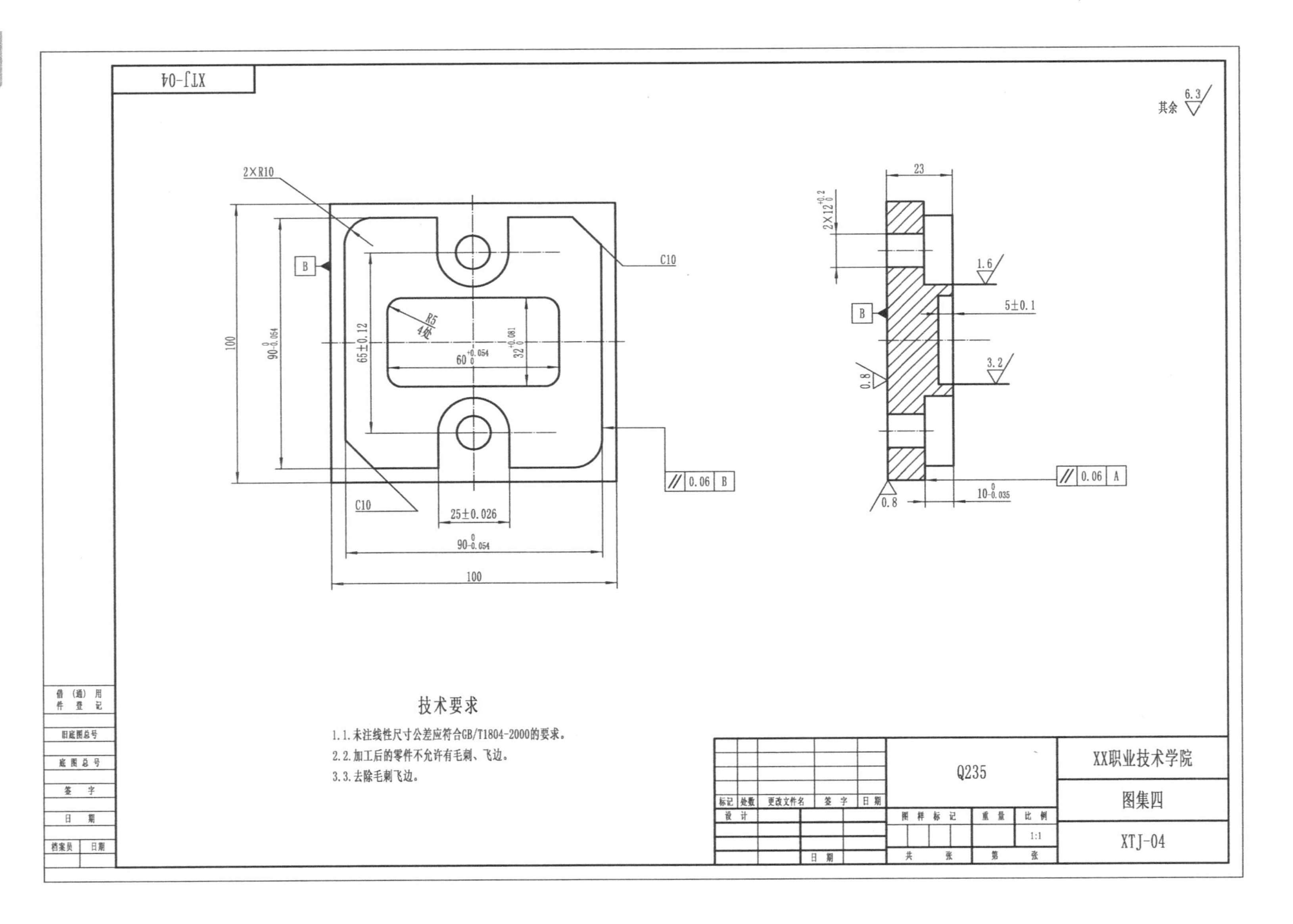
XTJ-04
其余 6.3
2×R10
C10
B
100
90-0.054
65±0.12
R5 4处
60+0.054
32+0.081
0.06 B
C10
25±0.026
90-0.054
100
23
2×12+0.2
1.6
5±0.1
B
0.8
3.2
0.06 A
0.8
10-0.035
技术要求
1.1.未注线性尺寸公差应符合GB/T1804-2000的要求。
2.2.加工后的零件不允许有毛刺、飞边。
3.3.去除毛刺飞边。
Q235
XX职业技术学院
图集四
XTJ-04
1:1

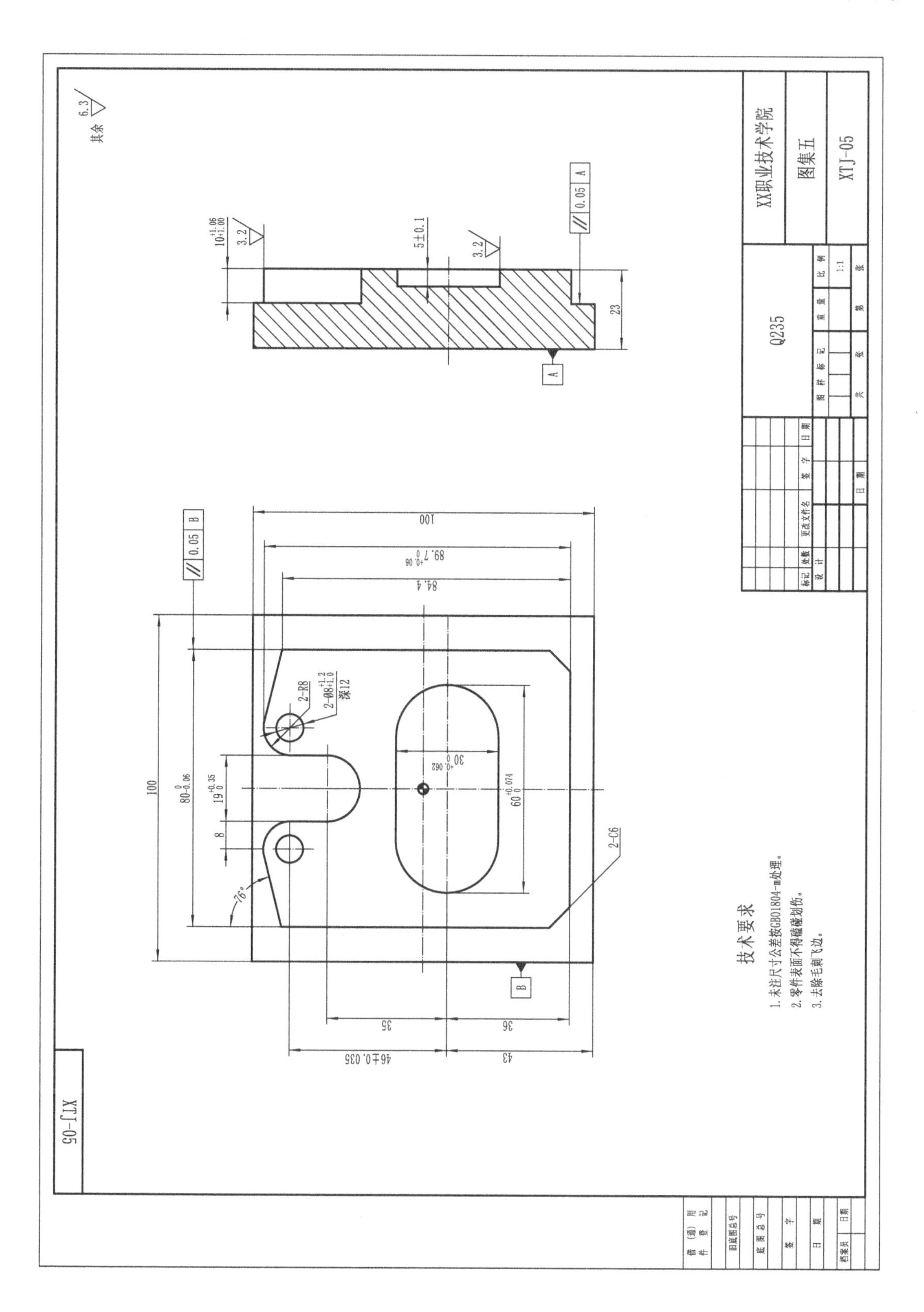
XX职业技术学院
图集五
XTJ-05
Q235
1:1
技术要求
1. 未注尺寸公差按GB1804-m处理。
2. 零件表面不得磕碰划伤。
3. 去除毛刺飞边。
其余 6.3
2-R8
2-C6
76°
100
84.4
35
36
43
46±0.035
23
5±0.1
3.2
0.05 A
0.05 B
A
B
XTJ-05

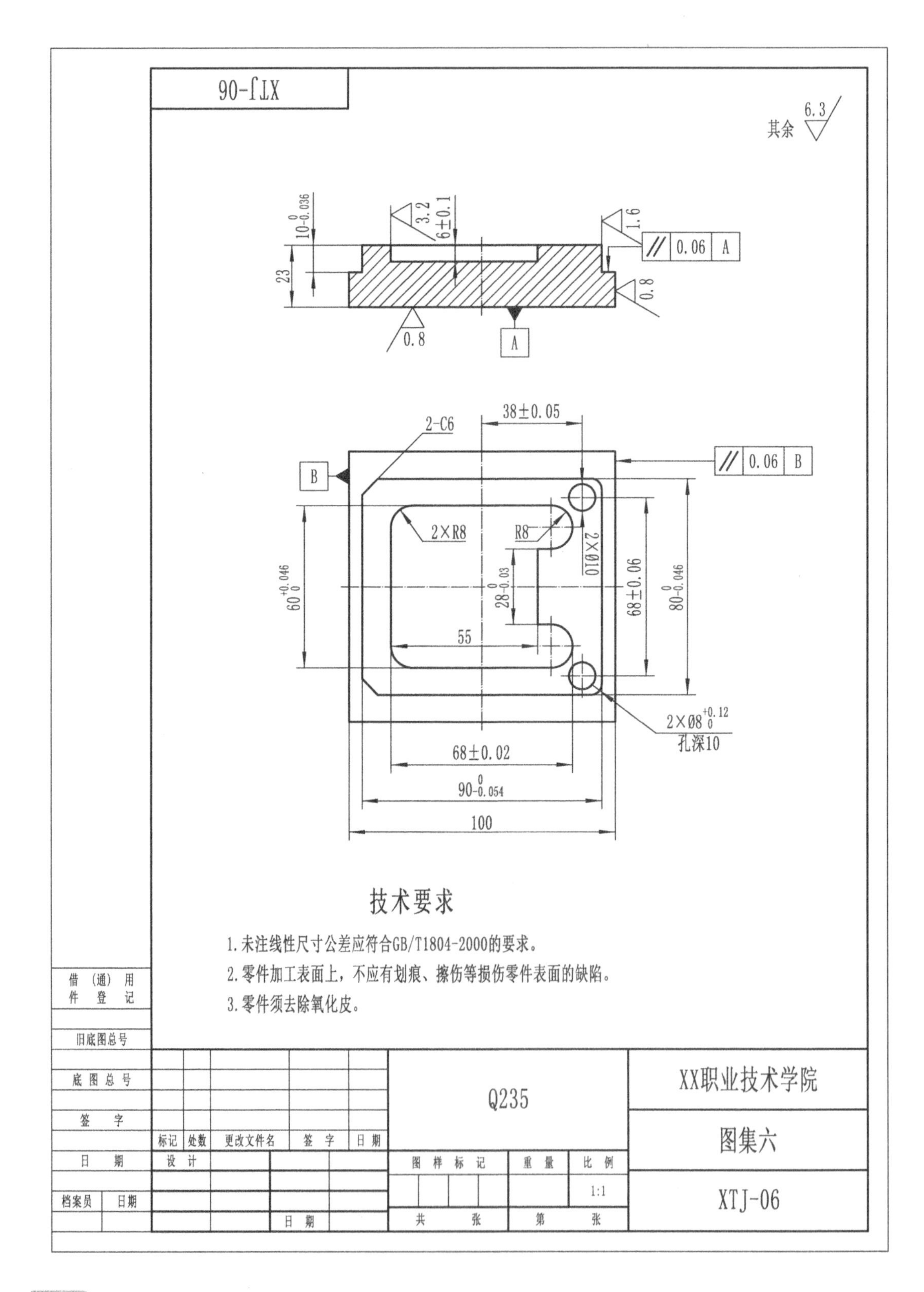
XTJ-06
其余 6.3
10-0.036
3.2
6±0.1
1.6
0.06 A
23
0.8
0.8
A
38±0.05
2-C6
0.06 B
B
2×R8
R8
2×Ø10
60+0.046
28-0.03
68±0.06
80-0.046
55
2×Ø8+0.12
孔深10
68±0.02
90-0.054
100
技术要求
1.未注线性尺寸公差应符合GB/T1804-2000的要求。
2.零件加工表面上，不应有划痕、擦伤等损伤零件表面的缺陷。
3.零件须去除氧化皮。
借（通）用件登记
旧底图总号
底图总号
签字
日期
档案员
日期
标记
处数
更改文件名
签字
日期
设计
Q235
XX职业技术学院
图集六
XTJ-06
图样标记
重量
比例
1:1
共 张
第 张

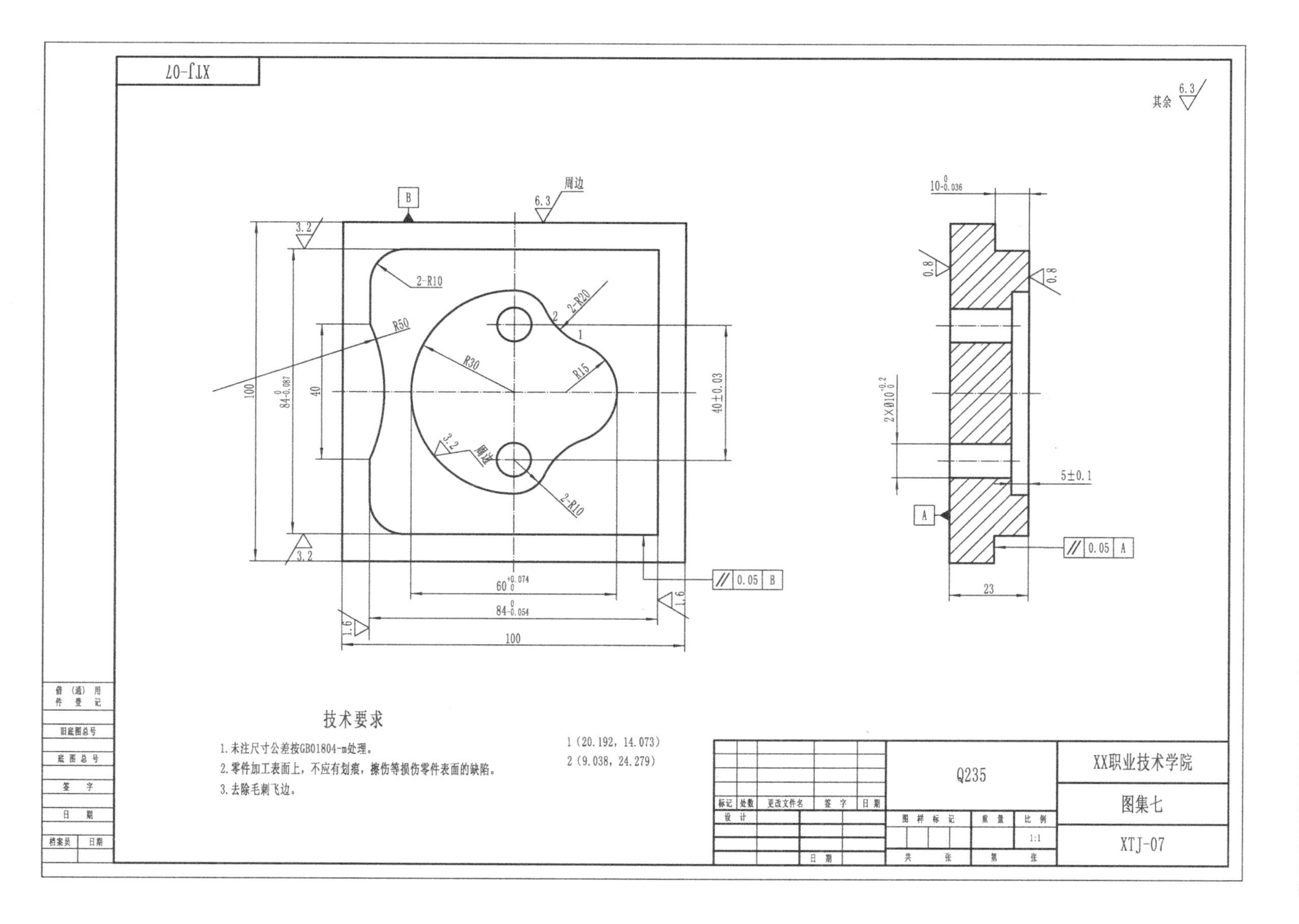

XX职业技术学院
图集七
XTJ-07
Q235
1:1
技术要求
1.未注尺寸公差按GB1804-m处理。
2.零件加工表面上，不应有划痕，擦伤等损伤零件表面的缺陷。
3.去除毛刺飞边。
1 (20.192, 14.073)
2 (9.038, 24.279)
其余
周边
R50
R30
R15
2-R20
2-R10
40±0.03
40
100
23
5±0.1
0.05
A
B
XTJ-07

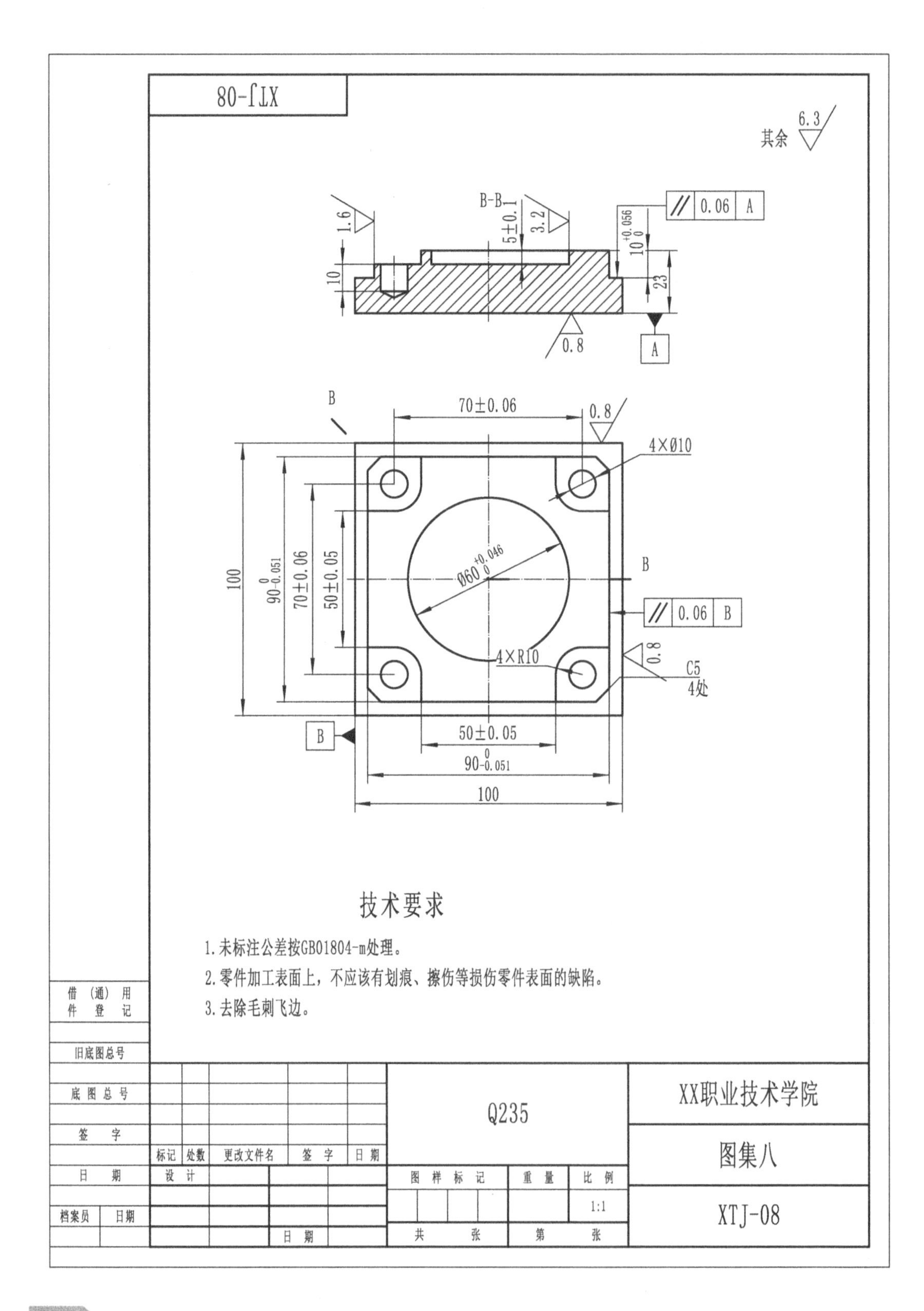
XTJ-08
其余 6.3
B-B
1.6
3.2
5±0.1
// 0.06 A
10 +0.056 0
10
23
0.8
A
B
70±0.06
0.8
4×Ø10
100
90 0 -0.051
70±0.06
50±0.05
Ø60 +0.046 0
B
// 0.06 B
4×R10
0.8
C5
4处
B
50±0.05
90 0 -0.051
100
技术要求
1.未标注公差按GB01804-m处理。
2.零件加工表面上，不应该有划痕、擦伤等损伤零件表面的缺陷。
3.去除毛刺飞边。
借（通）用件登记
旧底图总号
底图总号
签字
日期
档案员
日期
标记
处数
更改文件名
签字
日期
设计
日期
Q235
图样标记
重量
比例
1:1
共
张
第
张
XX职业技术学院
图集八
XTJ-08

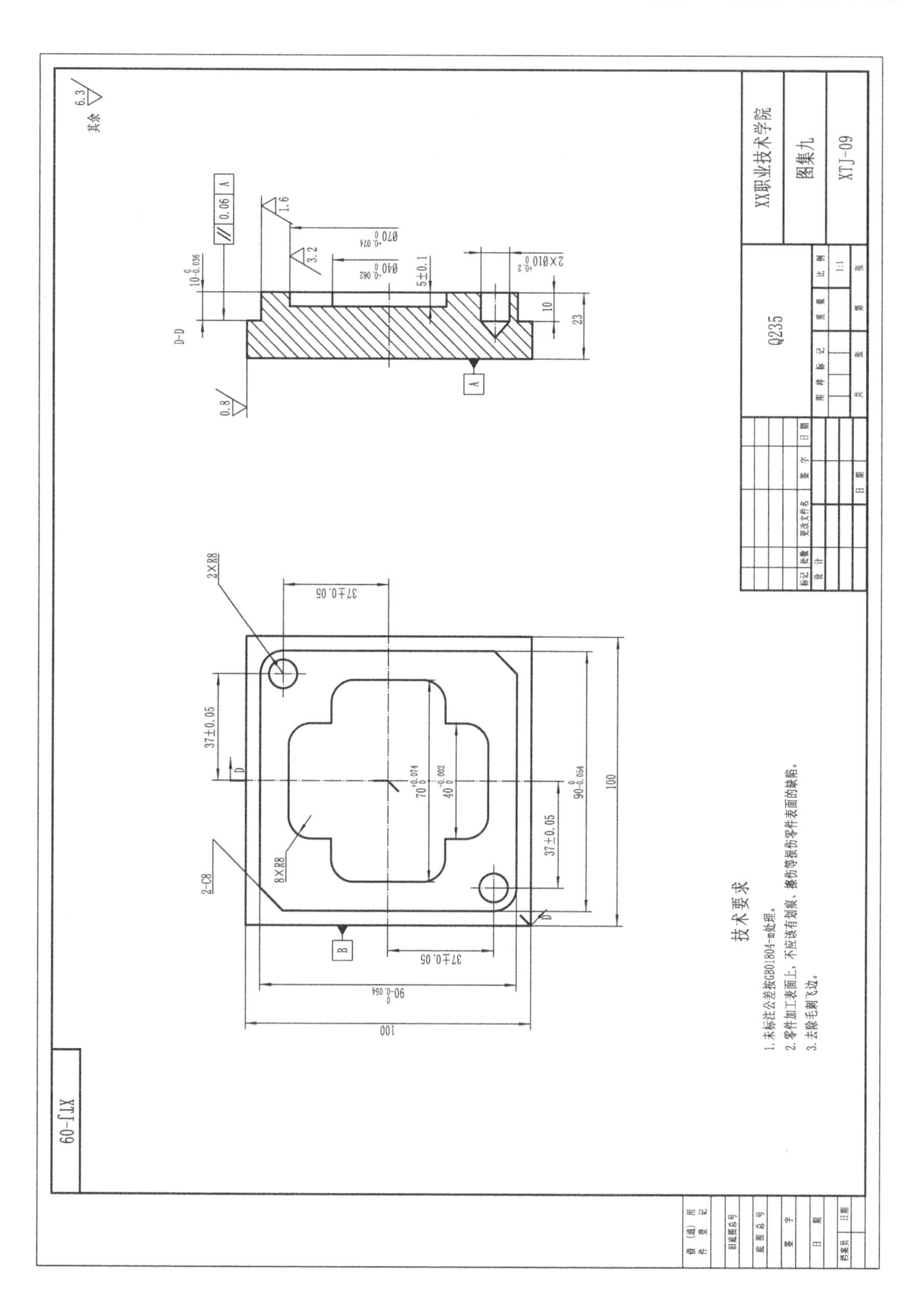

其余 6.3
D-D
1.6
3.2
0.8
// 0.06 A
Ø70 +0.074 0
Ø40 +0.062 0
5±0.1
2×Ø10 +0.2 0
10 0 -0.036
10
23
A
2×R8
37±0.05
D
70 +0.074 0
40 -0.002 0
90 0 -0.054
100
8×R8
2-C8
B
技术要求
1. 未标注公差按GB1804-m处理。
2. 零件加工表面上，不应该有划痕、擦伤等损伤零件表面的缺陷。
3. 去除毛刺飞边。
XX职业技术学院
图集九
XTJ-09
Q235
1:1
XTJ-09

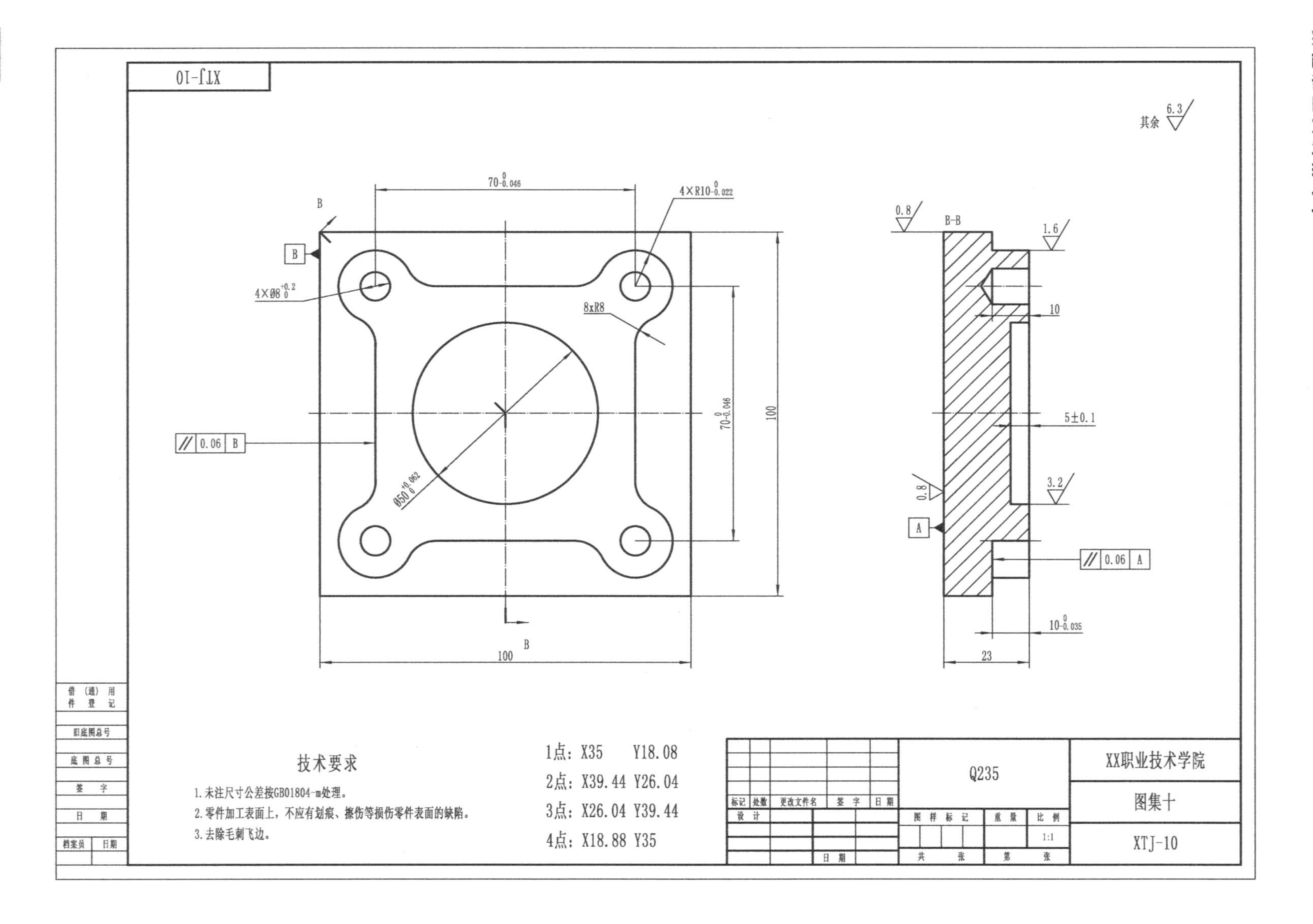

XTJ-10
其余 6.3
70-0.046
4×R10-0.022
B
B
4×Ø8+0.2
8xR8
0.06 B
Ø50+0.062
70-0.046
100
B
100
0.8
B-B
1.6
10
5±0.1
0.8
3.2
A
0.06 A
10-0.035
23
借（通）用件登记
旧底图总号
底图总号
签字
日期
档案员
日期
技术要求
1.未注尺寸公差按GB01804-m处理。
2.零件加工表面上，不应有划痕、擦伤等损伤零件表面的缺陷。
3.去除毛刺飞边。
1点：X35 Y18.08
2点：X39.44 Y26.04
3点：X26.04 Y39.44
4点：X18.88 Y35
标记
处数
更改文件名
签字
日期
设计
日期
Q235
图样标记
重量
比例
1:1
共 张
第 张
XX职业技术学院
图集十
XTJ-10

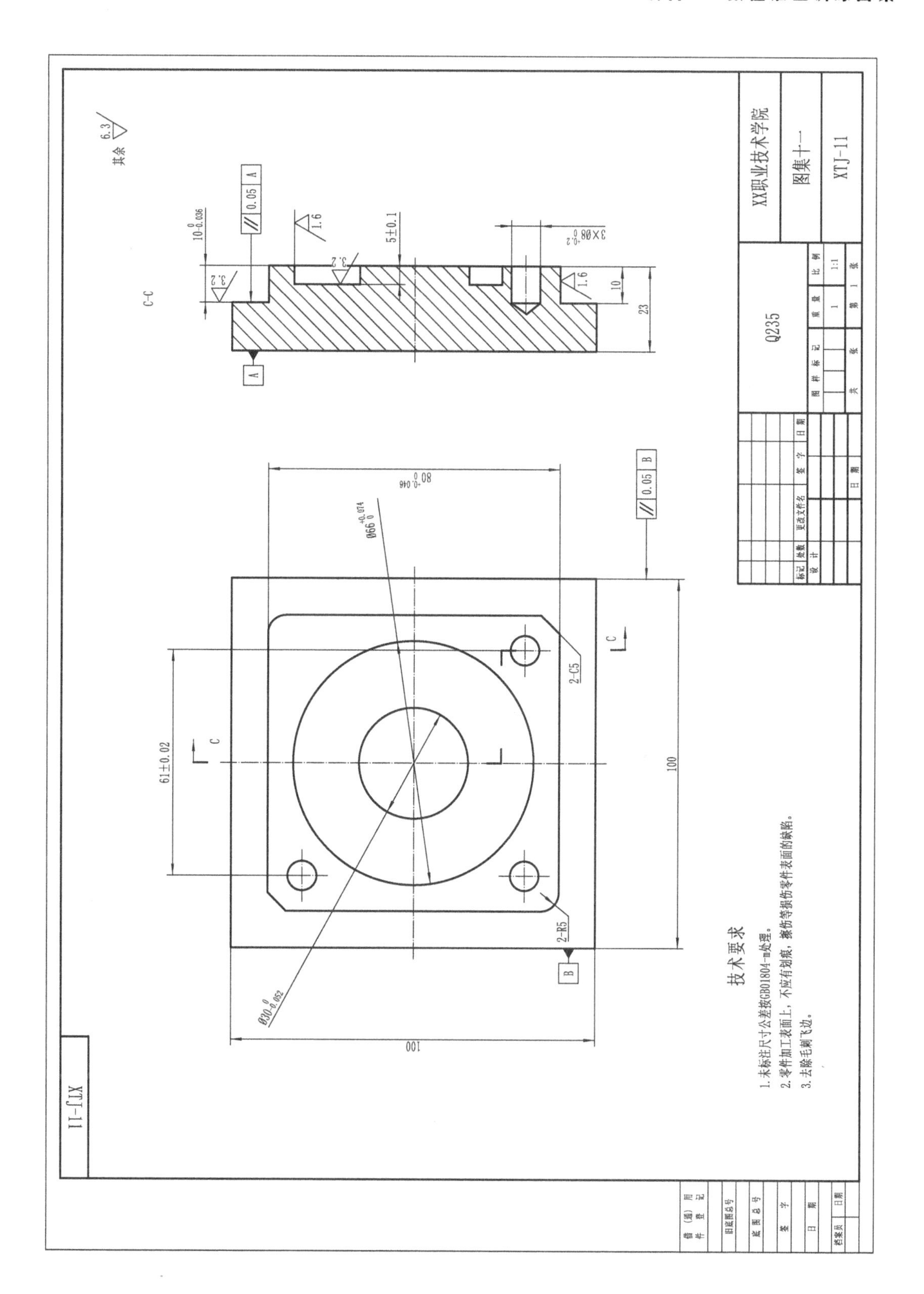

技术要求
1.未标注尺寸公差按GB1804-m处理。
2.零件加工表面上，不应有划痕，擦伤等损伤零件表面的缺陷。
3.去除毛刺飞边。
XX职业技术学院
图集十一
XTJ-11
Q235
C-C
其余 6.3

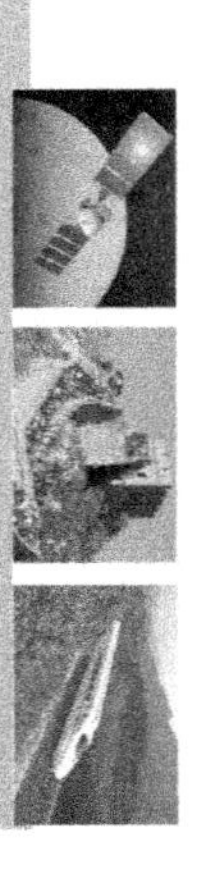

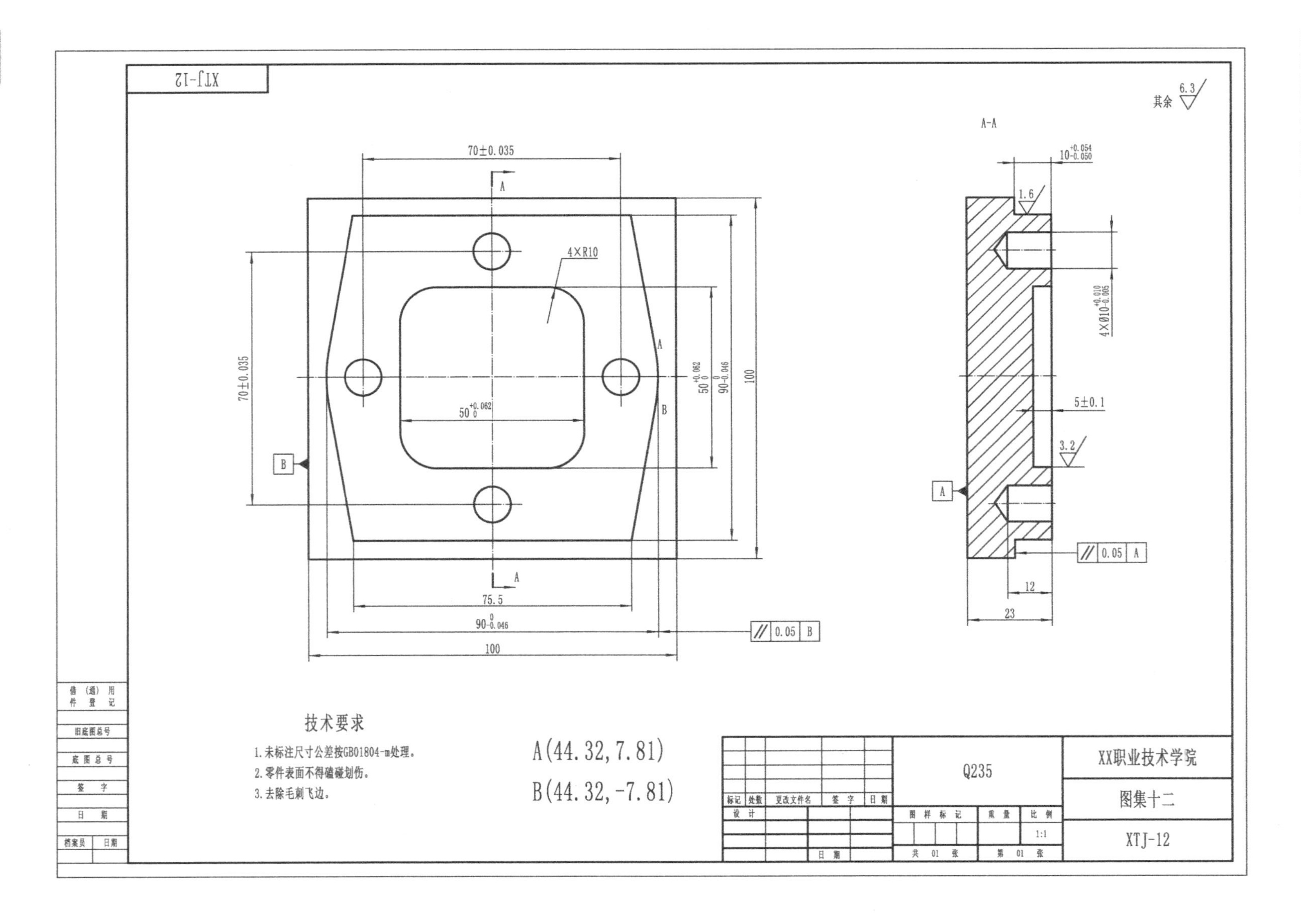
XTJ-12
其余 6.3
A-A
70±0.035
4×R10
75.5
100
5±0.1
12
23
技术要求
1.未标注尺寸公差按GB01804-m处理。
2.零件表面不得磕碰划伤。
3.去除毛刺飞边。
A(44.32,7.81)
B(44.32,-7.81)
Q235
XX职业技术学院
图集十二
XTJ-12

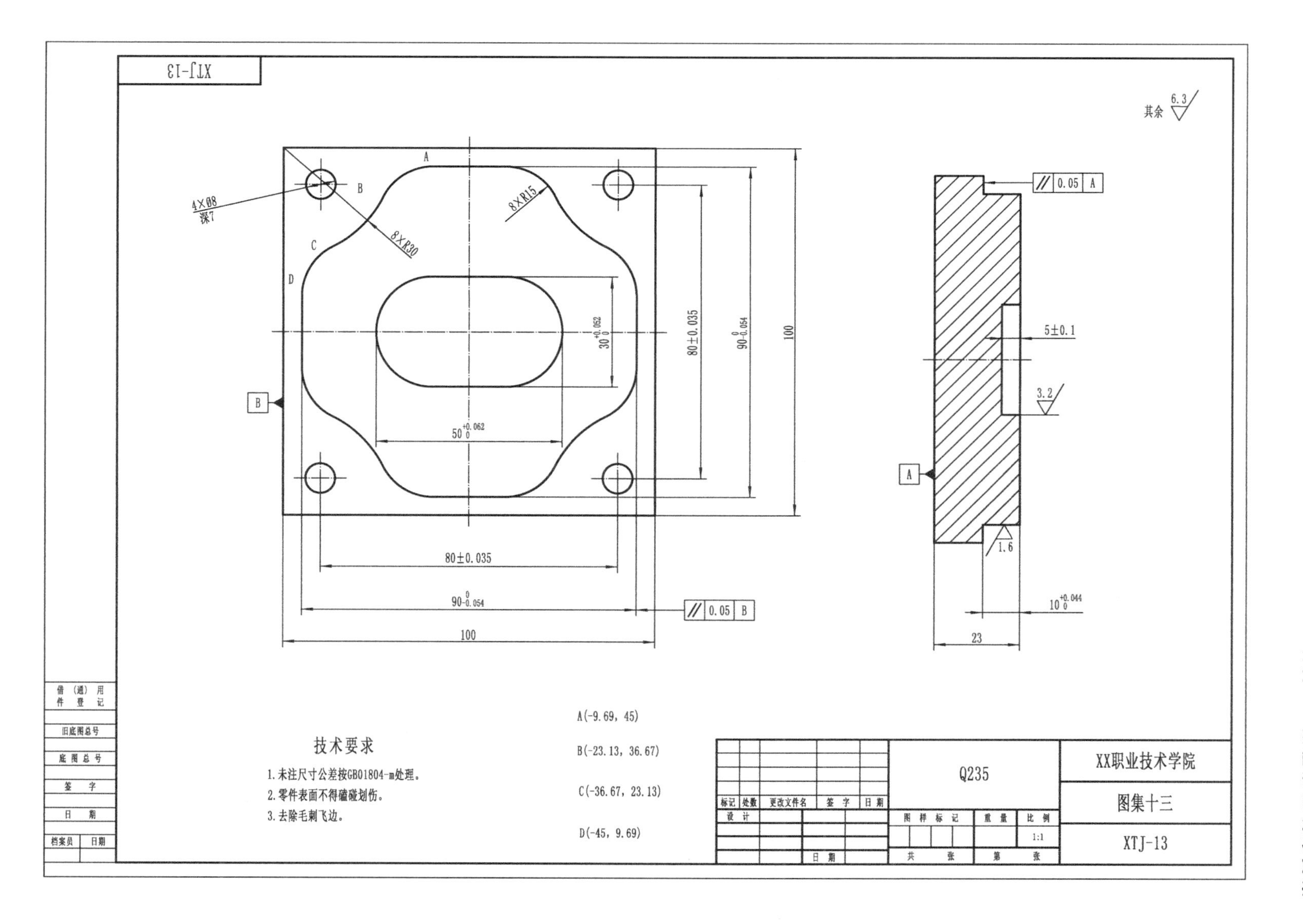

XTJ-13
其余 6.3
A
B
C
D
4×Ø8 深7
8×R15
8×R30
$30^{+0.062}_{0}$
80±0.035
$90^{0}_{-0.054}$
100
B
$50^{+0.062}_{0}$
80±0.035
$90^{0}_{-0.054}$
0.05 B
100
0.05 A
5±0.1
3.2
A
1.6
$10^{+0.044}_{0}$
23
A(-9.69, 45)
B(-23.13, 36.67)
C(-36.67, 23.13)
D(-45, 9.69)
技术要求
1.未注尺寸公差按GB01804-m处理。
2.零件表面不得磕碰划伤。
3.去除毛刺飞边。
Q235
XX职业技术学院
图集十三
XTJ-13
1:1

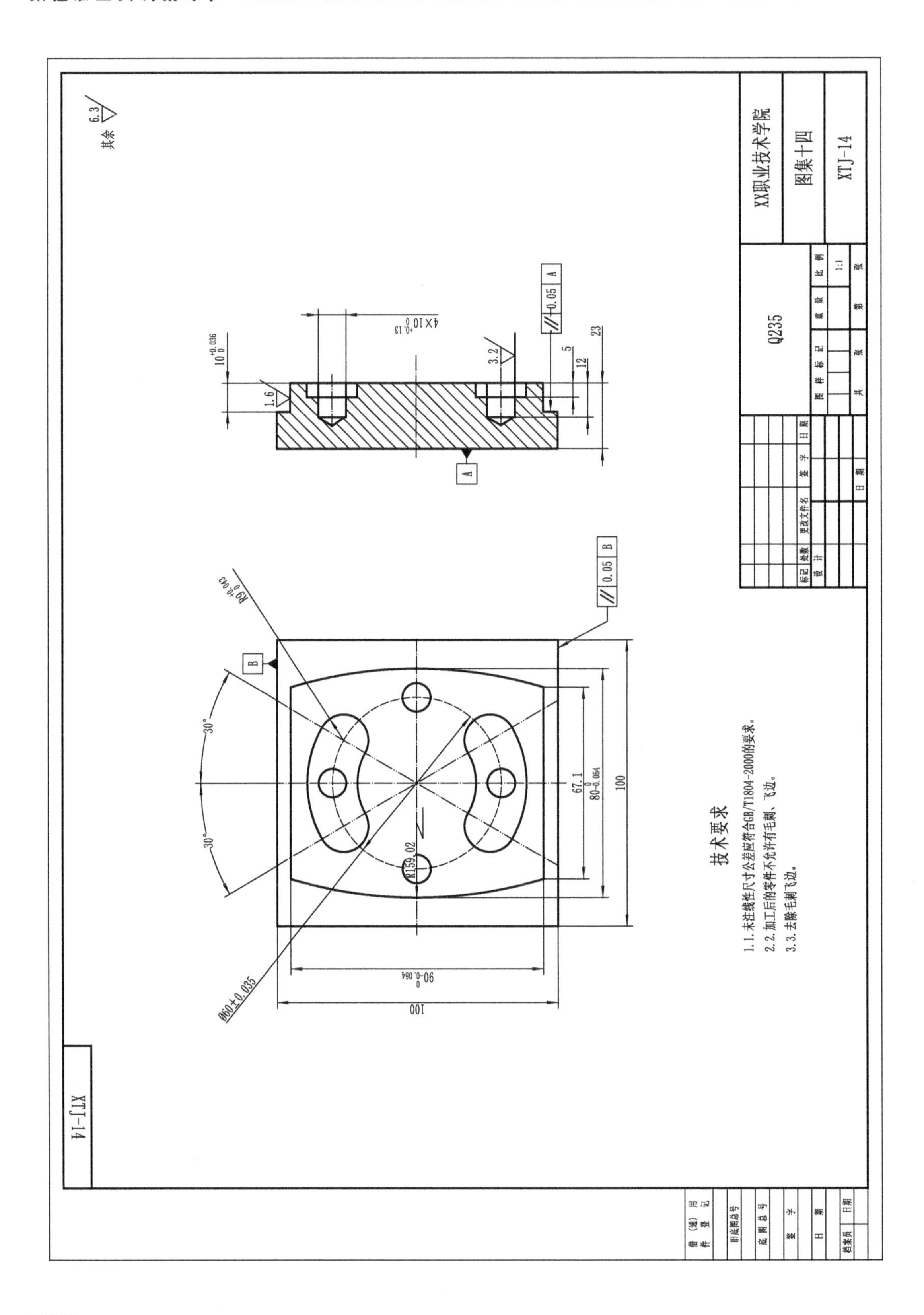

其余 6.3
XX职业技术学院
图集十四
XTJ-14
Q235
1:1
技术要求
1.1.未注线性尺寸公差应符合GB/T1804-2000的要求。
2.2.加工后的零件不允许有毛刺、飞边。
3.3.去除毛刺飞边。
4×10
3.2
1.6
0.05 A
0.05 B
A
B
5
12
23
67.1
100
30°
R159.02
Ø60±0.035
XTJ-14

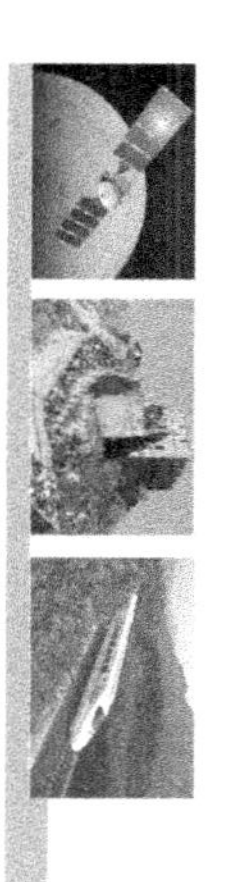

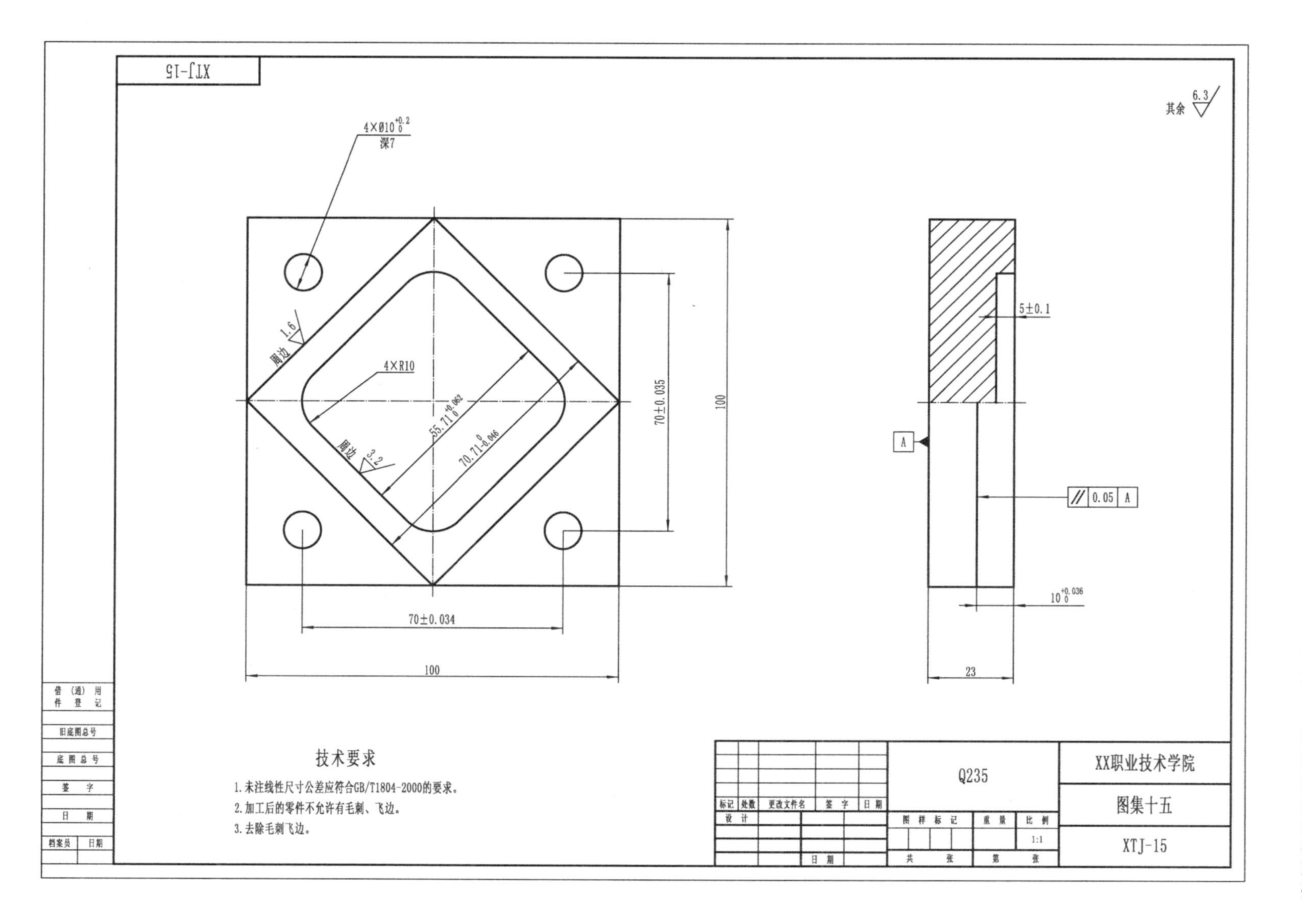
XTJ-15
其余 6.3
4×Ø10 +0.2 0
深7
周边 1.6
4×R10
55.71 +0.062 0
70.71 0 -0.046
周边 3.2
70±0.035
100
70±0.034
100
5±0.1
A
0.05 A
10 +0.036 0
23
技术要求
1. 未注线性尺寸公差应符合GB/T1804-2000的要求。
2. 加工后的零件不允许有毛刺、飞边。
3. 去除毛刺飞边。
Q235
XX职业技术学院
图集十五
XTJ-15
标记 处数 更改文件名 签字 日期
设计
日期
图样标记 重量 比例
1:1
共 张 第 张
借（通）用件登记
旧底图总号
底图总号
签字
日期
档案员 日期

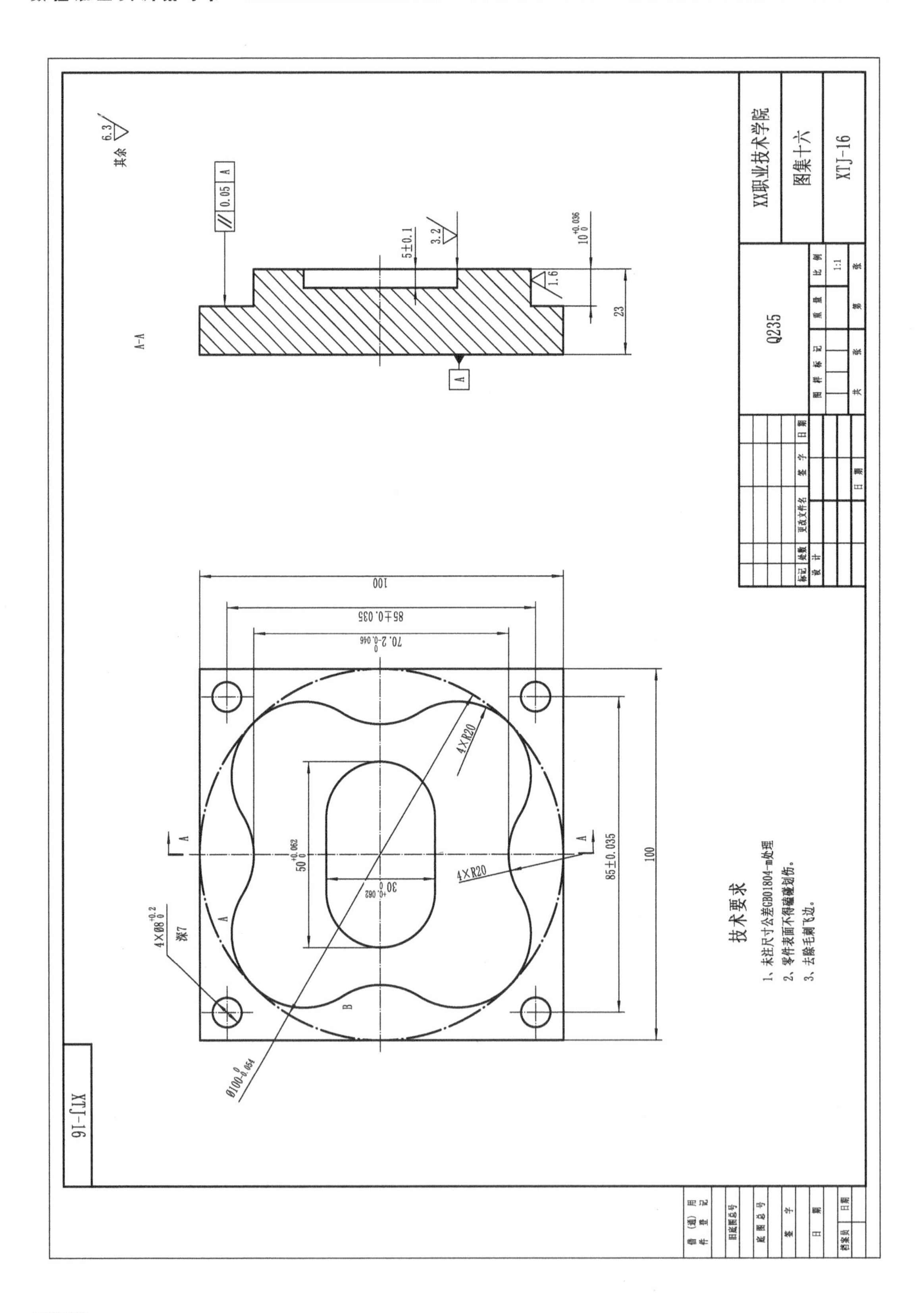

XX职业技术学院
图集十六
XTJ-16
Q235
1:1
A-A
其余 6.3
0.05 A
5±0.1
3.2
10 +0.036 0
1.6
23
A
100
85±0.035
70.2 0 -0.046
4×R20
50 +0.062 0
30 +0.062 0
4×Ø8 +0.2 0
深7
Ø100 0 -0.054
技术要求
1、未注尺寸公差GB01804-m处理
2、零件表面不得磕碰划伤。
3、去除毛刺飞边。

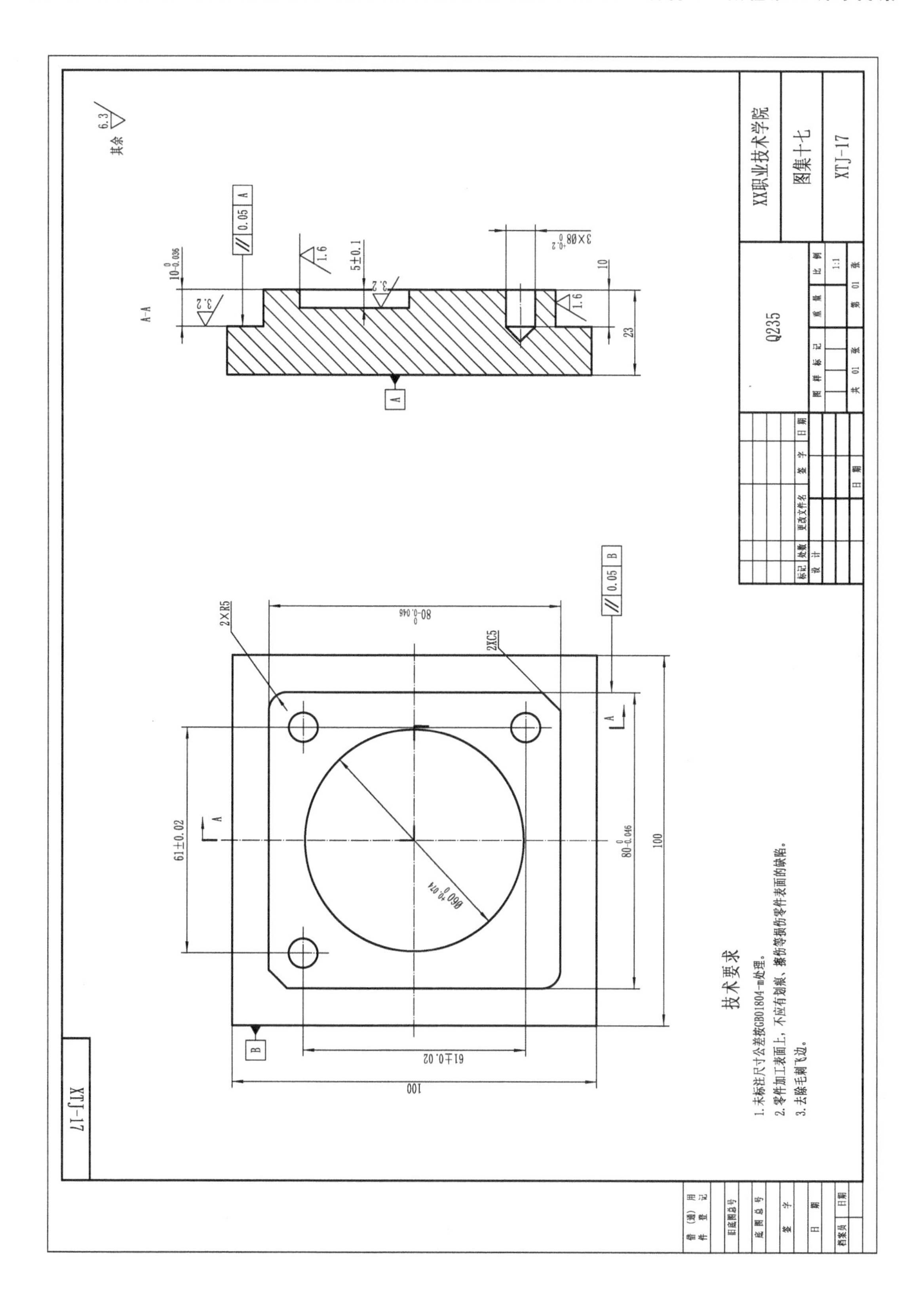
其余 6.3
A-A
0.05 A
5±0.1
3×Φ8
10
23
A
2×R5
2XC5
80 0 -0.046
0.05 B
61±0.02
100
Φ60 +0.074 0
B
XTJ-17
技术要求
1.未标注尺寸公差按GB01804-m处理。
2.零件加工表面上，不应有划痕，擦伤等损伤零件表面的缺陷。
3.去除毛刺飞边。
XX职业技术学院
图集十七
XTJ-17
Q235
1:1

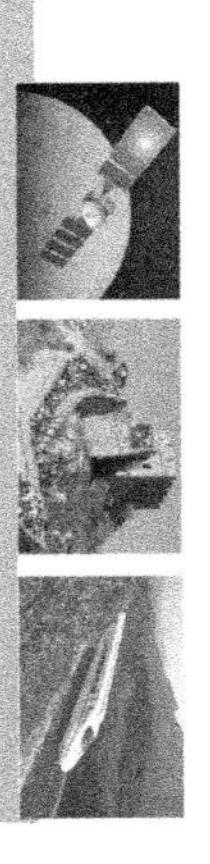

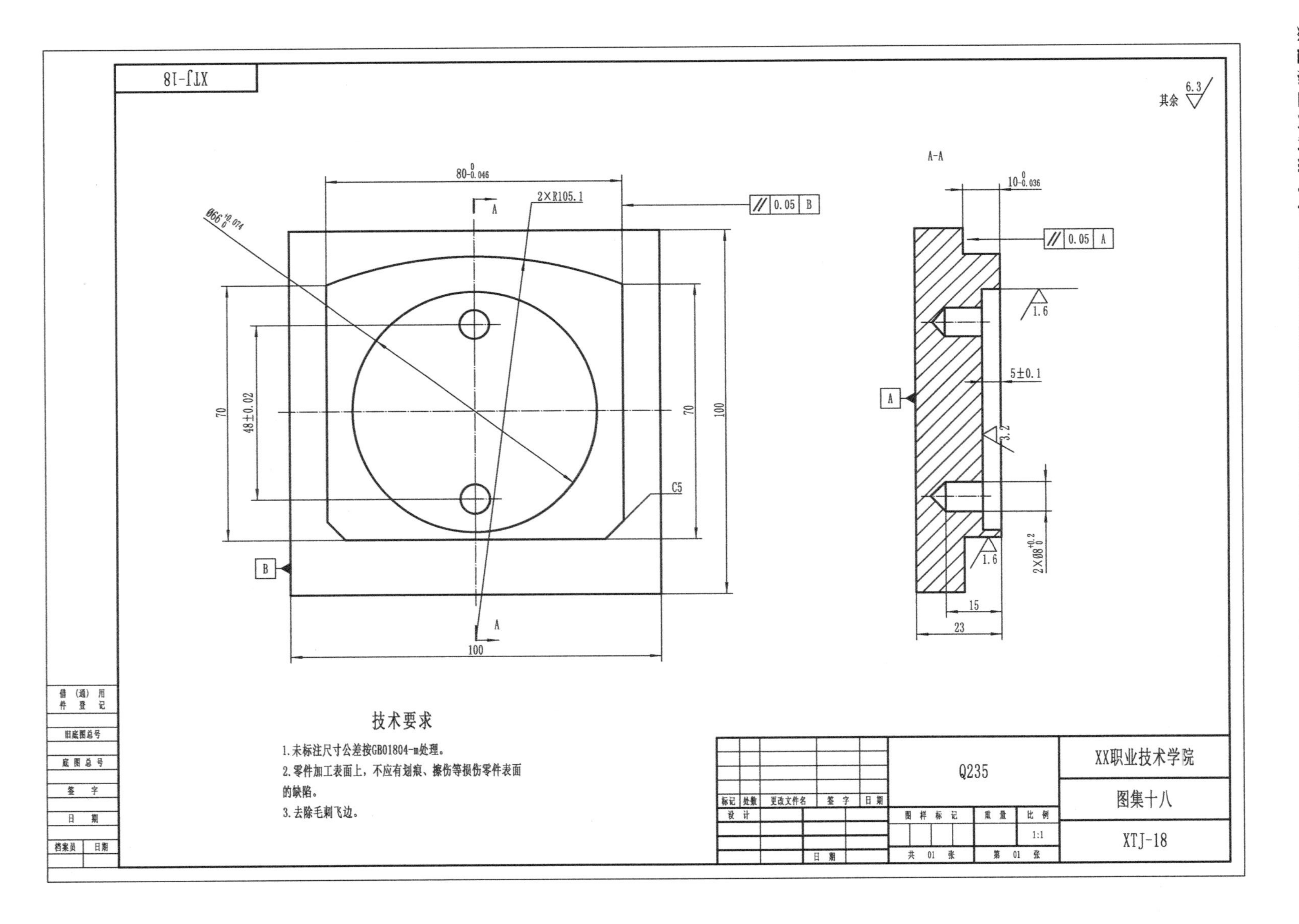

XTJ-18
其余 6.3
A-A
80-0.046
2×R105.1
0.05 B
0.05 A
10-0.036
Ø66+0.074
70
48±0.02
70
100
C5
100
1.6
5±0.1
3.2
1.6
2×Ø8+0.2
15
23
技术要求
1.未标注尺寸公差按GB01804-m处理。
2.零件加工表面上，不应有划痕、擦伤等损伤零件表面的缺陷。
3.去除毛刺飞边。
Q235
XX职业技术学院
图集十八
XTJ-18
1:1
共 01 张
第 01 张

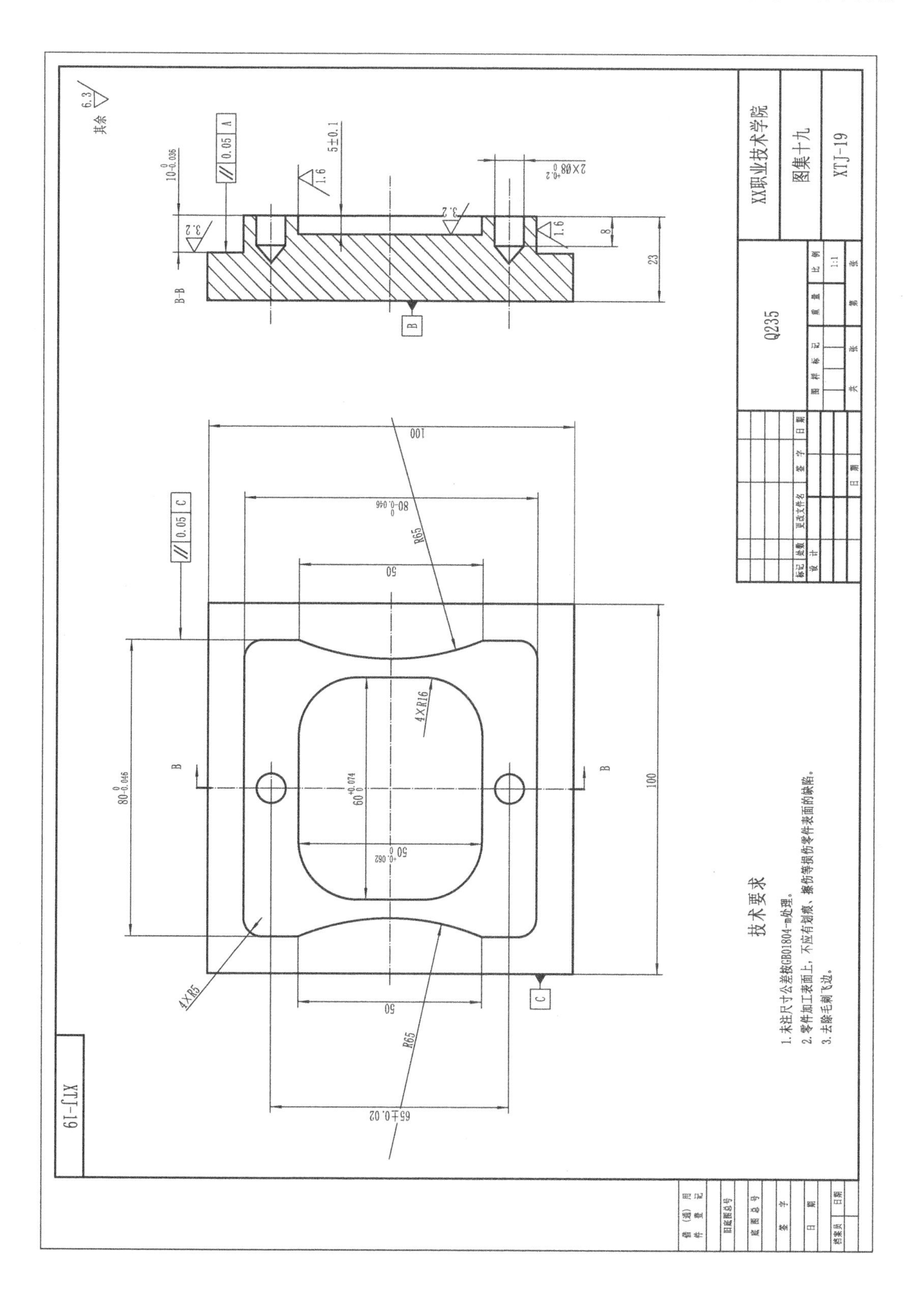
XX职业技术学院
图集十九
XTJ-19
Q235
B-B
技术要求
1.未注尺寸公差按GB01804-m处理。
2.零件加工表面上，不应有划痕、擦伤等损伤零件表面的缺陷。
3.去除毛刺飞边。
XTJ-19

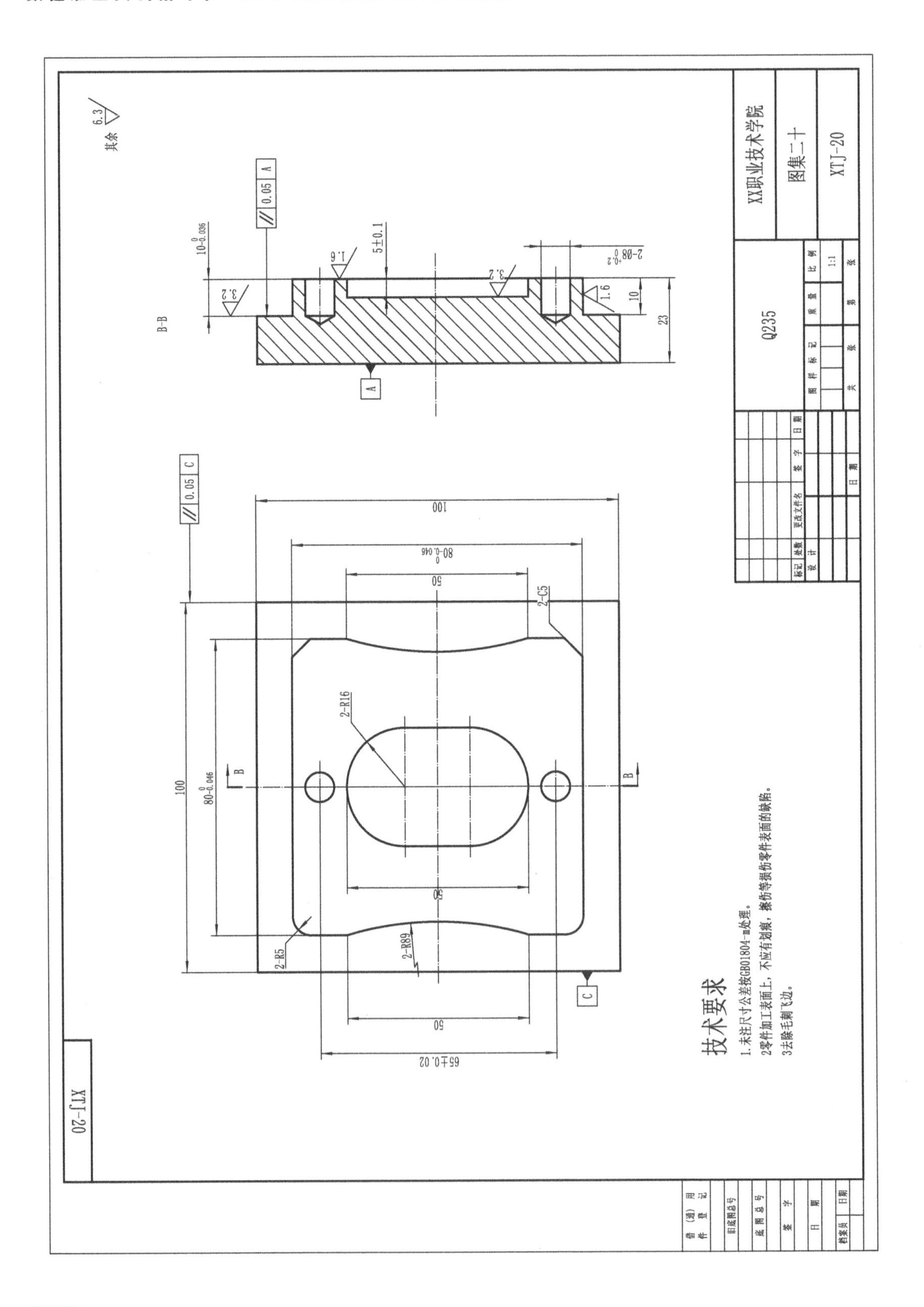

其余 6.3
B-B
0.05 A
0.05 C
$10^{0}_{-0.036}$
5±0.1
1.6
3.2
$2-8^{+0.2}_{0}$
10
23
A
100
$80^{0}_{-0.046}$
50
2-C5
2-R16
B
2-R5
2-R89
C
65±0.02
技术要求
1.未注尺寸公差按GB01804-m处理。
2零件加工表面上，不应有划痕，擦伤等损伤零件表面的缺陷。
3去除毛刺飞边。
XX职业技术学院
图集二十
XTJ-20
Q235
1:1
XTJ-20

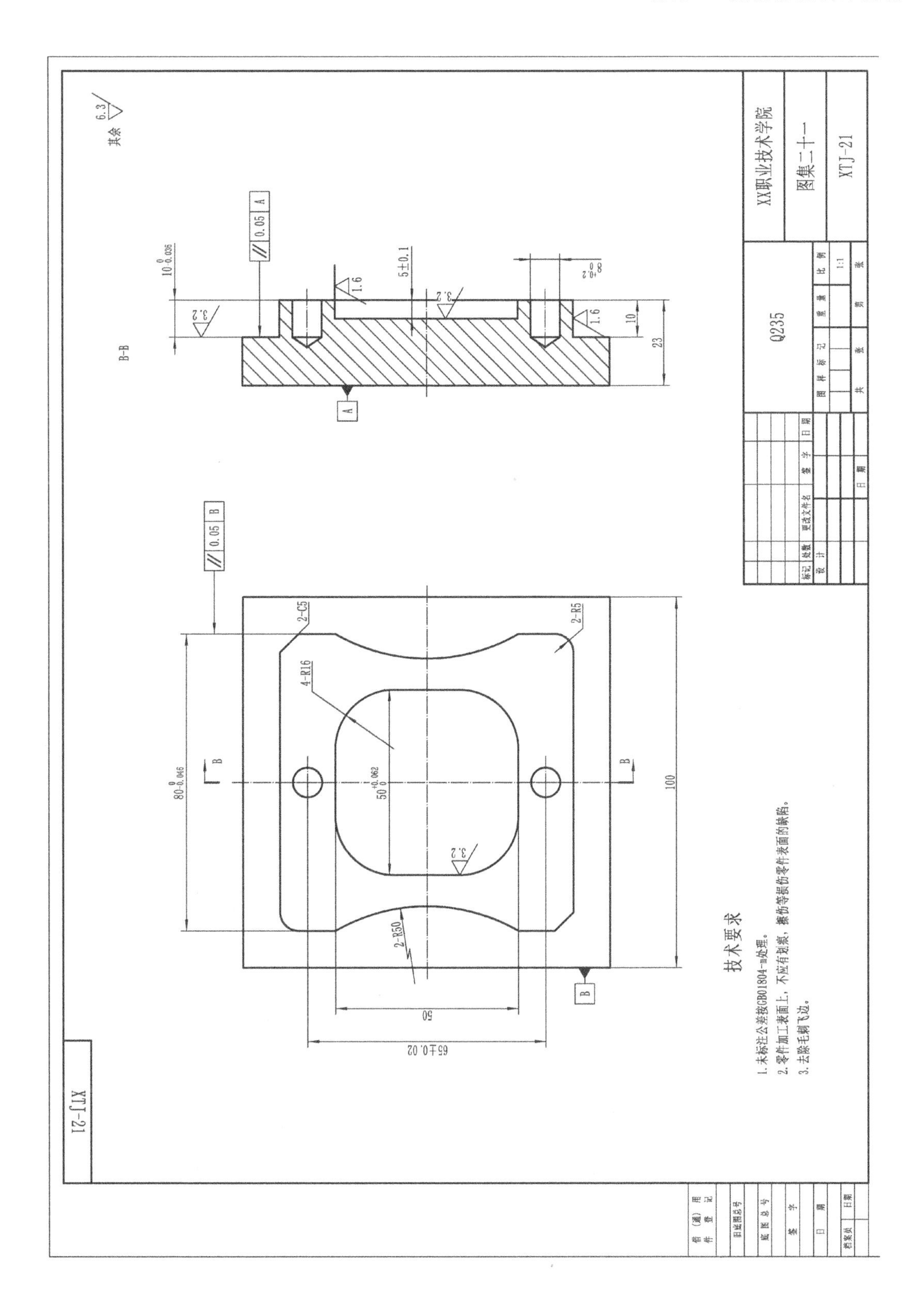
XX职业技术学院
图集二十一
XTJ-21
Q235
B-B
其余 6.3
技术要求
1.未标注公差按GB01804-m处理。
2.零件加工表面上，不应有划痕，擦伤等损伤零件表面的缺陷。
3.去除毛刺飞边。
2-C5
2-R5
4-R16
2-R50
100
50
65±0.02
0.05 A
0.05 B
5±0.1
10
23
1:1
XTJ-21

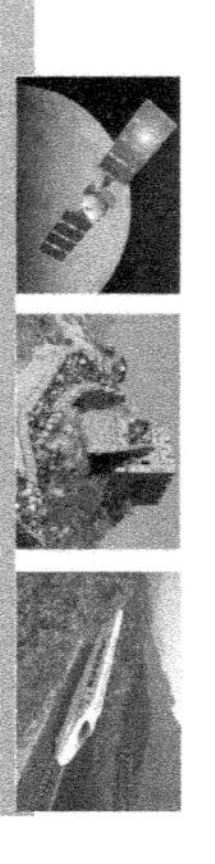

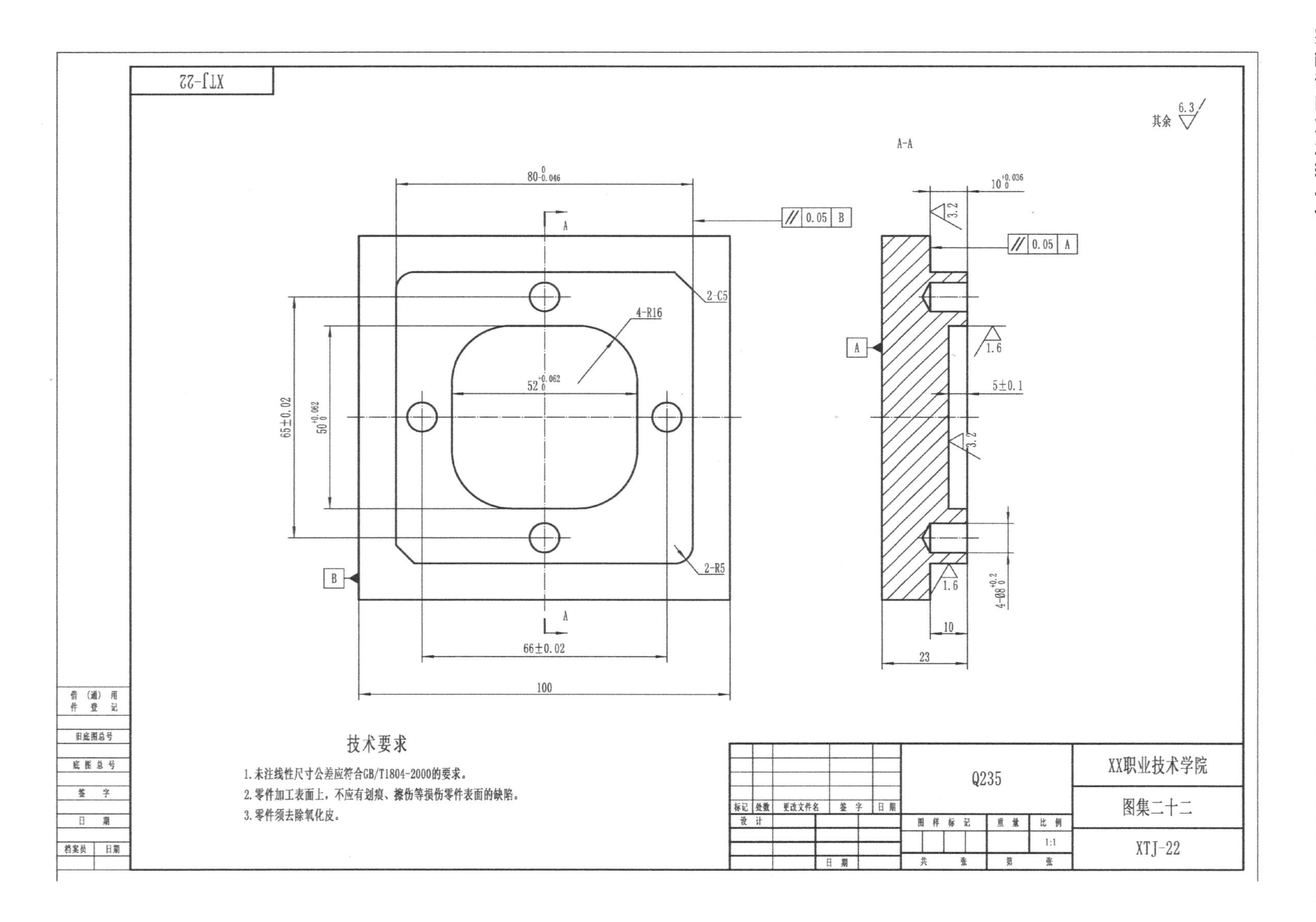
其余 6.3
A-A
80 0 -0.046
// 0.05 B
A
2-C5
4-R16
52 +0.062 0
65±0.02
50 +0.062 0
2-R5
B
66±0.02
100
10 +0.036 0
3.2
// 0.05 A
1.6
5±0.1
3.2
1.6
4-Φ8 +0.2 0
10
23
技术要求
1.未注线性尺寸公差应符合GB/T1804-2000的要求。
2.零件加工表面上，不应有划痕、擦伤等损伤零件表面的缺陷。
3.零件须去除氧化皮。
Q235
XX职业技术学院
图集二十二
XTJ-22
1:1
XTJ-22

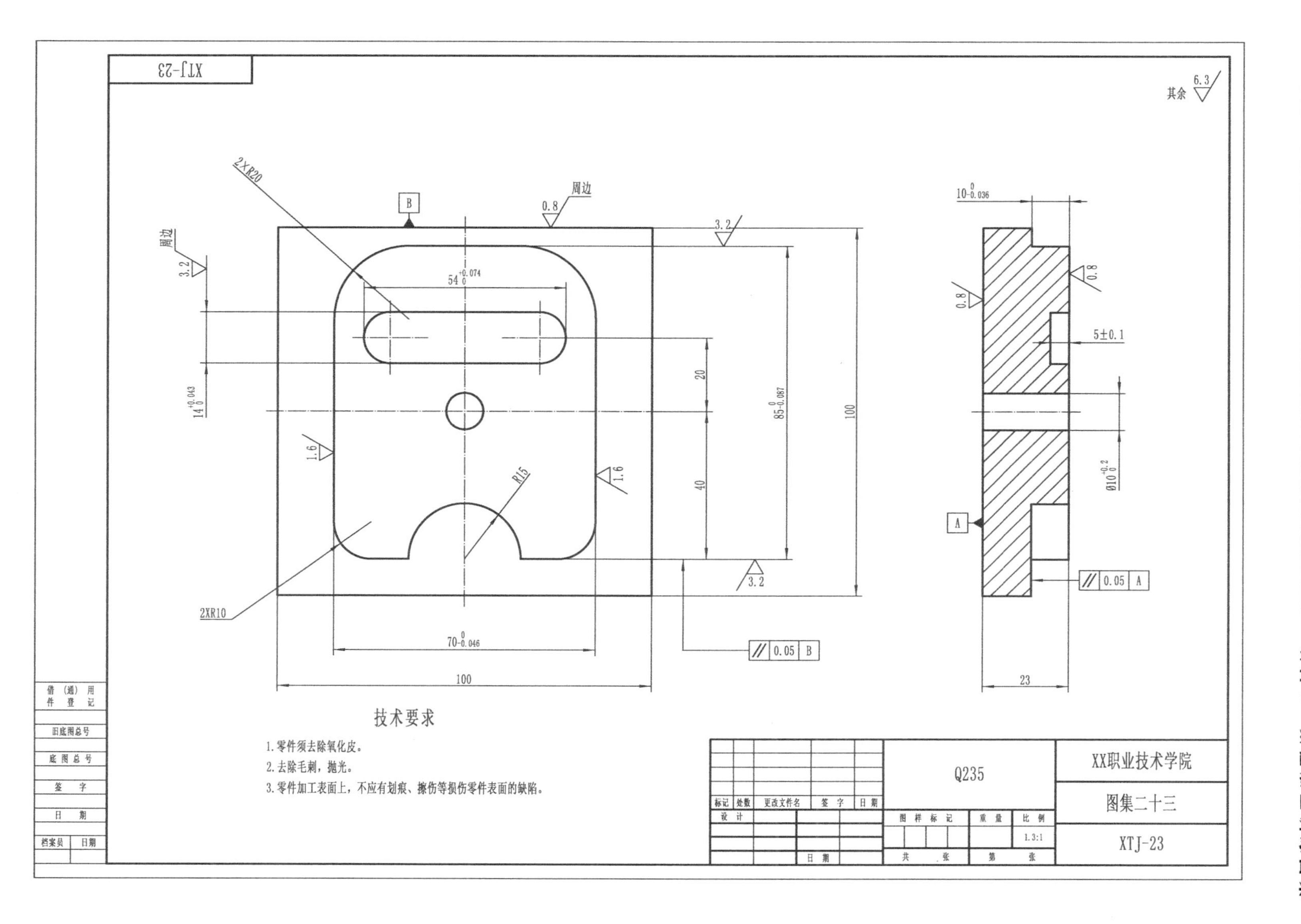

其余 6.3
2×R20
周边
0.8
3.2
1.6
54+0.074
14+0.043
20
40
85-0.087
100
R15
2XR10
70-0.046
0.05 B
10-0.036
5±0.1
Ø10+0.2
0.05 A
23
技术要求
1. 零件须去除氧化皮。
2. 去除毛刺，抛光。
3. 零件加工表面上，不应有划痕、擦伤等损伤零件表面的缺陷。
Q235
XX职业技术学院
图集二十三
XTJ-23
1.3:1
标记 处数 更改文件名 签 字 日 期
设 计
图 样 标 记 重 量 比 例
共 张 第 张
借（通）用件登记
旧底图总号
底 图 总 号
签 字
日 期
档案员 日期

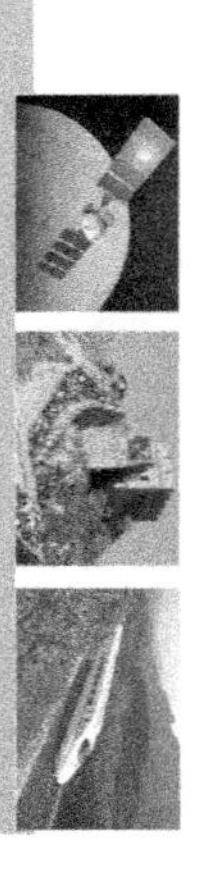

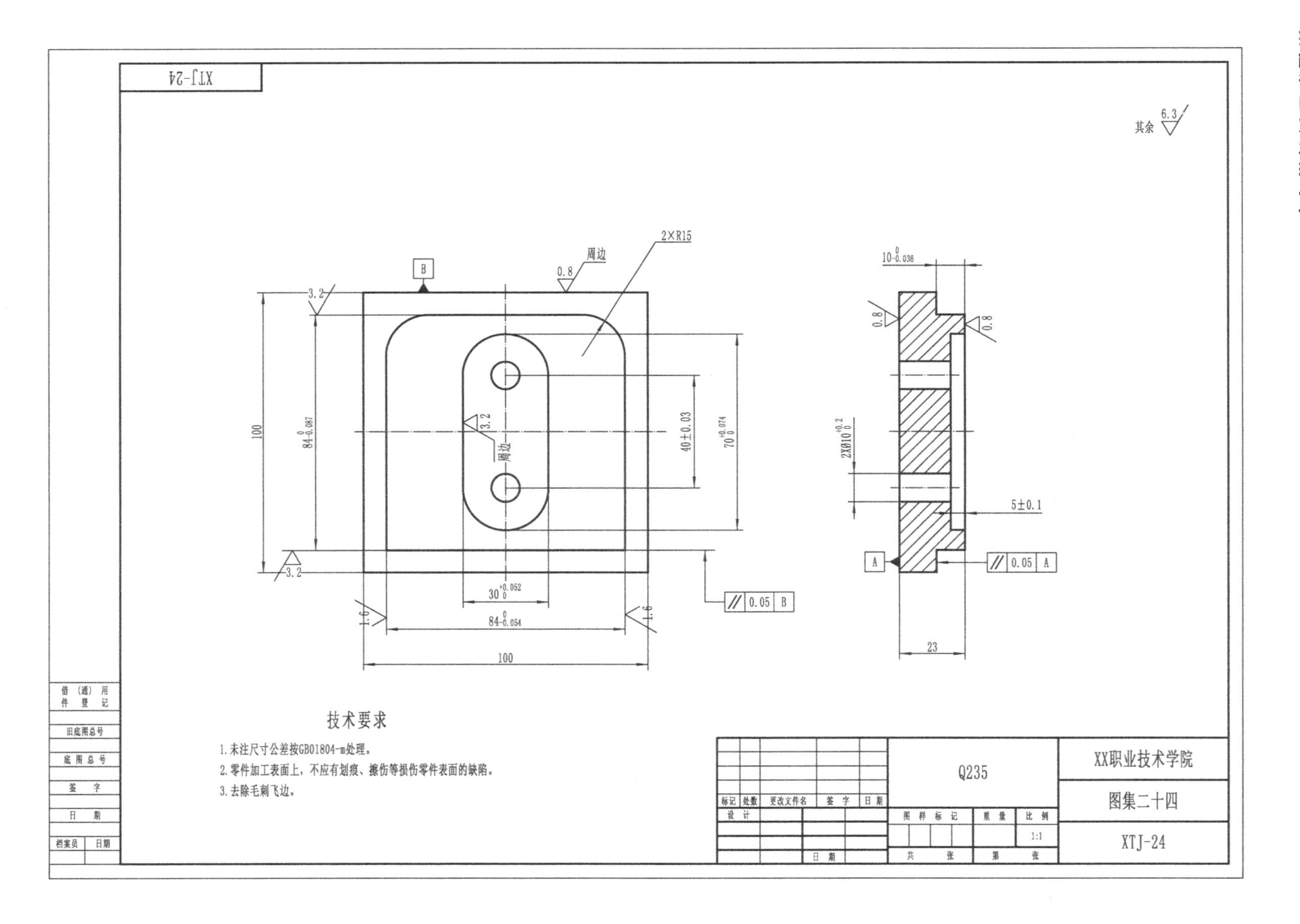
其余 6.3
2×R15
周边
0.8
B
3.2
100
40±0.03
30
84
70
10
2XØ10
5±0.1
A
0.05 A
0.05 B
1.6
23
技术要求
1.未注尺寸公差按GB01804-m处理。
2.零件加工表面上，不应有划痕、擦伤等损伤零件表面的缺陷。
3.去除毛刺飞边。
Q235
XX职业技术学院
图集二十四
XTJ-24
1:1

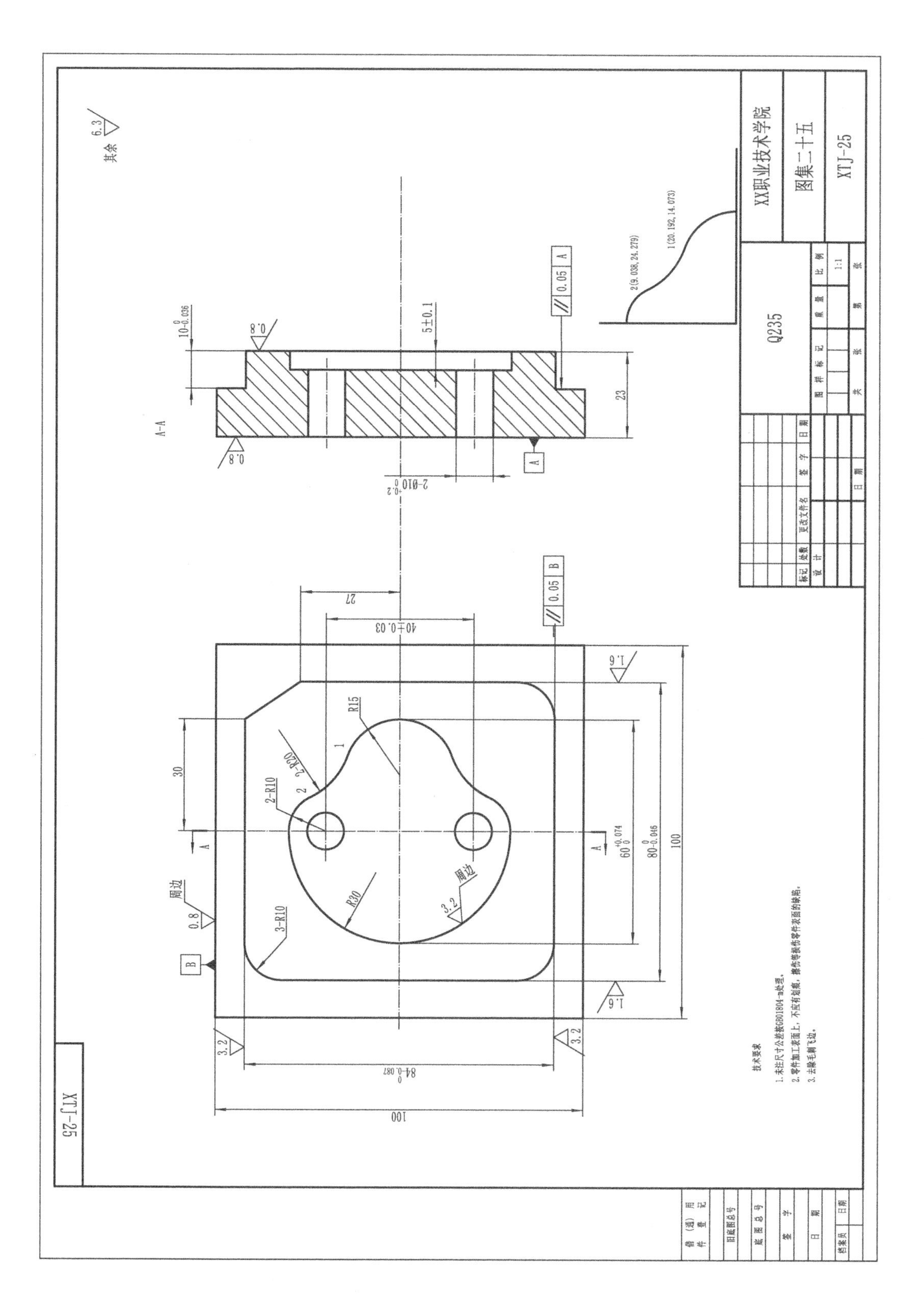

XX职业技术学院
图集二十五
XTJ-25
Q235
A-A
其余 6.3
2(9.038,24.279)
1(20.192,14.073)
R15
R30
2-R10
2-R20
3-R10
周边
40±0.03
27
100
84-0.087
80-0.046
60+0.074
5±0.1
23
2-Φ10+0.2
0.05 A
0.05 B
技术要求
1.未注尺寸公差按GB1804-m处理。
2.零件加工表面上，不应有划痕，擦伤等损伤零件表面的缺陷。
3.去除毛刺飞边。

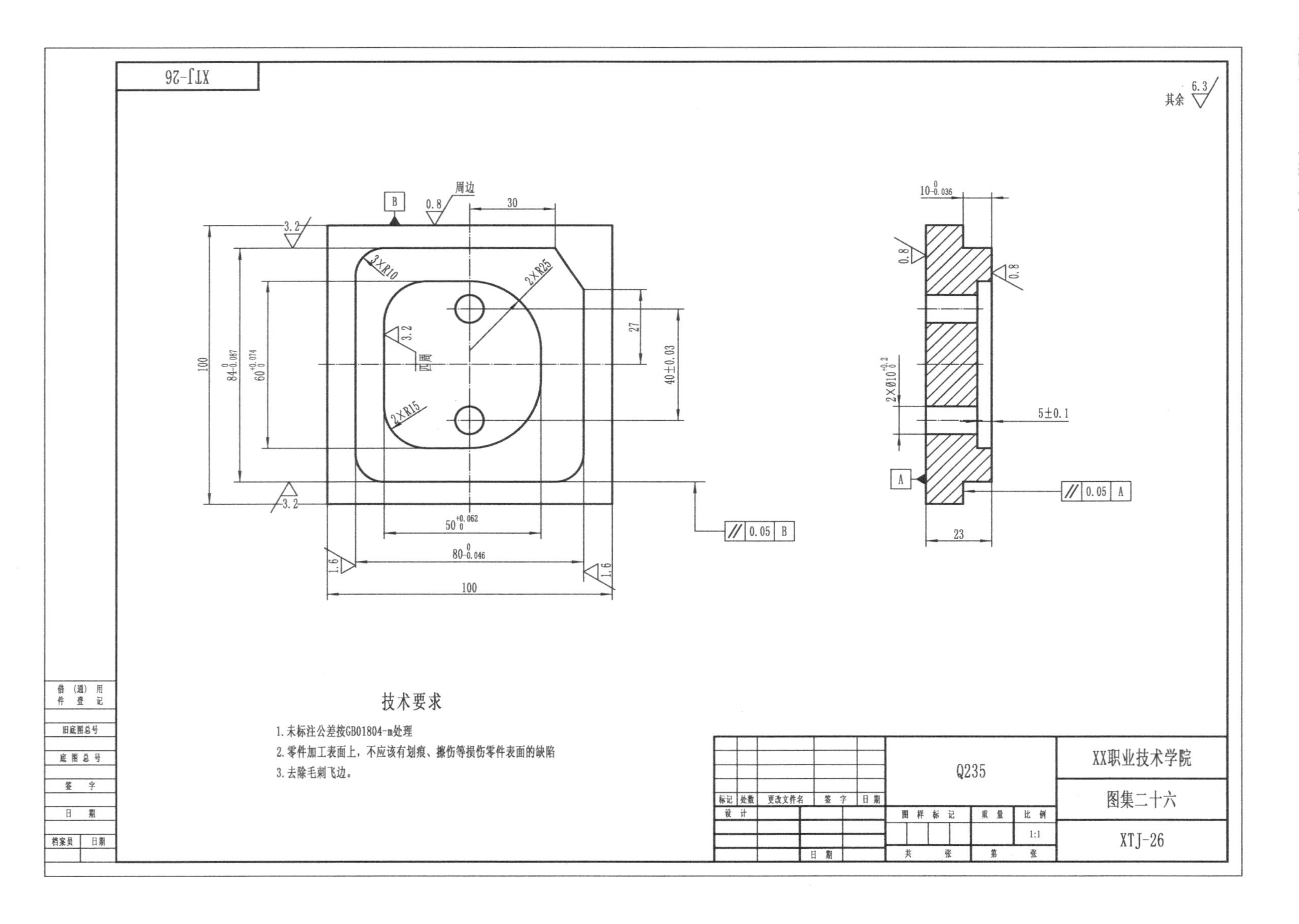
XTJ-26
其余 6.3
周边
0.8
B
30
3.2
3×R10
2×R25
2×R15
四周
27
40±0.03
100
84-0.087
60+0.074
50+0.062
80-0.046
1.6
0.05 B
10-0.036
2×Ø10+0.2
5±0.1
A
0.05 A
23
技术要求
1. 未标注公差按GB01804-m处理
2. 零件加工表面上，不应该有划痕、擦伤等损伤零件表面的缺陷
3. 去除毛刺飞边。
借(通)用件登记
旧底图总号
底图总号
签字
日期
档案员
标记
处数
更改文件名
设计
图样标记
重量
比例
1:1
共 张
第 张
Q235
XX职业技术学院
图集二十六
XTJ-26

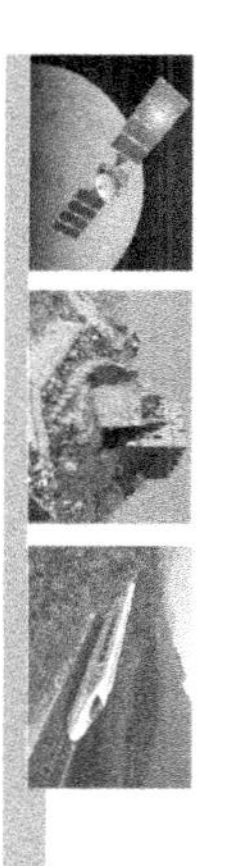

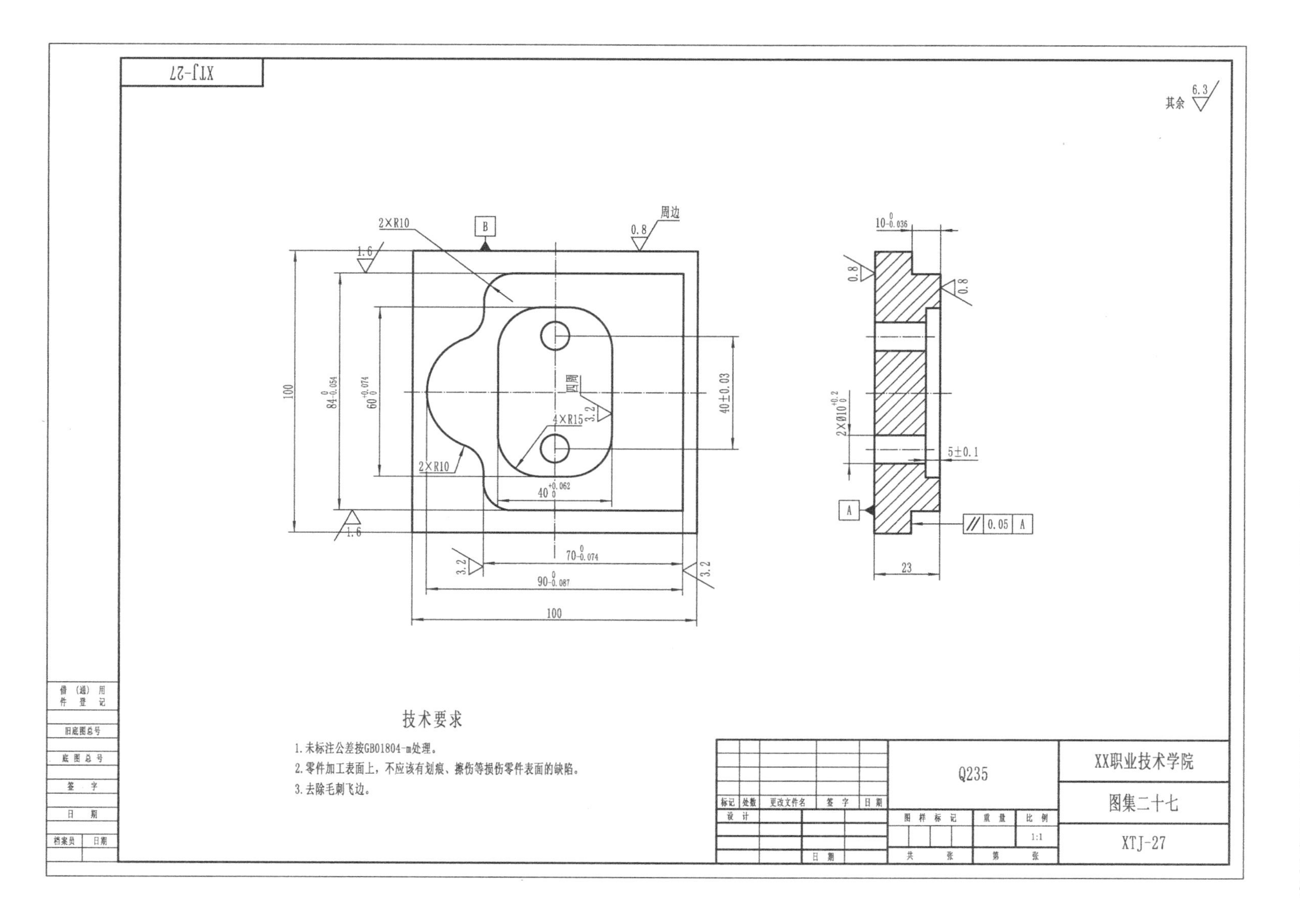

XTJ-27
其余 6.3
2×R10
B
0.8
周边
1.6
100
84-0.054
60+0.074
40±0.03
四周
3.2
4×R15
2×R10
40+0.062
70-0.074
90-0.087
100
10-0.036
0.8
2×Ø10+0.2
5±0.1
A
0.05 A
23
技术要求
1.未标注公差按GB01804-m处理。
2.零件加工表面上，不应该有划痕、擦伤等损伤零件表面的缺陷。
3.去除毛刺飞边。
Q235
XX职业技术学院
图集二十七
XTJ-27
1:1

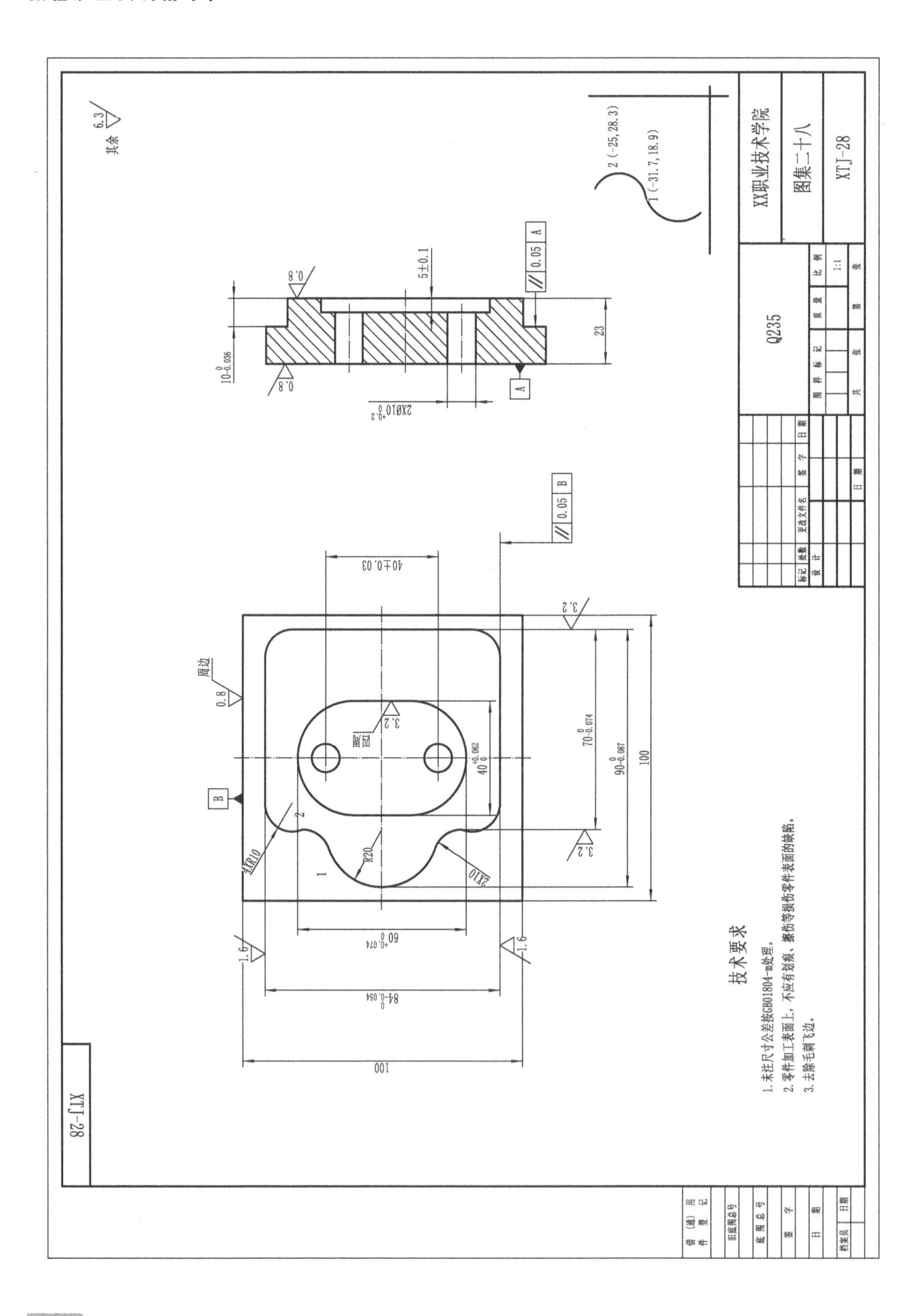
XX职业技术学院
图集二十八
XTJ-28
Q235
1:1
技术要求
1. 未注尺寸公差按GB01804-m处理。
2. 零件加工表面上，不应有划痕、擦伤等损伤零件表面的缺陷。
3. 去除毛刺飞边。
其余 6.3
周边
1 (-31.7, 18.9)
2 (-25, 28.3)
XTJ-28

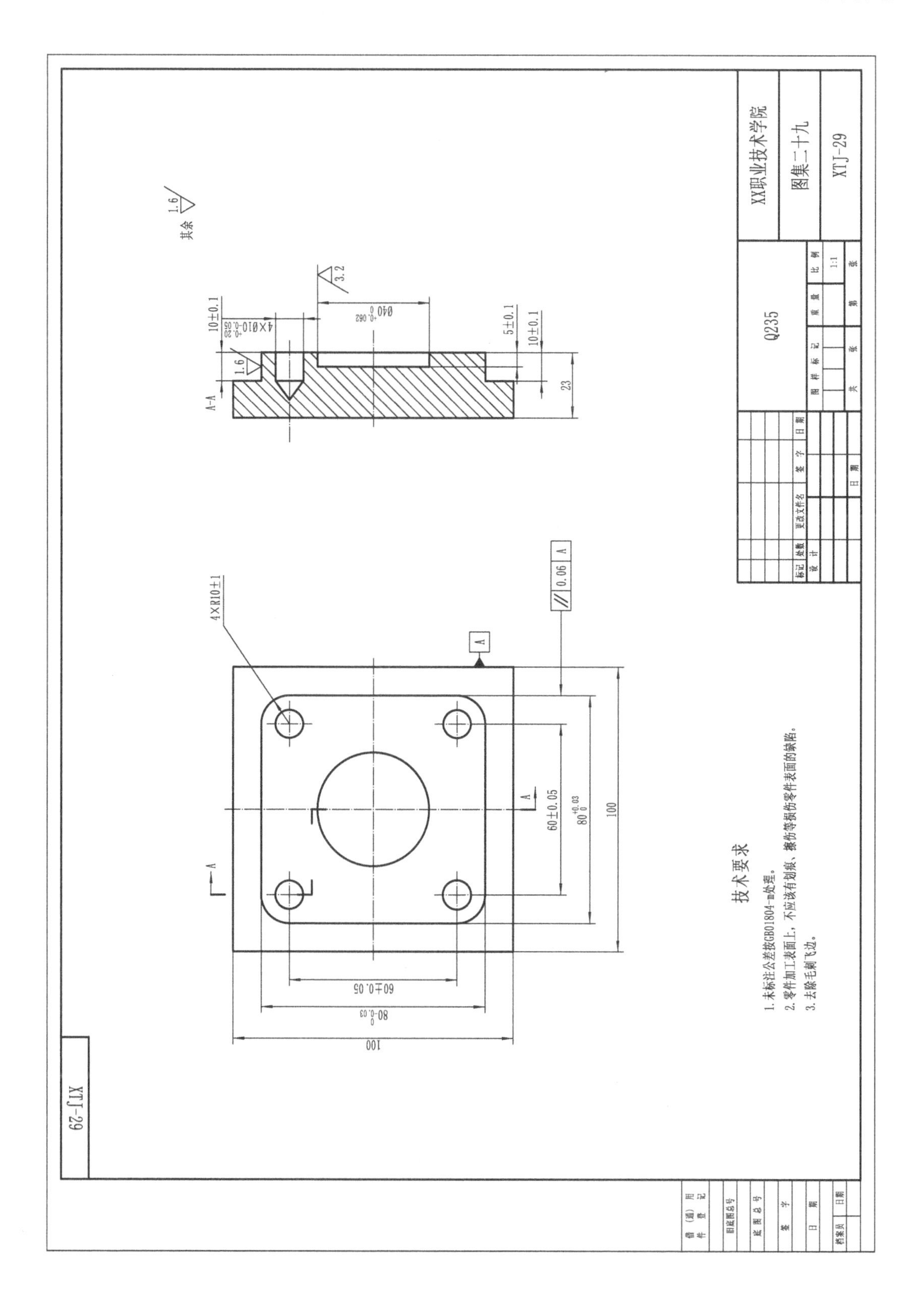

XX职业技术学院
图集二十九
XTJ-29
Q235
1:1
其余 1.6
3.2
1.6
A-A
10±0.1
4×Ø10-0.05 +0.20
Ø40 +0.062 0
5±0.1
10±0.1
23
4×R10±1
0.06 A
A
60±0.05
80 +0.03 0
100
60±0.05
80-0.03 0
100
技术要求
1.未标注公差按GB01804-m处理。
2.零件加工表面上，不应该有划痕、擦伤等损伤零件表面的缺陷。
3.去除毛刺飞边。
XTJ-29

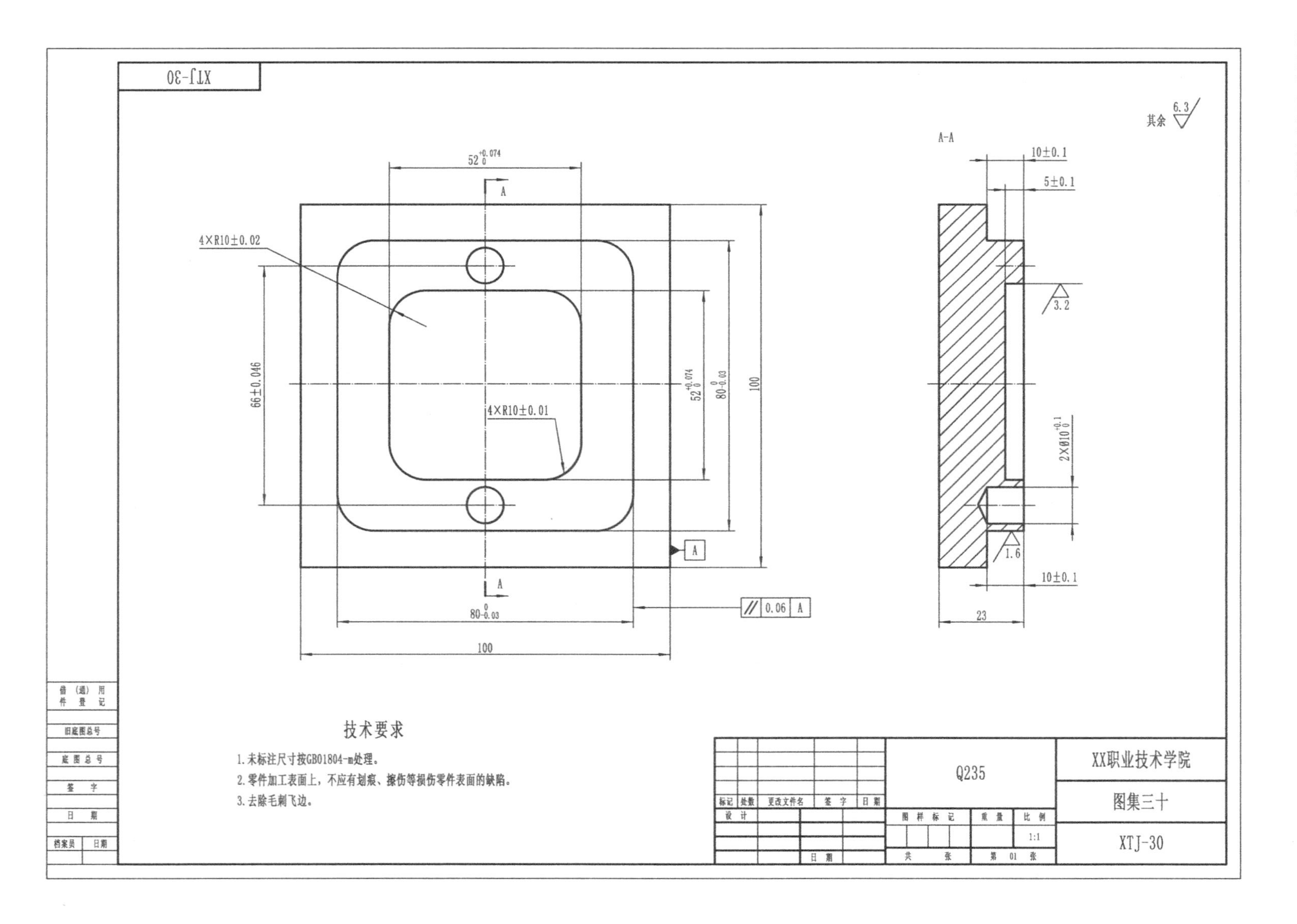
XTJ-30
其余 6.3
A-A
10±0.1
5±0.1
3.2
1.6
10±0.1
23
2×Ø10 +0.1 0
52 +0.074 0
A
4×R10±0.02
66±0.046
4×R10±0.01
52 +0.074 0
80 0 -0.03
100
A
A
0.06 A
80 0 -0.03
100
借（通）用件登记
旧底图总号
底图总号
签字
日期
档案员
日期
技术要求
1.未标注尺寸按GB01804-m处理。
2.零件加工表面上，不应有划痕、擦伤等损伤零件表面的缺陷。
3.去除毛刺飞边。
标记
处数
更改文件名
签字
日期
设计
日期
Q235
图样标记
重量
比例
1:1
共 张
第 01 张
XX职业技术学院
图集三十
XTJ-30

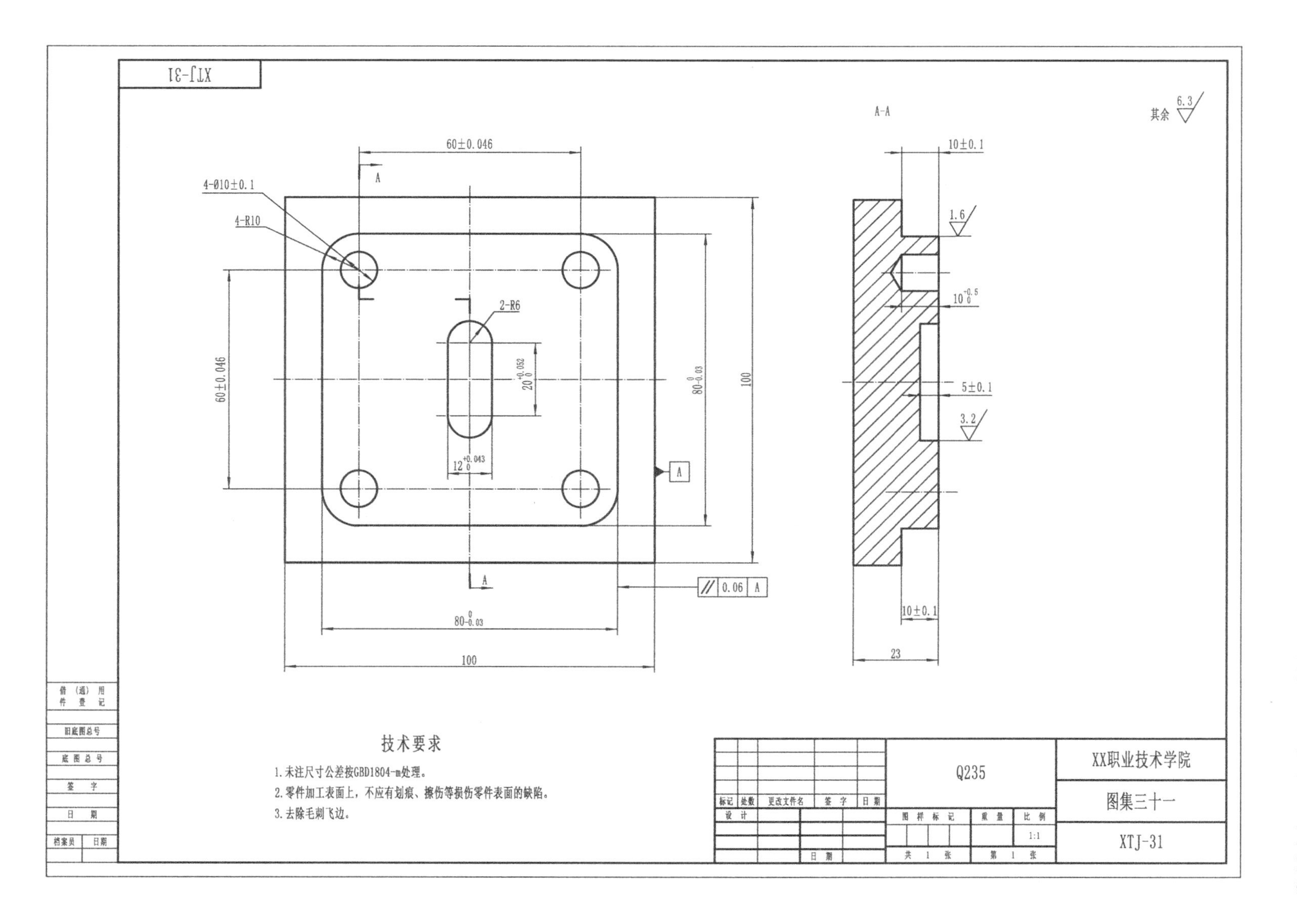

XTJ-31
A-A
其余 6.3
60±0.046
4-Ø10±0.1
4-R10
2-R6
A
10±0.1
1.6
10
5±0.1
3.2
0.06 A
100
23
技术要求
1.未注尺寸公差按GBD1804-m处理。
2.零件加工表面上，不应有划痕、擦伤等损伤零件表面的缺陷。
3.去除毛刺飞边。
Q235
XX职业技术学院
图集三十一
XTJ-31
1:1

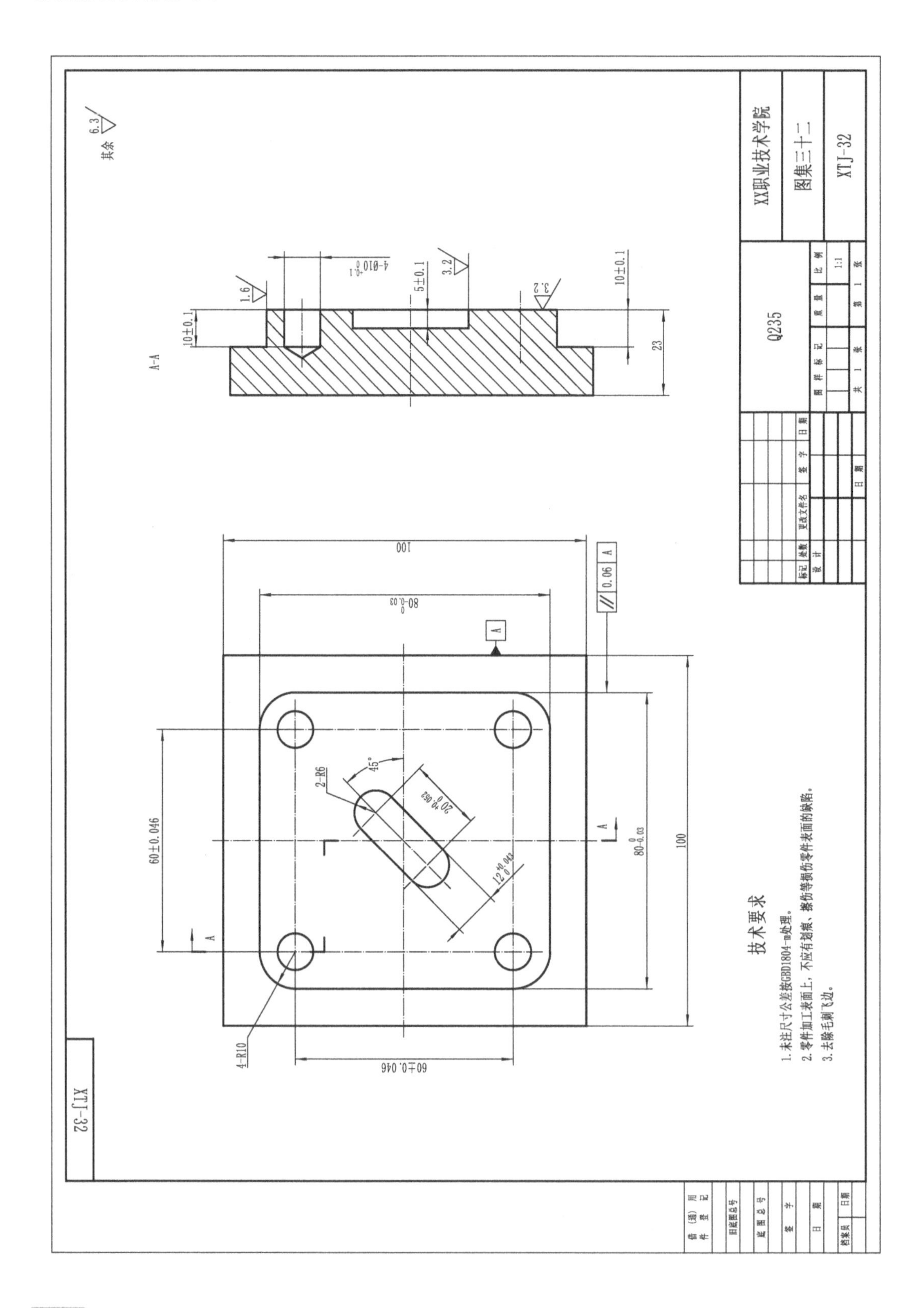

其余 6.3
A-A
4-Ø10
5±0.1
3.2
1.6
10±0.1
23
100
A
0.06 A
60±0.046
80
2-R6
45°
4-R10
技术要求
1.未注尺寸公差按GBD1804-m处理。
2.零件加工表面上，不应有划痕、擦伤等损伤零件表面的缺陷。
3.去除毛刺飞边。
XX职业技术学院
图集三十二
XTJ-32
Q235
1:1

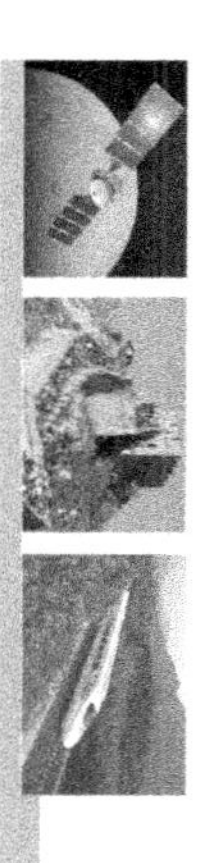

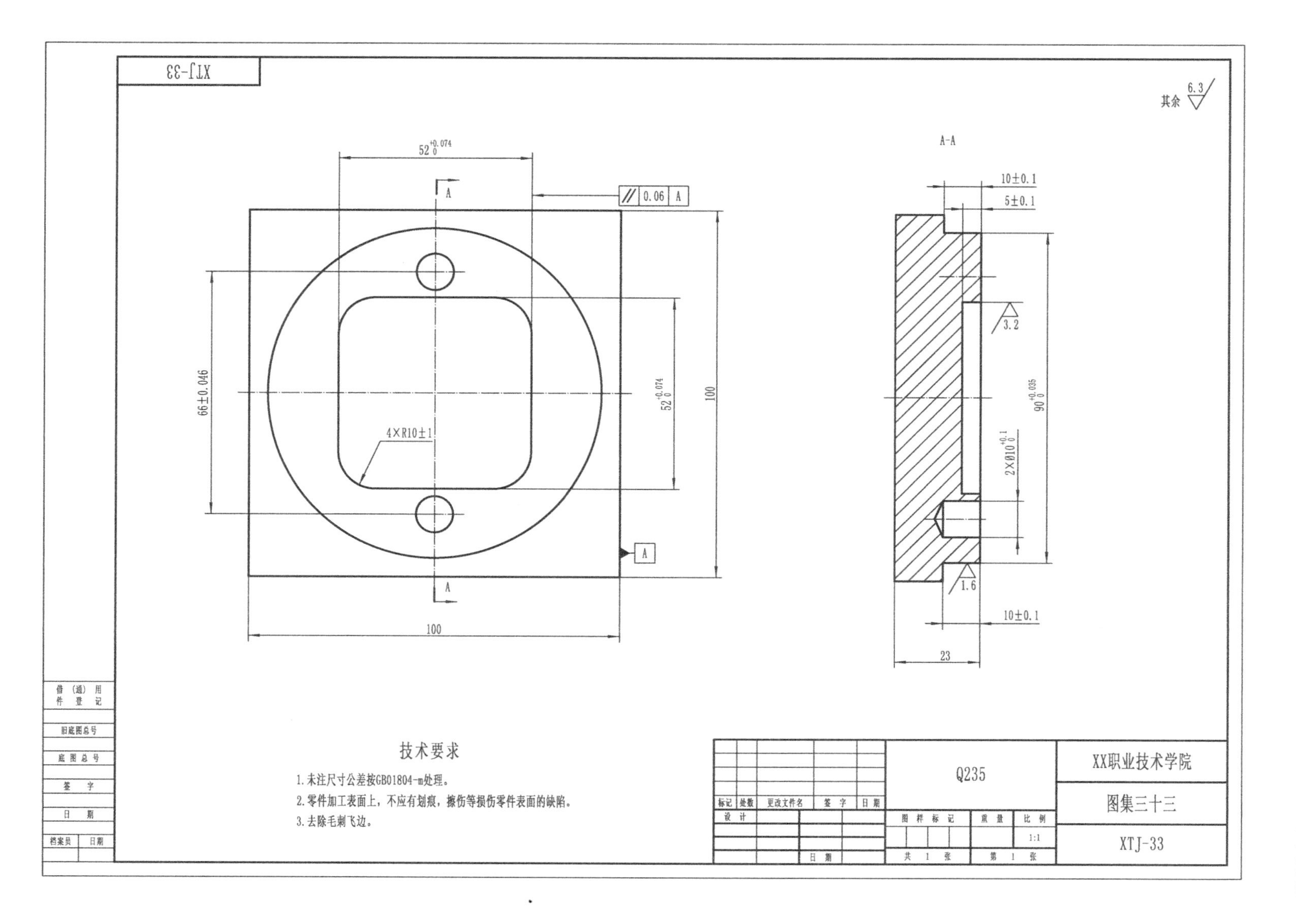

XTJ-33
其余 6.3
A-A
52 +0.074 0
0.06 A
A
66±0.046
4×R10±1
100
10±0.1
5±0.1
3.2
90 +0.035 0
2×Ø10 +0.1 0
1.6
23
技术要求
1.未注尺寸公差按GB01804-m处理。
2.零件加工表面上，不应有划痕，擦伤等损伤零件表面的缺陷。
3.去除毛刺飞边。
Q235
XX职业技术学院
图集三十三
XTJ-33
标记 处数 更改文件名 签 字 日 期
设 计
图 样 标 记 重 量 比 例
1:1
共 1 张 第 1 张
借（通）用件登记
旧底图总号
底图总号
签 字
日 期
档案员 日期

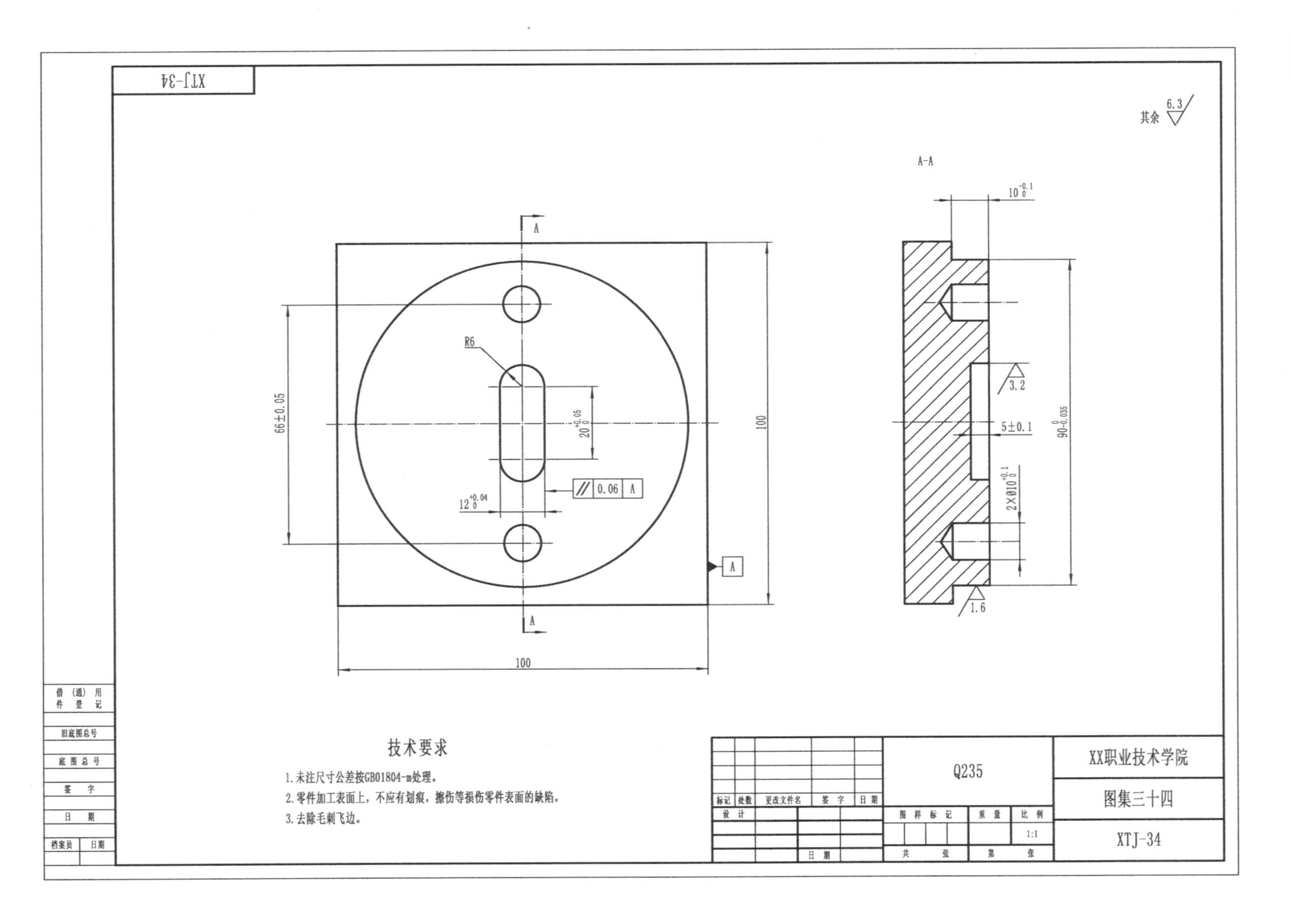
其余 6.3
A-A
$10^{+0.1}_{0}$
3.2
5±0.1
$90^{0}_{-0.035}$
$2×Ø10^{+0.1}_{0}$
1.6
A
R6
$20^{+0.05}_{0}$
66±0.05
$12^{+0.04}_{0}$
0.06 A
100
100
XTJ-34
借（通）用件登记
旧底图总号
底图总号
签字
日期
档案员
日期
技术要求
1.未注尺寸公差按GB01804-m处理。
2.零件加工表面上，不应有划痕，擦伤等损伤零件表面的缺陷。
3.去除毛刺飞边。
标记
处数
更改文件名
签字
日期
设计
日期
Q235
图样标记
重量
比例
1:1
共 张
第 张
XX职业技术学院
图集三十四
XTJ-34

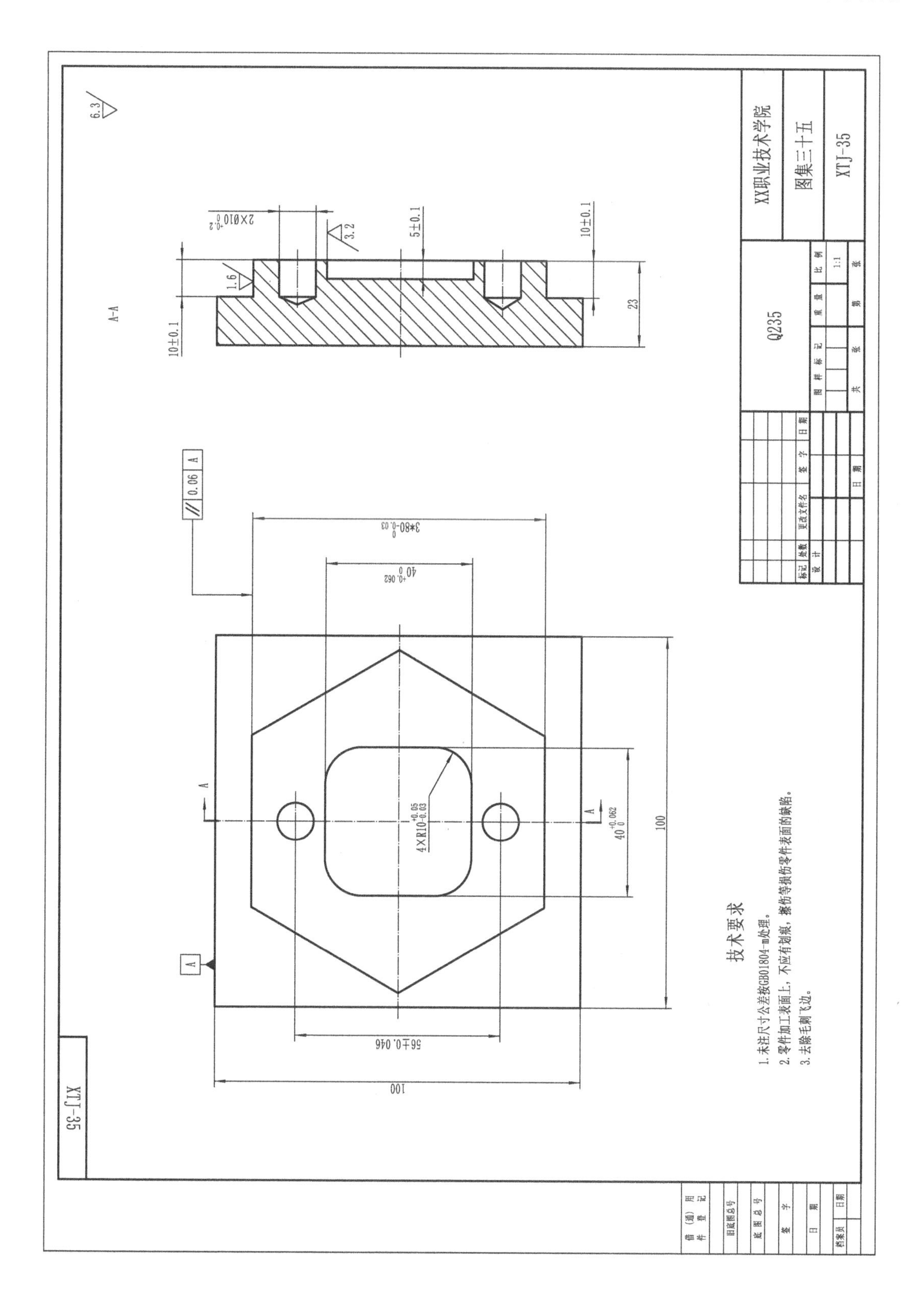

XX职业技术学院
图集二十五
XTJ-35
Q235
A-A
技术要求
1.未注尺寸公差按GB01804-m处理。
2.零件加工表面上，不应有划痕，擦伤等损伤零件表面的缺陷。
3.去除毛刺飞边。

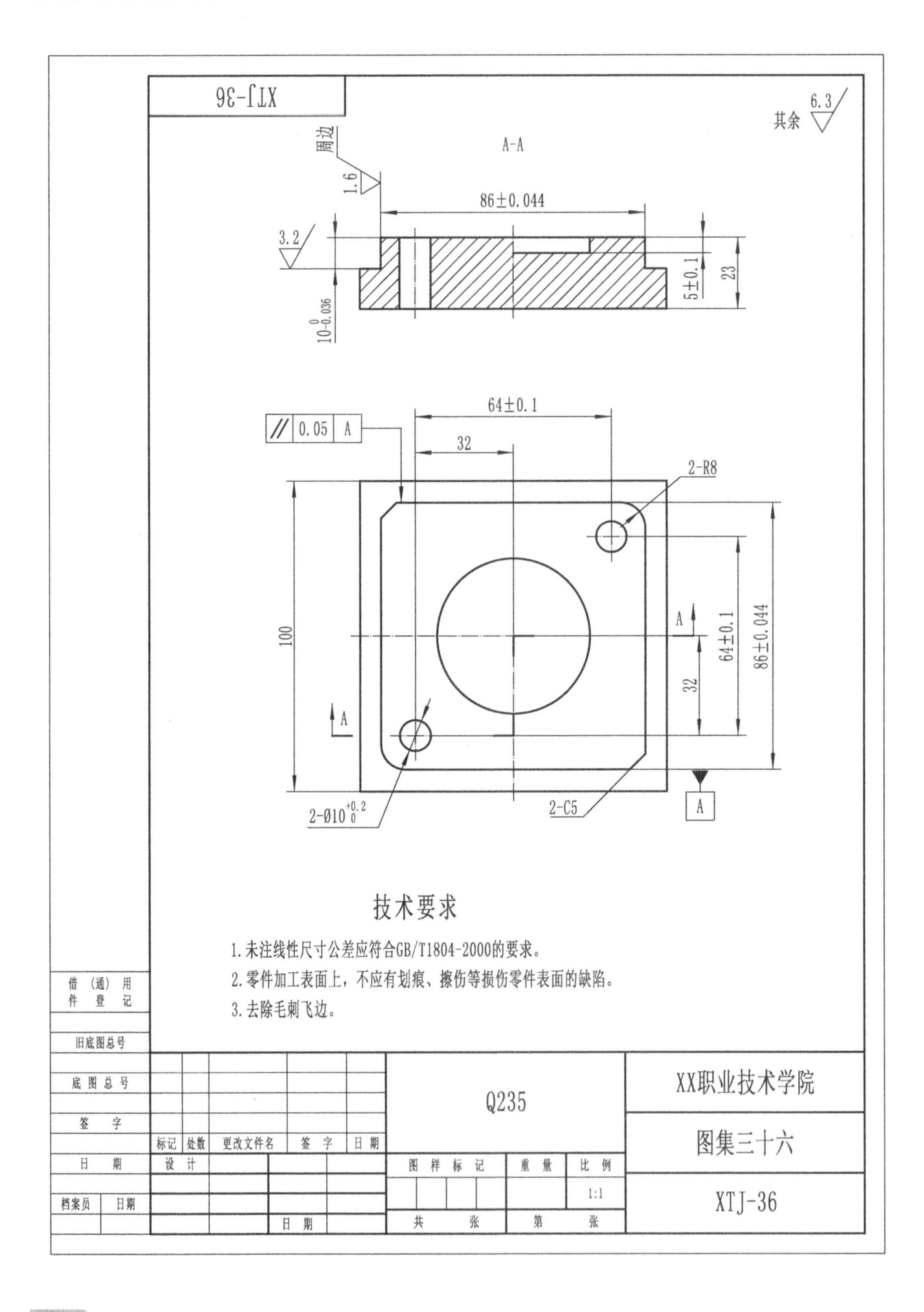

XTJ-36
其余 6.3
A-A
周边
1.6
86±0.044
3.2
5±0.1
23
10-0.036
64±0.1
32
0.05 A
2-R8
100
A
64±0.1
86±0.044
32
A
2-Ø10+0.2 0
2-C5
A
技术要求
1. 未注线性尺寸公差应符合GB/T1804-2000的要求。
2. 零件加工表面上，不应有划痕、擦伤等损伤零件表面的缺陷。
3. 去除毛刺飞边。
借（通）用件登记
旧底图总号
底图总号
签字
日期
档案员
日期
标记
处数
更改文件名
签字
日期
设计
日期
Q235
图样标记
重量
比例
1:1
共 张
第 张
XX职业技术学院
图集三十六
XTJ-36

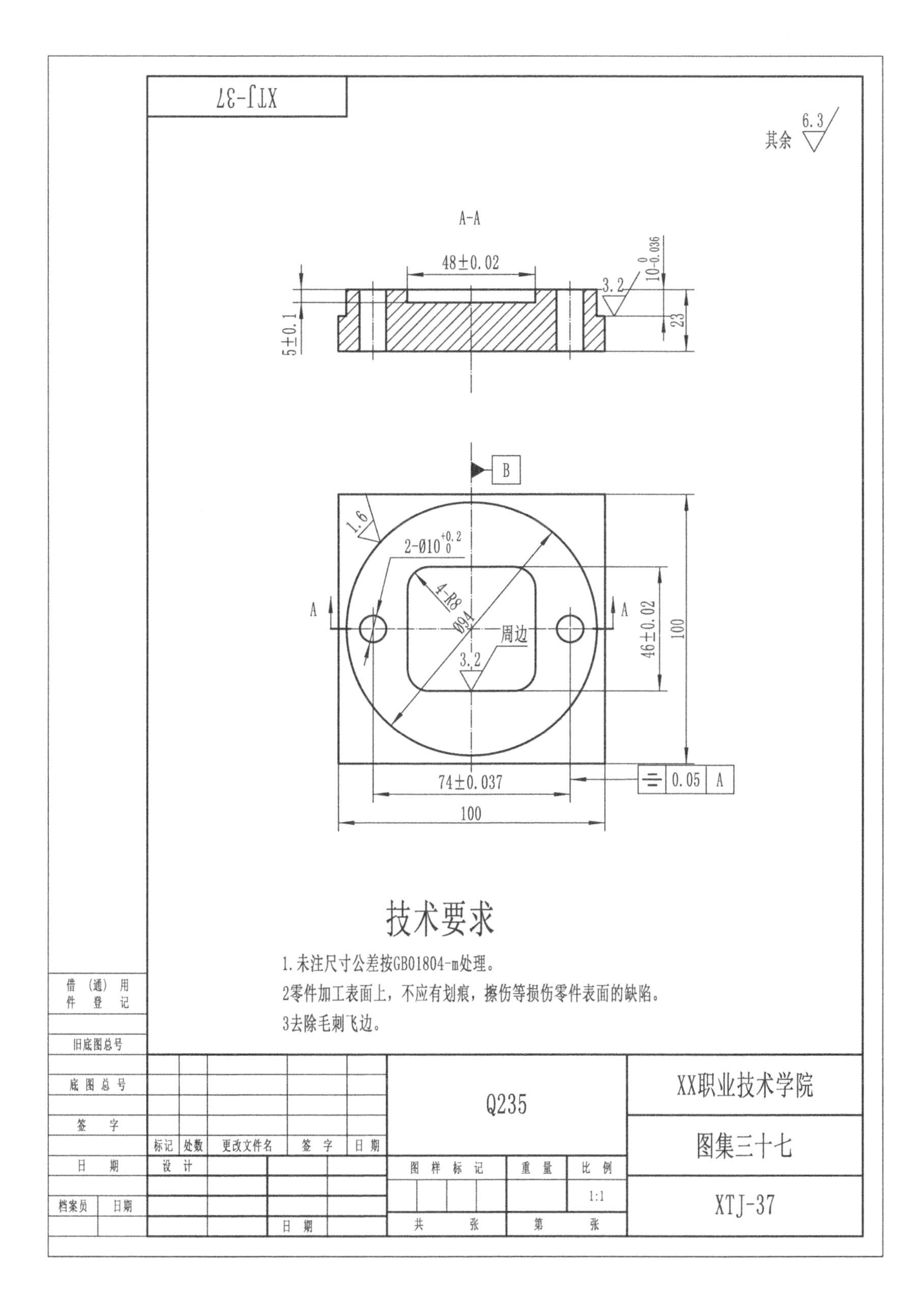
XTJ-37
其余 6.3
A-A
48±0.02
3.2
$10^{0}_{-0.036}$
5±0.1
23
B
1.6
2-Ø10$^{+0.2}_{0}$
4-R8
Ø94
周边
3.2
A
A
46±0.02
100
74±0.037
0.05 A
100
技术要求
1.未注尺寸公差按GB01804-m处理。
2零件加工表面上，不应有划痕，擦伤等损伤零件表面的缺陷。
3去除毛刺飞边。
借（通）用件登记
旧底图总号
底图总号
签字
日期
档案员 日期
标记 处数 更改文件名 签字 日期
设计
日期
Q235
图样标记 重量 比例
1:1
共 张 第 张
XX职业技术学院
图集三十七
XTJ-37

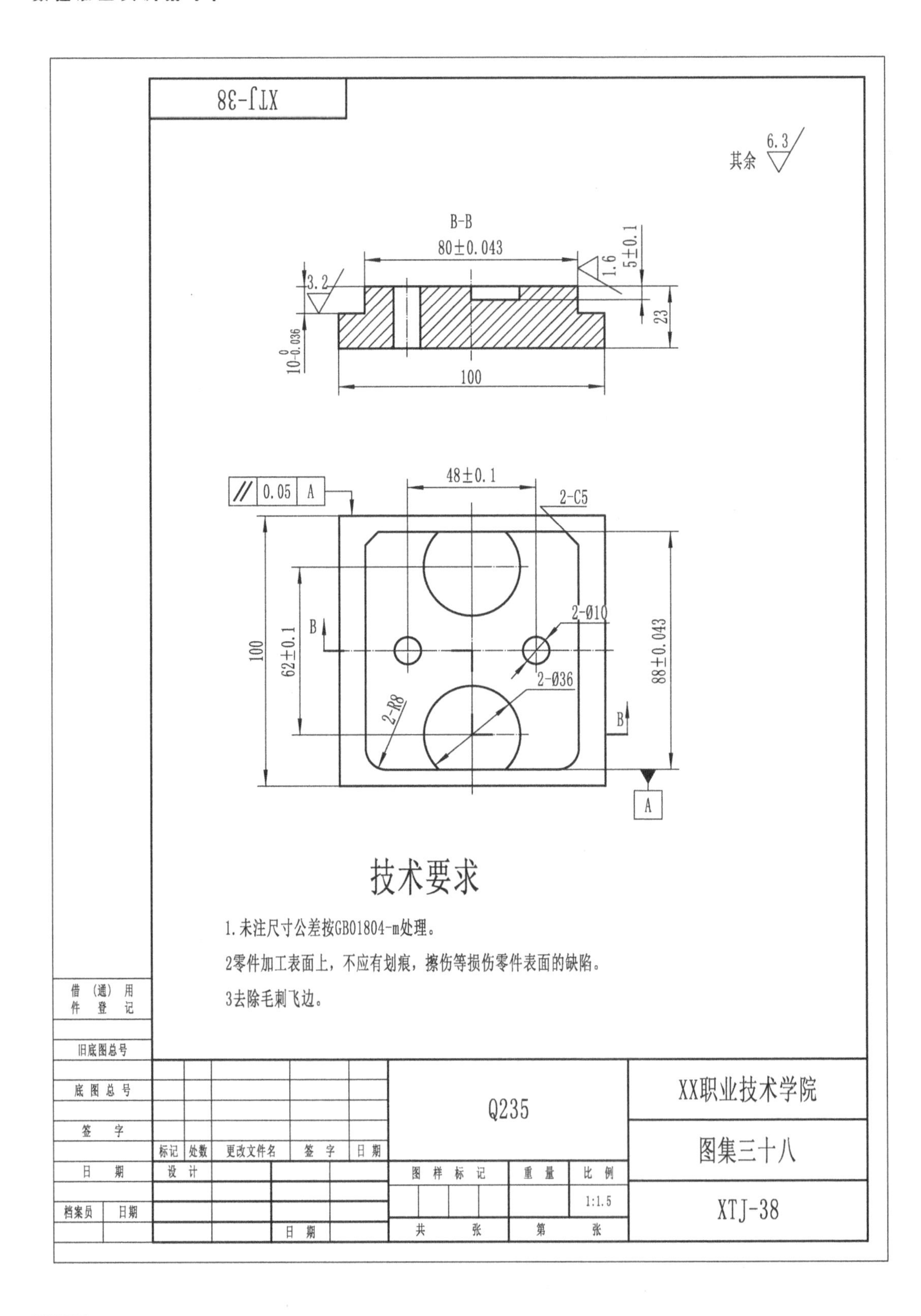
XTJ-38
其余 6.3
B-B
80±0.043
3.2
1.6
5±0.1
23
10 0 -0.036
100
48±0.1
0.05 A
2-C5
2-Ø10
2-Ø36
2-R8
100
62±0.1
88±0.043
B
A
技术要求
1.未注尺寸公差按GB01804-m处理。
2零件加工表面上，不应有划痕，擦伤等损伤零件表面的缺陷。
3去除毛刺飞边。
借（通）用件登记
旧底图总号
底图总号
签字
日期
档案员 日期
标记 处数 更改文件名 签字 日期
设计
日期
Q235
图样标记 重量 比例
1:1.5
共 张 第 张
XX职业技术学院
图集三十八
XTJ-38

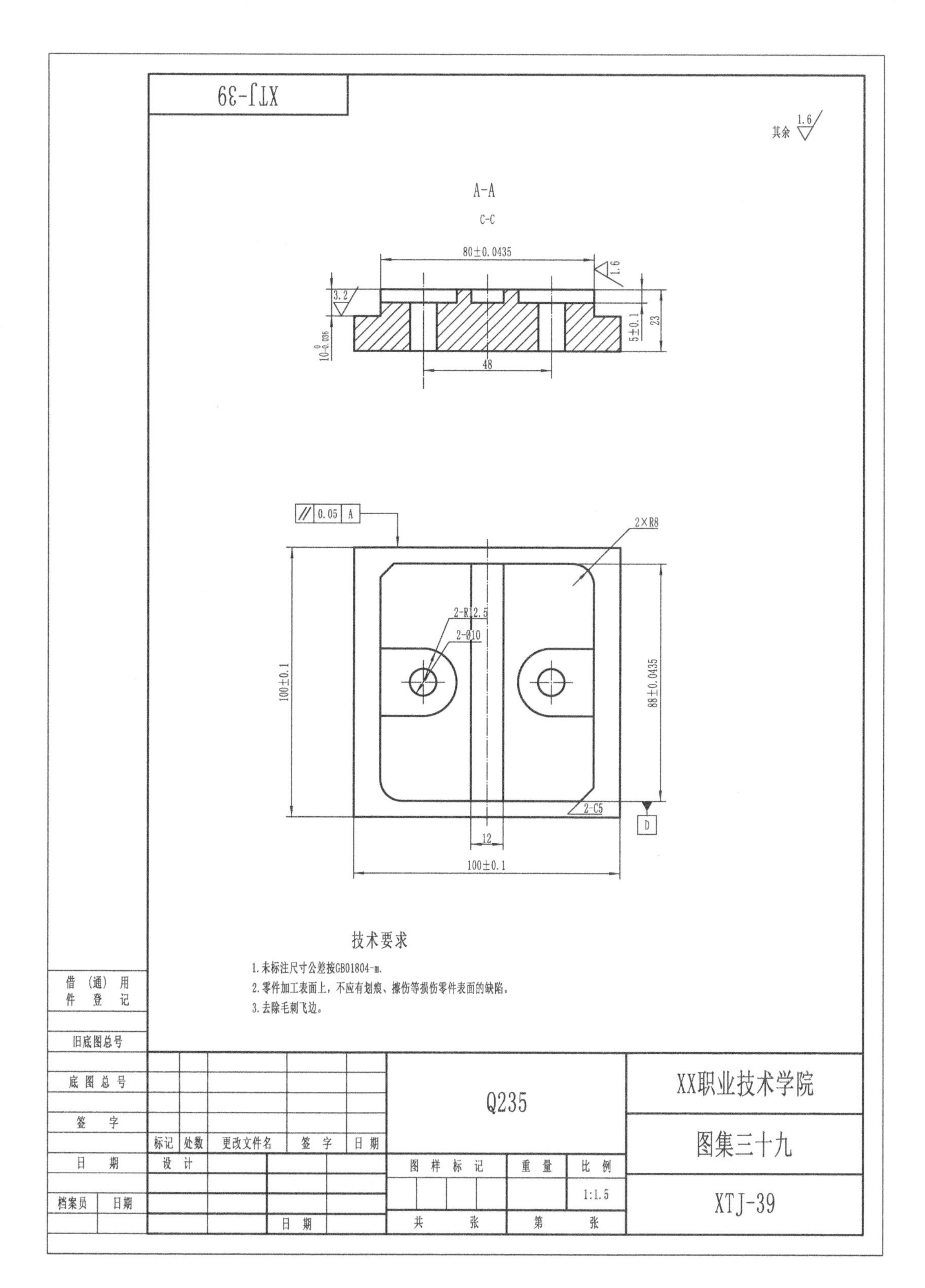

XTJ-39
其余 1.6
A-A
C-C
80±0.0435
1.6
3.2
10 0 -0.036
5±0.1
23
48
0.05 A
2×R8
2-R12.5
2-Ø10
100±0.1
88±0.0435
2-C5
D
12
100±0.1
技术要求
1.未标注尺寸公差按GB01804-m。
2.零件加工表面上，不应有划痕、擦伤等损伤零件表面的缺陷。
3.去除毛刺飞边。
借（通）用件登记
旧底图总号
底图总号
签字
日期
档案员
日期
标记
处数
更改文件名
签字
日期
设计
日期
Q235
图样标记
重量
比例
1:1.5
共 张
第 张
XX职业技术学院
图集三十九
XTJ-39

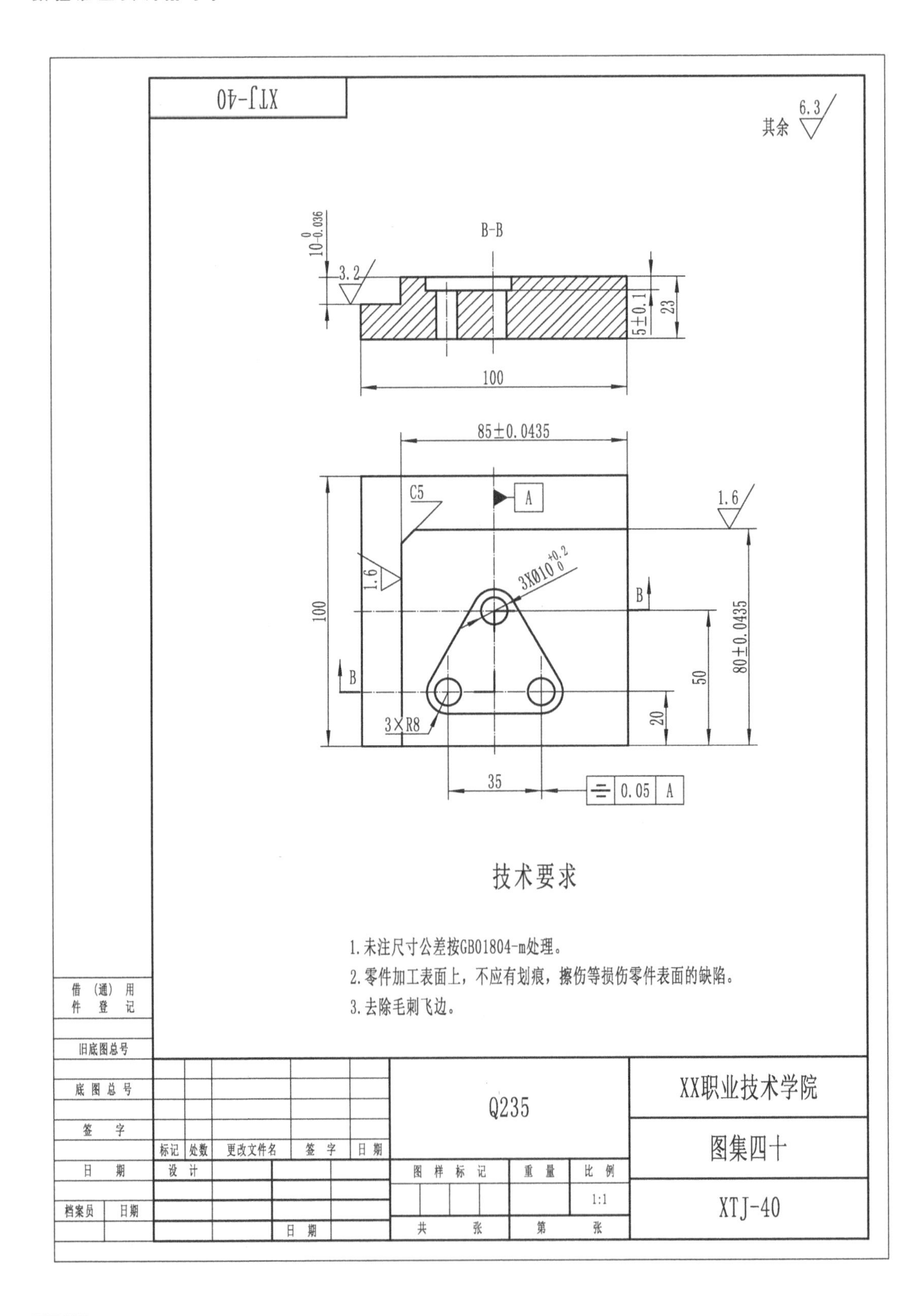
XTJ-40
其余 6.3
B-B
$10^{0}_{-0.036}$
3.2
5±0.1
23
100
85±0.0435
C5
A
1.6
1.6
3XØ10 $^{+0.2}_{0}$
B
B
100
80±0.0435
50
20
3×R8
35
0.05 A
技术要求
1.未注尺寸公差按GB01804-m处理。
2.零件加工表面上，不应有划痕，擦伤等损伤零件表面的缺陷。
3.去除毛刺飞边。
借（通）用件登记
旧底图总号
底图总号
签字
日期
档案员 日期
标记 处数 更改文件名 签字 日期
设计
日期
Q235
图样标记 重量 比例
1:1
共 张 第 张
XX职业技术学院
图集四十
XTJ-40

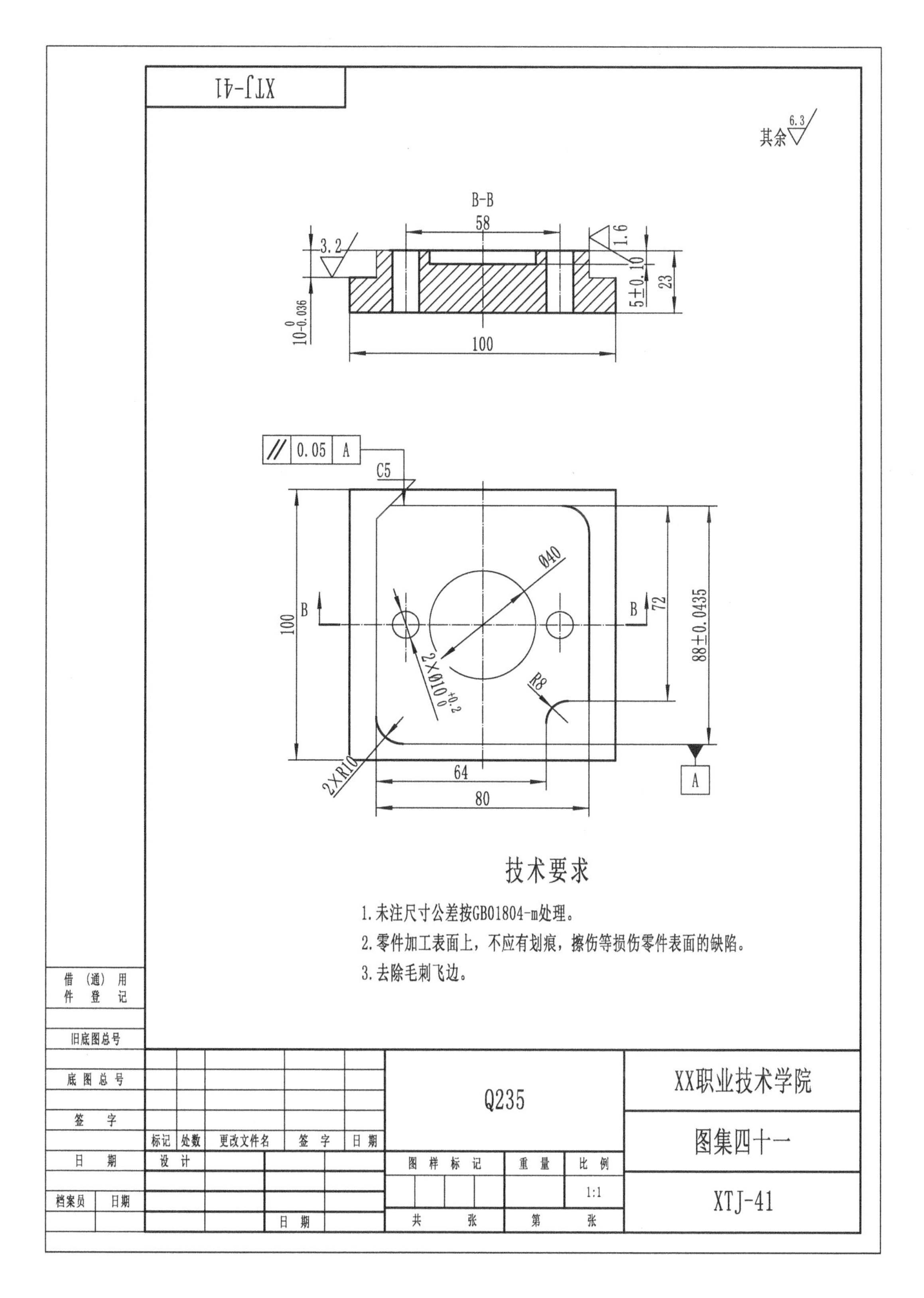
XTJ-41
其余 6.3
B-B
58
3.2
1.6
5±0.10
23
10-0.036
100
0.05 A
C5
Ø40
B
B
72
88±0.0435
100
2×Ø10 +0.2 0
R8
2×R10
64
80
A
技术要求
1.未注尺寸公差按GB01804-m处理。
2.零件加工表面上，不应有划痕，擦伤等损伤零件表面的缺陷。
3.去除毛刺飞边。
借（通）用件登记
旧底图总号
底图总号
签字
日期
档案员
日期
标记
处数
更改文件名
签字
日期
设计
日期
Q235
图样标记
重量
比例
1:1
共 张
第 张
XX职业技术学院
图集四十一
XTJ-41

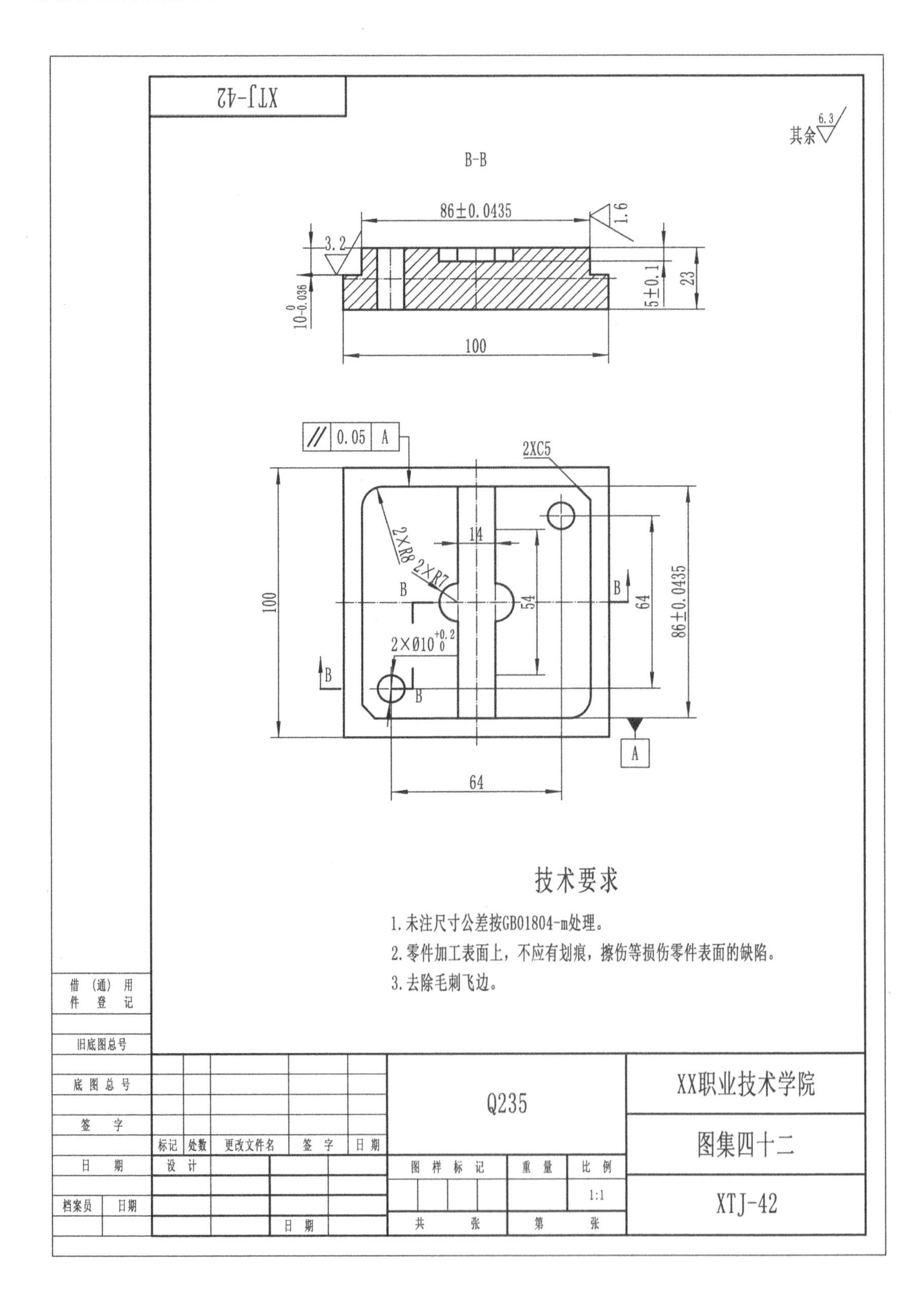
XTJ-42
其余 6.3
B-B
86±0.0435
1.6
3.2
10-0.036
5±0.1
23
100
// 0.05 A
2XC5
2×R8
2×R7
14
B
B
54
64
86±0.0435
100
2×Ø10+0.2 0
B
B
A
64
技术要求
1. 未注尺寸公差按GB01804-m处理。
2. 零件加工表面上，不应有划痕，擦伤等损伤零件表面的缺陷。
3. 去除毛刺飞边。
借（通）用件登记
旧底图总号
底图总号
签字
日期
档案员 日期
标记 处数 更改文件名 签字 日期
设计
日期
Q235
图样标记
重量
比例
1:1
共 张
第 张
XX职业技术学院
图集四十二
XTJ-42

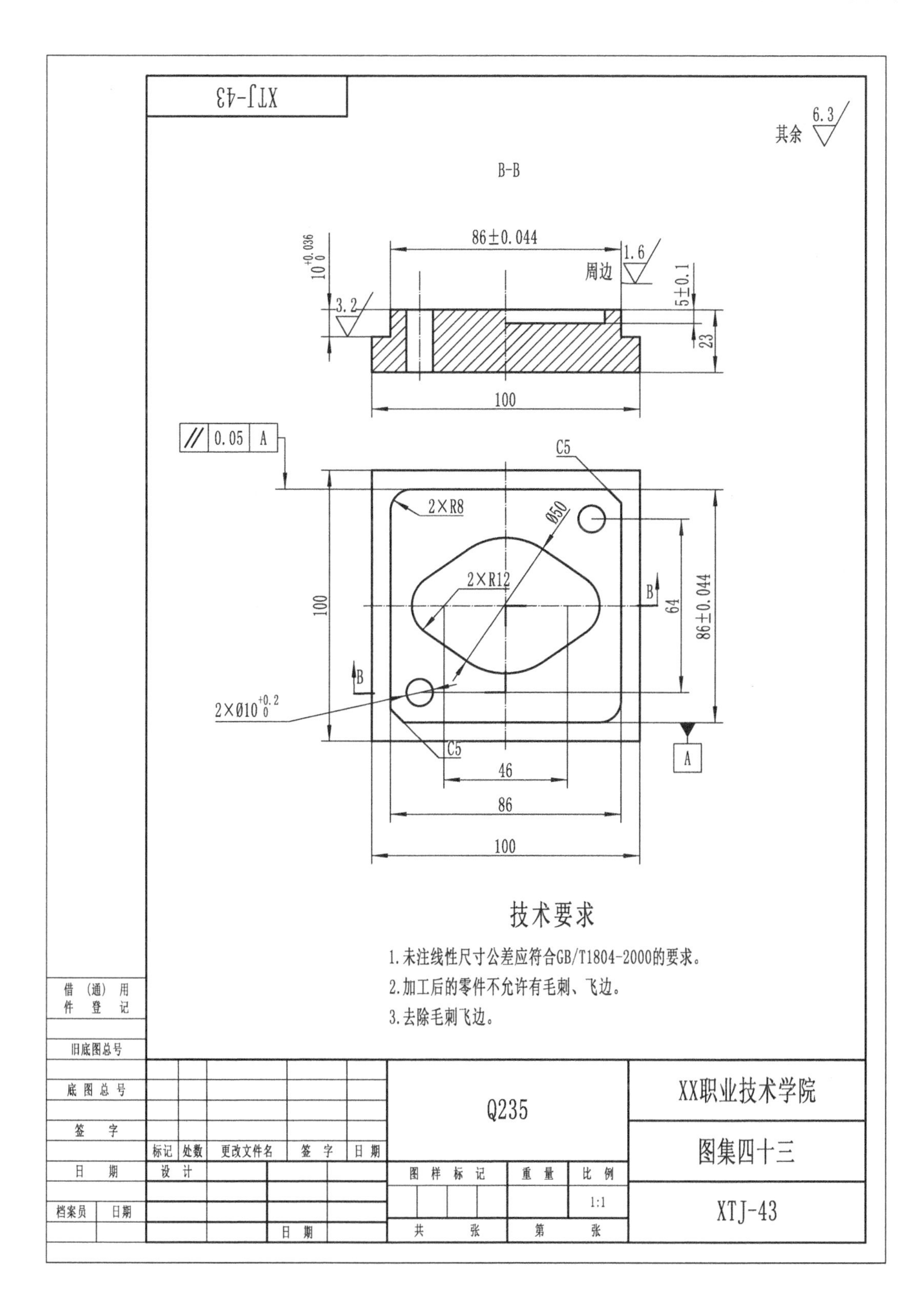
XTJ-43
其余 6.3
B-B
86±0.044
1.6
周边
3.2
5±0.1
23
100
0.05 A
C5
2×R8
Ø50
2×R12
B
64
86±0.044
100
2×Ø10 +0.2 0
C5
A
46
86
100
技术要求
1.未注线性尺寸公差应符合GB/T1804-2000的要求。
2.加工后的零件不允许有毛刺、飞边。
3.去除毛刺飞边。
借（通）用件登记
旧底图总号
底图总号
签 字
日 期
档案员 日期
标记 处数 更改文件名 签 字 日 期
设 计
日 期
Q235
图 样 标 记
重 量
比 例
1:1
共 张
第 张
XX职业技术学院
图集四十三
XTJ-43

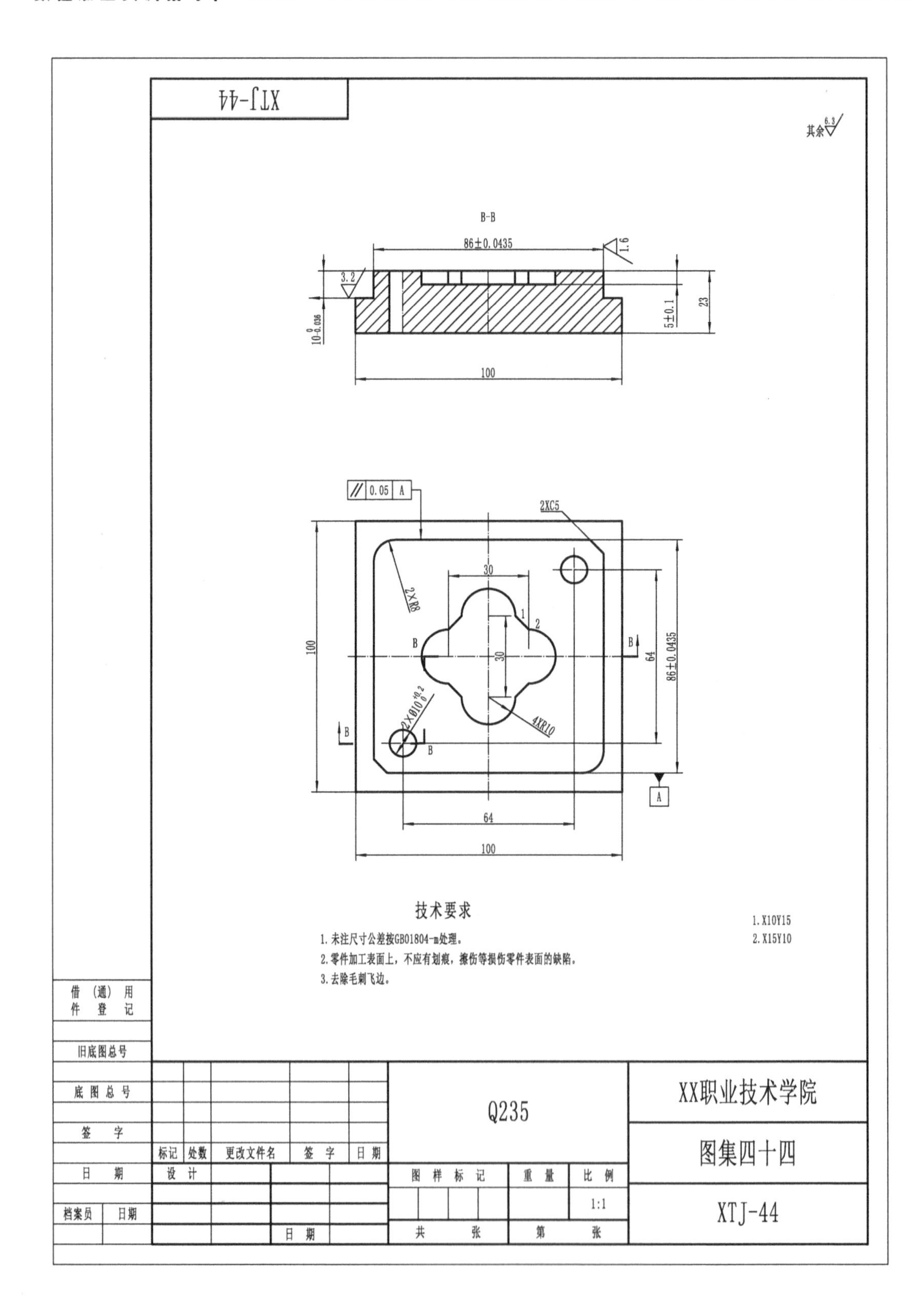
XTJ-44
其余 6.3
B-B
86±0.0435
1.6
3.2
10 0 -0.036
5±0.1
23
100
// 0.05 A
2XC5
2XR8
30
1
2
B
B
100
30
64
86±0.0435
2XØ10 +0.2 0
4XR10
B
B
A
64
100
技术要求
1. 未注尺寸公差按GB01804-m处理。
2. 零件加工表面上，不应有划痕，擦伤等损伤零件表面的缺陷。
3. 去除毛刺飞边。
1. X10Y15
2. X15Y10
借（通）用件登记
旧底图总号
底图总号
签字
日期
档案员
日期
标记
处数
更改文件名
签字
日期
设计
日期
Q235
图样标记
重量
比例
1:1
共 张
第 张
XX职业技术学院
图集四十四
XTJ-44

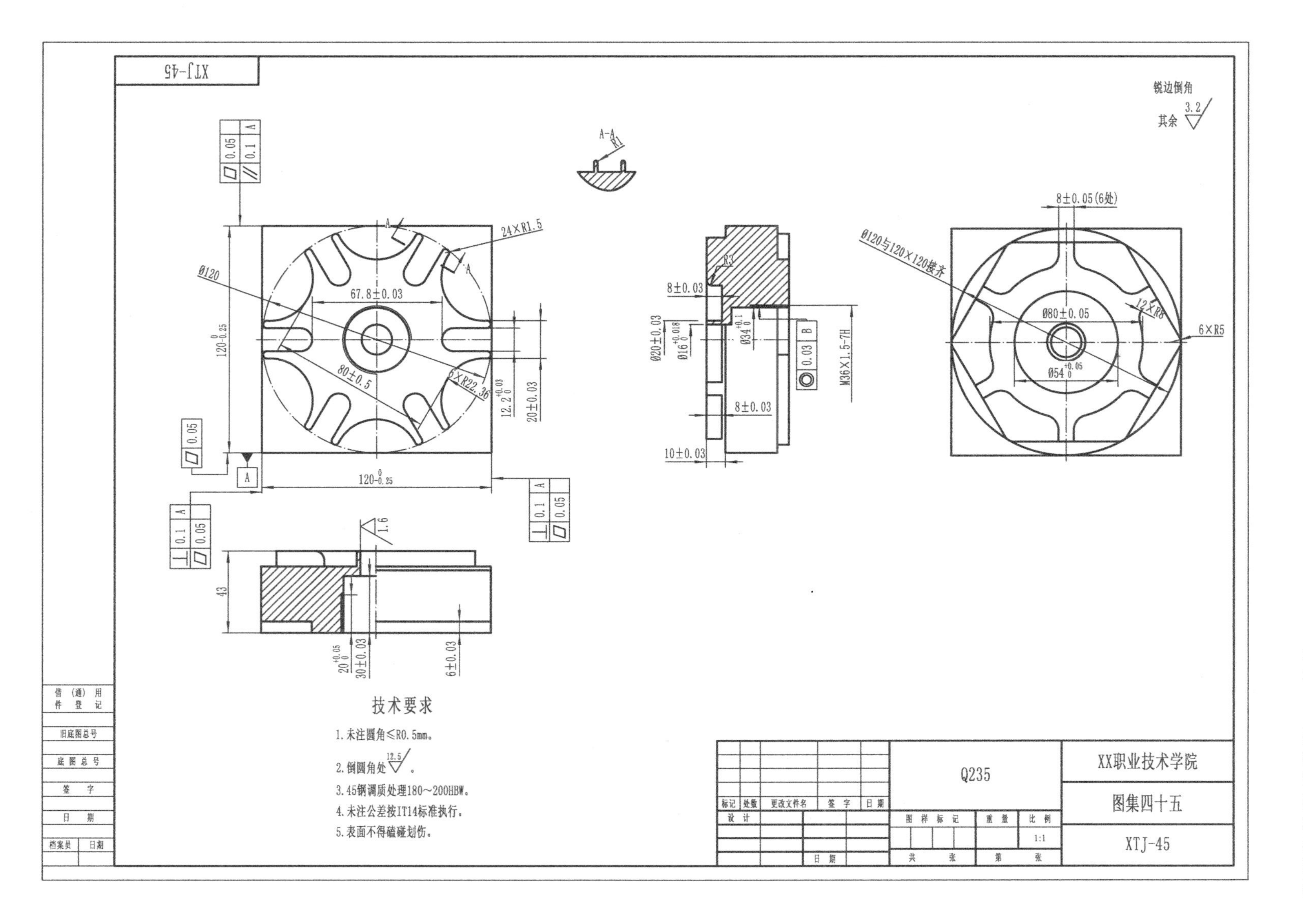

锐边倒角
其余 3.2
A-A
R1
24×R1.5
Ø120
67.8±0.03
120 0 -0.25
80±0.5
6×R22.36
12.2 +0.03 0
20±0.03
0.05
0.1 A
A
1.6
43
20 +0.05 0
30±0.03
6±0.03
8±0.03
R3
Ø20±0.03
Ø16 +0.018 0
Ø34 +0.1 0
0.03 B
M36×1.5-7H
10±0.03
8±0.05(6处)
Ø120与120×120接齐
Ø80±0.05
12×R8
6×R5
Ø54 +0.05 0
技术要求
1. 未注圆角≤R0.5mm。
2. 倒圆角处 12.5 。
3. 45钢调质处理180～200HBW。
4. 未注公差按IT14标准执行。
5. 表面不得磕碰划伤。
Q235
XX职业技术学院
图集四十五
XTJ-45
1:1

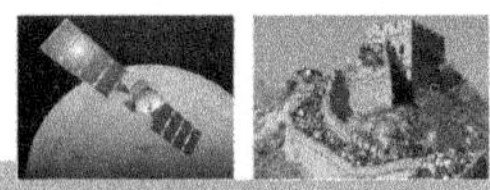

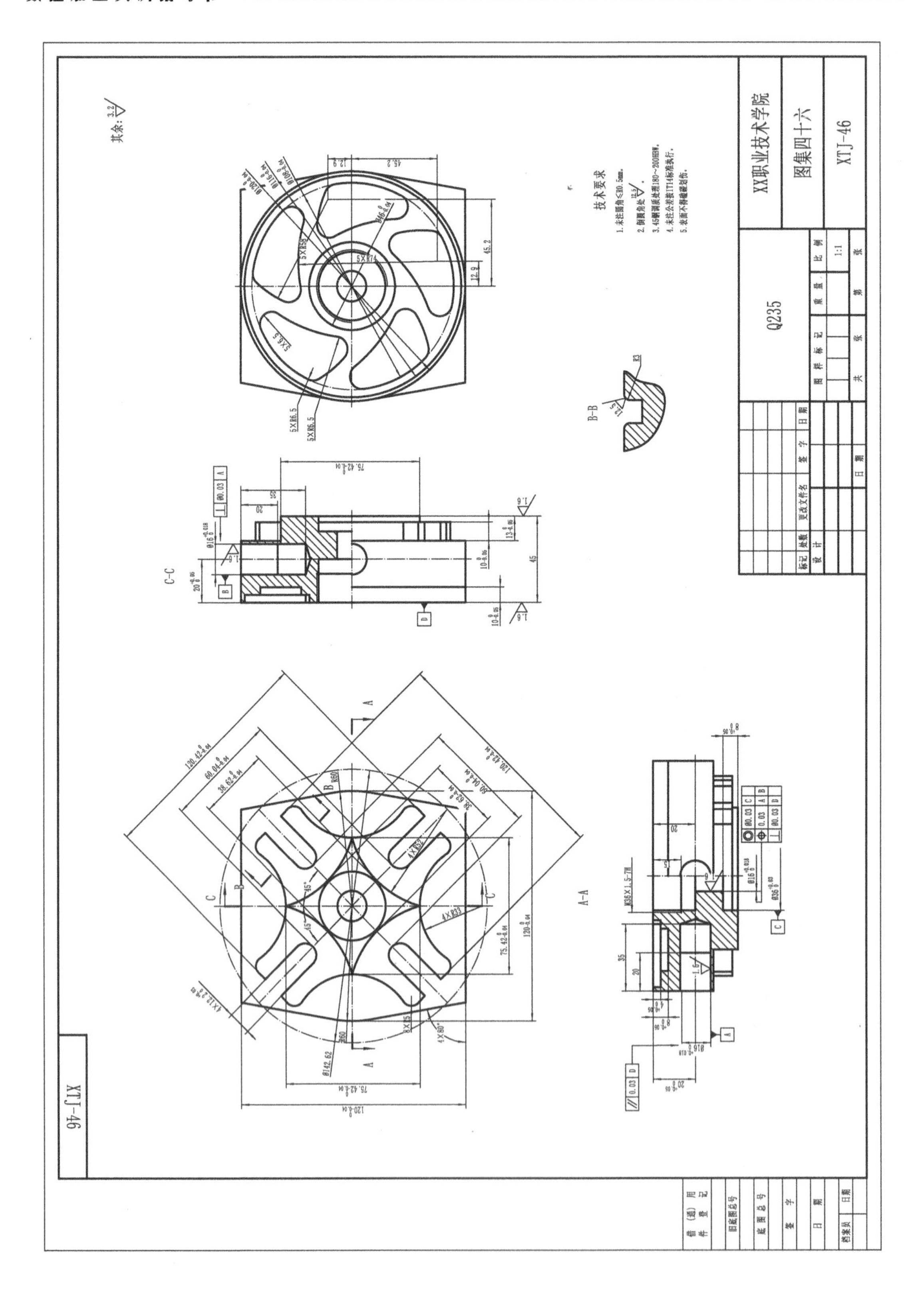

XX职业技术学院
图集四十六
XTJ-46
Q235
技术要求
比例 1:1